ViP产品设计法则
创新者指导手册

Vision in Design
A Guidebook for Innovators

[荷] **Paul Hekkert Matthijs van Dijk** 著
李婕 朱昊正 成沛瑶 译

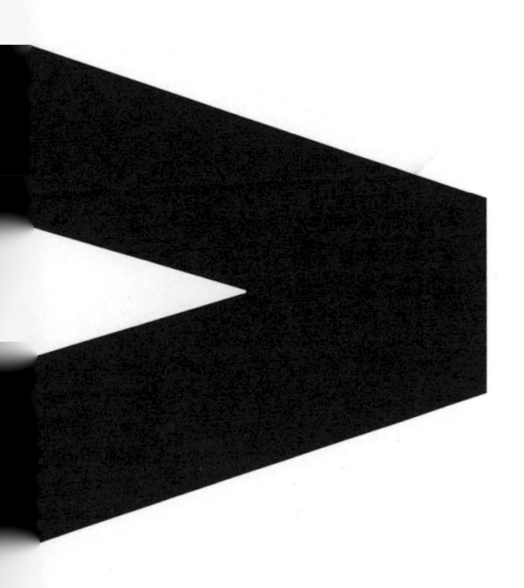

华中科技大学出版社
中国·武汉

>真正的设计始于
为最终产物建立
存在的价值。

ViP产品设计法则正是为愿意肩负这个责任的设计师而生。<

推荐序

方启思

本书两位作者用了几年时间设计出了这套以人为中心的创新设计方法。他们不断在实际项目中验证自己的方法和技巧。参与这些项目的有学生、同事和来自不同机构的客户。这些项目的共同挑战是如何打破成规，创造未来。他们已经清晰地认识到，仅仅询问人们未来想要什么，或者通过协同创造的方式很难得到令人满意的设计结果。在解决与未来相关的议题时，我们需要更多的智慧。这也是作者提出 ViP 产品设计法则的初衷。他们希望更多的个人和组织从 ViP 产品设计法则中获益。

这本书刚刚面世时，我和 Jan Jacobs 教授都还在代尔夫特理工大学工作。我们作为第一批读者收到了这本书。对我们而言，这是莫大的荣幸。荷兰设计界把本书的出版视为里程碑。很多学生和校友已经学习了 ViP 产品设计法则，但他们依然前来，希望分享他们在设计工作中使用它的愉悦。如今，这本书迎来了第二个里程碑——中文版面市。这意味着，这本书所阐述的思维和方法终于要和这个世界上最庞大的设计师群体见面了。即使只有很少一部分中国设计师阅读此书并将书中的方法用于设计新项目，结果也会比现有的产品更具有创新性。设计师以及商业和工程领域的创新者将会体会到拥有这套系统化的方法是多么令人高兴：这套方法能够设计出未来人与物理环境、社会环境的交互，并以此为基础，产生令人惊叹的结果。

我向每一位读者推荐这本书。本书将把你的思维和项目提升到一个新的高度。希望你们喜欢这本书，并创造出令人兴奋的成果！

———方启思 教授

英国拉夫堡大学设计学院院长

香港理工大学设计学院原院长

荷兰代尔夫特理工大学工业设计工程学院原院长

致中国读者

Matthijs van Dijk
Paul Hekkert

今年，是本书英文版出版的第五年，也是我们着手研究这套设计方法的第二十年，具有里程碑意义的中文版终于面世了，我们为此感到由衷的高兴。过去几年，我们曾多次访问中国，认识到设计在中国变得越来越重要，中国的设计教育欣欣向荣。中国的设计师、学生和教育工作者总是乐于了解、学习、尝试前沿的设计方法。我们的这套设计思维和方法或许能成为中国现有设计方法的有益补充，从而广受欢迎。ViP 产品设计法则（以下简称 ViP 设计法则）可以帮助设计师创造出有创新意义的产品，但它的作用并不仅限于此。无论是在私营公司还是在公共部门，ViP 设计法则都能帮助人们设计出有创新意义的服务和政策。无论是快速消费产品还是社会设计（Social Design），ViP 设计法则都能游刃有余地发挥作用。

ViP 设计法则并不是要解决眼前的问题。我们常说："今天解决的问题或许在明天看来毫无意义"。它也不是用来异想天开的，我们要避免今天不切实际的想法给明天带来严重的后果。ViP 设计法则在帮助你构思有意义设想的同时，充分考虑设计、生产和传播创新理念所需要的时间。运用 ViP 设计法则还能避免你设计出过时的，甚至是更糟的，与世界没有关联的设计。ViP 设计法则确保设计师与未来世界同步，无论是明天还是 20 年之后。

ViP 设计法则不轻易断言什么是坏的设计，什么是好的设计。只有当人们对产品在未来世界中要达成的目标有很清楚的认识后，才能对产品进行评判。运用 ViP 设计法则进行设计将会花费设计师许多的时间和精力，但设计师从中收获的成果将是显著和持久的。完成整个 ViP 产品设计流程后，你不仅能清晰地知道要为明天的用户提供什么样的设计，同时也将找到设计背后的原因！

ViP 设计法则帮助你寻找设计背后的原因。这些原因能澄清最终的设计适应和存在于明日世界的理由。这要求你拥有合乎道德的立场，对自己的作品负责。无论你是希望追赶未来世界的发展大潮，为预期中即将出现的人类行为提供支持，还是希望有意识地改变现有趋势，塑造更好的未来，设计都将成为改善人们行为的有力工具。

无论你要设计的对象是产品、服务，还是公共政策，ViP 设计法则都能帮你洞察要设计什么、为什么这样设计，以及怎样设计之间的关系。由此得到的设计成果能够表达出设计者和设计机构的定位，以及他们为世界创造这些设计背后所肩负的责任。经过数以百计的专业设计项目的验证，我们已经证明 ViP 设计法则能为企业和组织带来可持续的、具备竞争力的定位和积极的社会影响力。

中国设计师渴望学习、尝试前沿的设计方法，但唯有清楚自己的目标，明白产品要做什么，要展现、传达、唤醒、激励哪些行为之后，才能更好地运用新方法。ViP 设计法则提供了一套完整的方法，帮助你详细定义这些目标，并转化为设计概念中的每一个细节。中国企业和组织希望了解最新的趋势，学习最先进的设计和技术。可是如何判断哪些技术在未来是有用的，哪些趋势不会过时呢？ ViP 设计法则能够帮助你在设计策略、开拓业务、设计交互和造型时，建立全局思维，从而让你做出合理的判断。

因此，我们相信现在正是推出本书中文版的最佳时机。我们期待新一代的中国设计师能感受到这种创造具有原创性设计的迫切需要，以及原创性设计对中国和整个世界所产生的积极影响。这需要从本质上重新看待设计角色及其蕴含的力量。我们相信本书将为这种转变提供有力的支持，并为新一代设计者带来启发。

——**Matthijs van Dijk**

Paul Hekkert

2016 年 8 月于阿姆斯特丹

译者序

创新设计是面对许多未知的探险。在设计的旅途中，设计师常常会进入没有地图的“海域”。设计团队通常以关注当前市场、科技、消费者的调研为起点开展头脑风暴、情景规划等活动，力求得到尽可能多的方案以覆盖各种可能性。设计师认为，从这些方案中就能找到最具竞争力、最稳妥的产品。但是，这种传统的设计流程往往会让设计失去方向感和前瞻性，投入大量时间尝试不同的设计方向，最后的设计成果可能会变得极端——要么只停留在对产品的局部改进上，要么运用了很多科技噱头却不受用户欢迎，甚至频繁迭代产生大量“过剩产品”。

那么，设计怎样才能有方向感和前瞻性呢？这就要求设计师对未来世界有一个准确的预测。创新设计并不是天马行空，而是有据可依的。有经验的航海家会以洋流、风向、星辰、海岸线、岛屿作为参照寻找新航线。探索未知的设计领域时，设计师也有相应的参照系，比如产品所处的环境、用户与产品的交互特点，以及世界上已有的原理和法则。基于这种客观的参照系，设计师可以逐渐建立起一个“情境世界”。在这个世界里，设计师才能做出方向明确且具有前瞻性的设计预测，找到设计的新大陆。除了方向感和前瞻性，设计师必须要有责任心，坚持尊重人性和可持续发展的价值观。

《ViP 产品设计法则》的两位作者 Paul Hekkert 和 Matthijs van Dijk，一位是设计理论界的翘楚，一位是不断探索设计新领域的资深实践家。本书是两位作者多年来思考、探索、设计的结晶。我们衷心希望他们独到的设计见解和对设计案例的分析，能引发读者的思考，为中国的设计创新探索提供帮助。

我们在此向为本书翻译工作提供帮助的个人和机构致谢。

首先感谢华中科技大学出版社引进出版本书。感谢出版社的林航、徐定翔编辑在翻译过程中的耐心指导与全方位支持。感谢好友倪裕伟促成本书的翻译合作。感谢原出版方荷兰 BIS 出版社对翻译工作的全面支持。

感谢作者 Paul Hekkert 和 Matthijs van Dijk 对本书翻译工作的重视与支持，在翻译过程中始终保持着耐心与开放的态度，在百忙中抽出时间解答翻译中出现的疑问，为编辑工作提供原始素材，最后还写下了他们对中国读者的期望。

香港理工大学设计学院原院长方启思为本书作序。感谢张胜捷与林佳欣为本书提供新的设计案例。

感谢著名旅荷平面设计师赵宇为中文版排版，他将荷兰书籍装帧大师 Irma Boom 女士的原版设计与汉字排版有机地融合到了一起。

特别感谢传媒界、新闻界、设计界的朋友在百忙中抽出宝贵的时间阅读翻译稿，以各自专业独到的眼光为翻译文字提供修改意见。她们是戴莉莎、方道融、蓝方、罗颖贤和曾青瑜。

感谢为本书翻译提供帮助和建议的恩师和设计界朋友，他们是鲍懿喜、陈彦言、孟慧、苏芸、宋琦、童慧明、许江、于翔、张明硕、周宁昌。

最后感谢家人和好友对我们的一贯支持，《ViP 产品设计法则》的翻译工作离不开你们的支持和帮助。

——— **译者**

于代尔夫特理工大学

原版序

Peter Lloyd

《Design Methods: Seeds of Human Futures》出版于1970年。作者John Chris Jones察觉到科技正以惊人的速度发展，他认为设计师的决策应该能够得到验证。因此，他致力于将设计流程系统化、正规化。设计不应是凭直觉慢条斯理地塑造产品功能和形态的制作工艺，而应该是系统化的、可控的流程。Jones认为："我们应该清楚地了解设计时所做的一切。" 20世纪60年代的美国，像Henry Dreyfus这样的设计师已经开始将人机工程学引入设计流程。Jones只是把这个理念向前又推进了一步。Jones介绍了一套系统的方法，用于分析尽可能多的因素和情况。这套设计方法受科学研究的启发，采用一套逻辑严密的语言体系：调查、挑选、归类、排序、评分。方法本身论述了发散、转换、再收敛的设计流程。乍看之下，这三个步骤像是受到了宗教仪式的某些影响，但时间证明，这本书已经成为人类历史上首部完整的设计方法著作。

设计师现在能够在坚实的理论基础上发挥自己的创造力，而不是依靠如流沙般不确定的个人工艺知识。许多设计师自豪地支持这套理论。无论如何，这就是理论，在各方面都值得钦佩。毕竟，这本书是在探讨人类未来的走向，是孕育新世界的种子。然而，历史总会告诉你不尽如人意的事实。越来越多的设计师在设计会议上引用此书，他们自信地拍着书的封面说："这就是我们做设计的正确方法，我们遵循这套方法，做了分析，我们确信做出了准确的判断，因为所有可能的结果都经过了比较和排序。解决方案的逻辑结构与问题结构完美契合。"那些对此持有异议的设计师也被迫采用了这套方法，人们对这本书的追捧渐渐成了一种迷信。无法说明的疑虑和隐约的不安因缺少证据而被忽略了。Jones的书继续受人吹捧，但书中的文字却很快变为一种托辞。

一朝木已成舟，人们都急切地想爬上船，参与这趟旅程。专家和学者都希望像Jones一样建立新的理论。Bruce Archer关注如何界定科学、艺术、设计的界线。Nigel Cross忙着收集最佳设计实践案例。Stuart Pugh也许是受荷兰足球队在1974年世界杯上表现的启发，提出了"完全设计"（Total Design）的概念。接下来更多的桨手登上了这艘小舟：Roozenburg、Eekels、Hubka、Ernst Eder、Pahl、Beitz。他们都怀着发展设计理论的强烈愿望。设计问题变得愈发复杂，其范围也远远超出前人的设想。后来甚至连城市规划师和建筑师也迷上了小船上的风光。然而，此时几乎没有人发现 Jones 早已悄悄地下船了。

Jones 继续徒步前行，他也许是在沿河走，也许是在寻觅新的道路，但无论如何，他都担心被误解。对 Jones 来说，设计方法从来不是统治的棍棒，而是帮助人们思考和发挥直觉的工具。Jones 认为，直觉必须成为设计思考过程中不可或缺的部分。分析和直觉在这个过程中应该达到一种平衡。而合理的方法能帮助设计师丰富直觉。设计方法应该鼓励讨论和质疑，而非树立权威，它应该让个体的思考上升到社会和世界的层面，应该鼓励大家分担责任。人们运用设计方法后遇到最多的问题是"我喜欢这个结果吗"，这时往往是直觉说了算。

在这段尚未结束的徒步旅行中，Jones 接受了"机会"（chance）这个概念。"如果我们创造一种将'机会'纳入其中的设计法则，我们便能真正明白我们自己的想法。" Jones 思考着，"我们的直觉将会变得清晰明确。" 这将是一种揭示直觉的设计方法。如果你能够创造一套包含"机会"因素的设计流程，并且对其设计结果感到满意，那么你就找到了正确的方向。"方法与直觉是硬币的两面"，Jones 思考着，迈出了这段漫长旅途的下一步。

目录

推荐序 5

致中国读者 6

译者序 8

原版序 10

前言
什么是 ViP 法则？16

概述
ViP 设计法则的诞生 18

第一部分
案例展示

学生设计案例 31
❶ 移动通信 32
❷ 移动通信 33
❸ 交通工具 34
❹ 交通工具 35
❺ 游戏设计 36
❻ 健康护理 37
❼ 办公设备 38
❽ 医疗产品 41
❾ 婴儿护理 42
❿ 家庭用品 43
⓫ 公共交通工具 44
⓬ 共享交通 45
⓭ 教育产品 46

专业应用案例 48
荷兰铁路零售店 50
个人交通 58
服务设计 74

访谈
逻辑思考与感觉 94

第二部分
设计流程

概括 ViP 法则的 11 段对话 100

ViP 设计法则导论
模型与有趣的练习 140

ViP 设计流程 操作方法 151
准备阶段：解构 156
第❶步：定义设计范畴 158
第❷步：收集情境因素 161
第❸步：构建情境 167
第❹步：定义声明 174
第❺步：设计用户与产品的交互与关系 178
第❻步：定义产品特质 182
第❼步：概念设计 186
第❽步：设计和细化 195
设计流程结束语：
关于用户参与 200

讨论几个交互场景 208

访谈 222
情境中的价值选择 224
ViP 设计法则中的“原理”是指什么？228
ViP 设计情境中的交互 232

与客户合作 242

专题探讨
情境设计 248
理解交互 258
产品的意义 266

学生案例
❶·❷街头设施 276
❸·❹洗熨用具 280
❺·❻男性参与家务 284
❼·❽飞行体验 288
❾·❿乘车体验 292

第三部分

理论依据

专题探讨
适应与匹配 298
创造力 304
创新与新颖性 308
感觉与思考 315
理解人性普遍原理的重要性 318

访谈
设计方法 326

后记 338
参考文献 342
术语表 346
致谢 350

>对话的形式反映了ViP设计法则内在的哲学：设计行为本身是一场交谈，

是通过对话构建出的故事，是通过观察、交谈和传播带来意义的活动。<

前言
什么是ViP法则?

学生 Van Dijk 老师，我很想向你了解 ViP 设计法则，我听许多人提到这套方法，说你在设计中运用 ViP 设计法则取得了非常好的效果。这是真的吗?

Van Dijk 目前是挺成功的。老实说我花了很多精力才让大家接受 ViP 设计法则。就像其他创新方法一样，我用了 15 年建立 ViP 设计法则，用了 10 年说服客户接受它。1995 年我开始使用 ViP 设计法则，如今它已经成为我的一部分，成为我工作的方式。

学生 听你这么说，它似乎是一种很个人化的方法……

Van Dijk 我认为人人都能学会 ViP 设计法则。我知道有学生通过 学习 ViP 设计法则提高了设计水平，也知道有设计师利用这套方法解决了他们的问题。

学生 我试过其他设计方法（设计方法学），觉得它们都不适合我。

Van Dijk 我也有同感。

学生 那我怎么知道 ViP 设计法则适不适合自己呢?

Van Dijk 用开放的心态尝试，然后再下结论。就像足球、烹饪、瑜伽一样，纸上得来终觉浅，想知道自己能否从中获益，必须亲自尝试。对我来说，ViP 设计法则可以帮助我将复杂问题分解为清晰具体的设计出发点。

Hekkert Van Dijk 老师讲得越来越复杂了。我插几句，也许能帮助大家理解 ViP 设计法则的基本原理。

Van Dijk 好的，请讲!

学生 我想了解从什么地方入手。

Hekkert 一切都要从找到合适的设计出发点开始。有些设计方法是从设计要求开始的，这些约束的条件限制了发挥。如果你清楚自己要设计什么样的产品，那么这类方法能让你安心设计，但有些学生也会感到很迷茫。

学生 是啊! 我经常有这种感觉。我不喜欢写下具体的需求，也就是你所说的约束，但替代的方法是什么呢? 难道设计不就是要面对各种约束条件吗?

Hekkert 约束总是有的，但 ViP 设计法则认为越晚考虑这些约束越好。反过来，我们要求设计师去思考可能性。你想为这个世界设计什么? 你又是怎么知道的呢? 首先问问自己：这个世界是什么样子的? 这个世界上在发生什么? 运用你的想象力和感官去体会世界本身和人们的生活变化，弄明白人们真正的需求是什么，他们在寻找什么，他们的生活是什么样的。不仅仅要看到变化，还要注意人性里不变的东西。我们已经形成了一些分类方法来帮助你做这样的思考。

学生 这听起来很棒，我时常会想到底要为这个世界带来什么。但这真的是我能够用来谋生的设计方法吗?

Van Dijk 我认为设计师必须对自己设计的东西负责，因此任何能够帮助设计师预测产品未来意义的方法都值得尝试。

学生 这么说它是面向未来的设计方法? 我用过情景规划（scenario planning），但结果和我的设想相去甚远。

Hekkert 情景规划和 ViP 设计法则有相似的地方，但它们有本质上的区别。情景规划是将一些未来有可能发生的事件以可视化的方式展示出来。而 ViP 设计法则只要求设计师构思他认为最重要、最有趣的未来世界。这个未来世界可能与当前的相似或者完全不同! 这完全由设计师决定。

Van Dijk ViP 设计法则中最重要的部分是为未来产品的研发建立可参考的框架。这是一种重构行为。这个作为参考的框架描述了一个未来世界。

学生 就像科幻小说——先想象出整个世界，然后再思考出现在这个世界的产品?

Van Dijk 就是这样。

Hekkert 但是要注意，你不能凭空臆想！要让客户理解和接受你的观点，那个世界必须是合情合理的，有可靠的理由支持。ViP 设计法则并不是要建造空中楼阁。

学生 您觉得您用 ViP 设计法则使新世界变成可能了吗?

Van Dijk 当然！不过在定义完这个未来世界后，紧跟着我们还要定义人们在这个世界里的行为。这一步描述了我们要实现的目标。这里的目标不是指产品的规格特征，而是指人们如何体验和使用新产品。我们是在塑造人们未来的行为。

Hekkert 不管是设计实物产品，还是设计服务或别的东西，只有清楚自己希望给予这个世界什么，才能决定什么方案是可行的。

学生 太酷了！已经有设计师在使用 ViP 设计法则了吗?

Hekkert ViP 设计法则的创立要感谢许多具有远见的设计师。他们认为要摆脱先入为主的传统观念，解放思想。只有当你自由了，你才能真正意识到哪些东西必须考虑，哪些必须放弃。
多年来，有许多自成风格的资深设计师尝试了 ViP 设计法则，他们发现 ViP 设计法则可以完美地运用到他们的工作中去。
当然，我们也训练学生使用 ViP 设计法则，愿意使用它的人越来越多。

想象你正乘坐从阿姆斯特丹飞往香港的班机。经历了六七个小时的飞行后，椅背的娱乐节目已经被你翻看得差不多了，刚买的书读到一半，你身体僵硬地蜷缩在狭小的座位里。你很饿，而且不知道旁边那位是谁。你渴望舒服的乘坐体验！幸好乘务员再次出现在过道里，晚餐时间到了，能够分散注意力的活动来了。十分钟过后（感觉更像是一小时），空姐为你递上盛有沙拉和汤的餐盒[1]。你有点困惑，扭头看看邻座，想知道这晚餐该怎么吃。你俩目光相触，你才知道她也没有弄懂，于是你们决定将面包屑倒进汤里。这段交流一直延续到饭后，你发现邻座既活跃又爱聊天。很快飞机开始下降，香港的轮廓渐渐出现在你的舷窗里。

我们生活在充满设计的世界。在作者居住的荷兰，身边的东西都是设计出来的。即便是脚下的地面，都经过设计以保持干爽。从汽车到电话，从药品到选举系统，从房屋到园林，从电视机到飞机餐，从保险业务到银行服务，都体现我们个人和社会生活中的需求和价值。这些经过设计的产品体现了我们的需求，也很大程度上决定了我们的行为：通信、出行、娱乐、睡眠、饮食、衣着、工作，等等。设计过的产品能够塑造我们共同生活的方式，塑造社会和族群，决定我们如何生活起居，决定我们的追求与期望。

鉴于设计对人类和社会的重要影响，无论哪个领域的设计师，都肩负着非同寻常的责任。他们是否充分认识到这种责任？是否会竭尽全力为社会带来最好的设计？为了帮助设计师履行这份责任，我们提出了 ViP 设计法则。

ViP 设计法则是以情境驱动，重视交互的设计方法，其独特的方式能让设计师和学生为人类带来有创新意义和价值的设计。

看到这里，你也许会觉得空洞、武断，本书后面的内容会详细阐释上述文字的含义。

首先让我们看看为什么产品会成为它们现在的模样。请阅读以下有关人类的规律，这些规律适用于过去和现在，也许也适用于未来。

荷兰皇家航空公司提供的飞机餐，2006年

❶人需要社交，并希望从属于一个群体。
❷人不喜欢等待，希望事情马上发生。
❸人喜欢分享（小）秘密。
❹人喜欢委婉地表达自己的感受。

针对以上 4 种行为动机，我们可以设计出什么样的产品来同时满足这些需求呢？我们每次在课堂上向学工业设计的学生提出这个问题，总有一两个学生“知道”答案：短信！[2] 没错，短信可以让人们随时沟通（至少从发送者的角度看是这样），也能让人们私密地分享想法和感受。现在（2010 年），我们已经很难回忆起没有短信的生活是什么样的了。短信是如此重要，每天有数以亿万的短信发往全球各个角落，它解决了我们的某些需求，算得上是近代最成功的“产品”之一。然而，它不是一款经过深思熟虑设计出来的产品。

1997 年，我（Hekkert）参加了在斯德哥尔摩的设计会议。当天晚上我在当地一家酒吧喝啤酒。这是一家很平常的酒吧，有一些年轻人围坐在一起。我发现了一个奇怪的现象，这些年轻人彼此之间没有交流，全都忙着发短信！我第一次发现了这项服务的负面影响。观察人与产品的交互才能发现产品的真实价值。只有在交互的过程中，产品才能展现它的价值和意义。

人与产品的交互并非发生在真空中。无论产品还是人都是情境的一部分，都是情境塑造的产物。情境远不止是交互过程发生时周围的物理环境，比如刚刚发短信例子中的酒吧。它还包括社会和文化状况、（人类）自然定律、经济和科技的变化等。概括来说，这些看起来数不清的因素共同决定了人们的属性——他们需要什么，以及我们应该（能够）为他们提供什么样的产品。

最近，一家大企业找到了我们。一开始，我们请企业代表描述他们对自己产品的印象。他们的产品要表达什么？他们希望人们如何看待他们的产品？让我们吃惊的是，他们形容自己的产品时，用了冷酷、侵略性、复杂和难以接近等词汇。显然这样的产品特质不是企业所期望的。很快他们就明白自己犯了一个原则性错误。我们请他们描述这些产品产生的背景：它们从何而来？它们为什么是现在这个样子？客户才发现这些产品的设计是基于过时的观察、考虑和见解。产生这种理念的情境在过去 10 年里已经发生了彻底的变化。

再举一个例子。几年前，我们拜访了一家跨国快速消费品公司的设计部。工作人员向我们展示了为一件新产品设计的八个包装方案。这些方案是请国际知名的设计事务所设计的，公司为此支付了一笔不菲的费用。公司设计部的任务是从中选出最优秀的方案，为此他们设立了一套巧妙的遴选规则，逐项评定每一个设计的可用性、品牌识别度、可持续性、生产可行性、陈列效果等。最后选出了一个方案，但是团队依然觉得不够理想。

我们向团队解释说，如果他们在项目的最初阶段便建立了清晰地描述该产品如何被用户理解和体验的预见（vision），那么只需要一两个符合预见的设计方案就足够了，同时公司也能节省成本。

本书的创作目的就是告诉你如何构建这样的预见，指引你在创作过程中发现“尚未出现”事物的秩序和意义。书中提供了一套设计框架，帮助你在合适的时间找到合适的东西，以便做出正确的设计决策。这样的框架称为“设计方法”，又因为构建预见是该设计法则的核心内容，所以我们将这个设计法则命名为产品设计预见（Vision in Product Design），简称 ViP。

在我们看来，任何设计框架或方法都有着基本的理论前提，同时包含若干执行步骤[3]。ViP 设计法则有三个重要的前提。

- ViP 设计法则认为设计是探索未来的可能性，而不仅仅是解决当下的问题。

与其说设计的目的是解决问题，不如说是为人们的生活、梦想、兴趣、习惯和目标做贡献，这样的视角会让设计变得更高产，更具有挑战性。因此，各种无法避免的约束和限制（通常称为“需求”，比如客户的期望、有限的资源、规章制度、生产方法、产品特性等）必须在概念生成阶段作为次要因素考虑。

设计师通常喜欢这些限制，甚至有些设计师认为有了这些限制他们才能设计出最理想的作品。我们所提倡的自由度也许最初带有胁迫感；设计师也许会问：“从哪里着手设计？”但确切来说，正是这种设计自由度让设计师能够尽情挥洒灵感。

● 设计不仅是将对象呈现出来的过程，更重要的是创造和发展出支撑产品存在的理由（raison d'être）。

在开始构思设计和将设计具体化之前，设计师需要一个清晰的设计思路和方向。然而，只有在物理的解决方案看起来可行的前提下，设计实体化（materialising）也就是具体地去实现设计才变得可能。使用 ViP 设计法则要求设计师将一个设计想法转译成最优的呈现方式（manifestation），这种呈现方式可以是有形的产品、多媒体应用软件、环境设计方案、品牌、服务，或者整合上述一切的综合体。

ViP 设计法则帮助设计师定义设计什么，以及为什么要这样设计。如果你的客户坚持要为城市居民设计一款"灵活、时尚、价格适中的三轮手推车"，那么使用 ViP 设计法则就没有什么意义，因为产品的概念已经被定义好了。这是一个严肃的设计项目，但是 ViP 设计法则却无用武之地。

ViP 设计法则的作用是帮助你产生新的设计概念，它适用于所有的设计领域：工业设计、产品设计、平面设计、服务设计、品牌设计和公共政策设计。

ViP 设计法则通过强调推敲设计背后的意义和重要性，来建立设计师对设计产生的一切结果的责任感。

● 设计师是独立的个体，他们有着自己的喜好、价值观、信念和追求。

我们坚信个人的价值观始终贯穿于设计过程中。设计师在设计解决方案时很难面面俱到。他们需要有所取舍，优先考虑一些问题。设计师需要做出一系列的决策，他们难免会在不经意间将个人的价值观和意见融入进去。这些价值观和信念随设计师而存在。以往的经历、文化背景，以及随着阅历增长逐渐认同和坚信的东西都会影响设计师的决定。ViP 设计法则鼓励设计师慎重、果断地运用这些个人价值观和意见，同时对自己的设计负责。ViP 设计法则给予设计师保留个人观点和价值观的空间，尝试激发设计师内心真实的东西，从而设计出可靠的解决方案。

这三个前提都体现了 ViP 设计法则的关键价值：自由（度）、责任感、真实性。自由（度）指的是不受外部力量的干扰束缚，除非这种束缚是事先约定好的。责

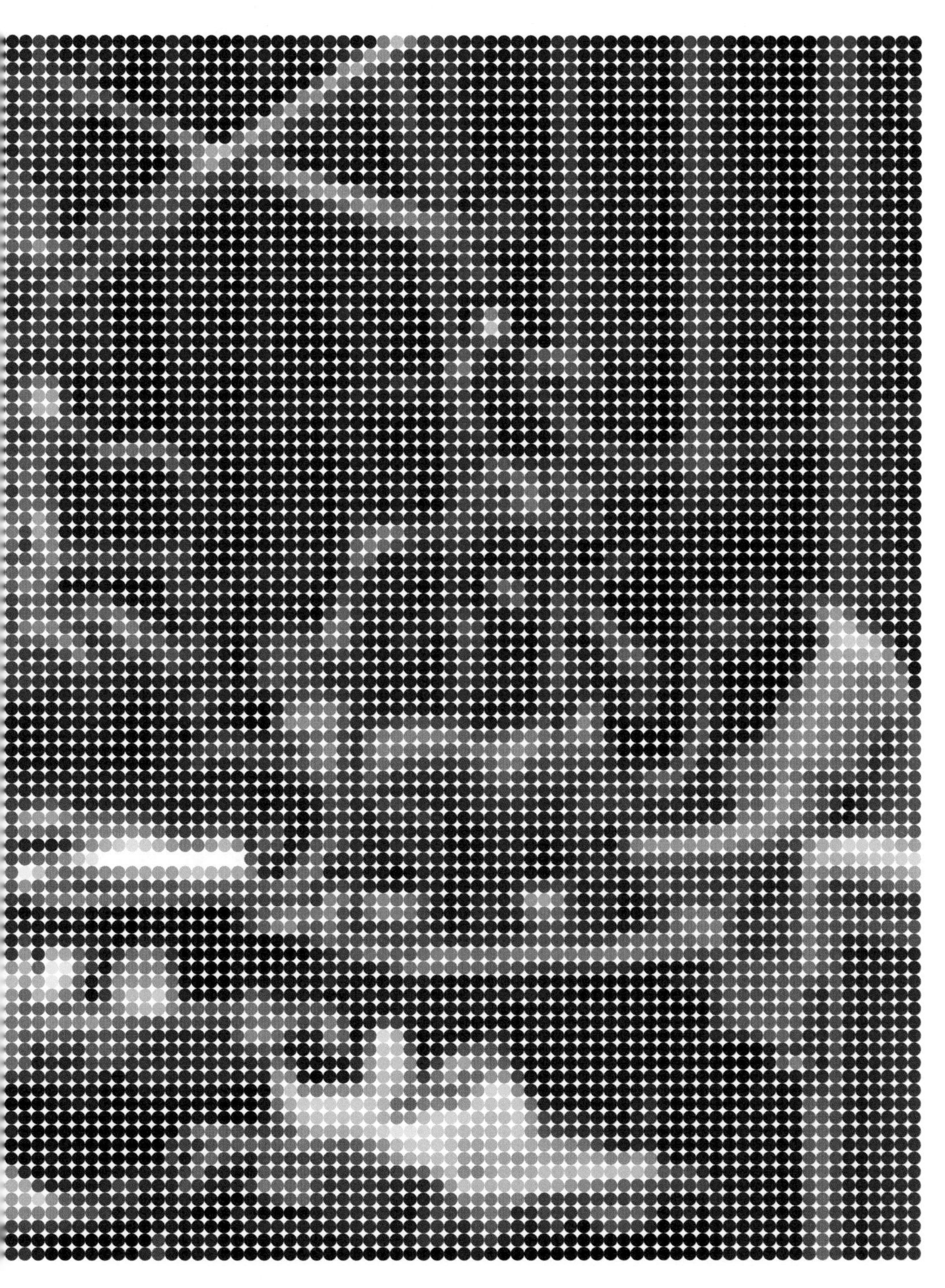

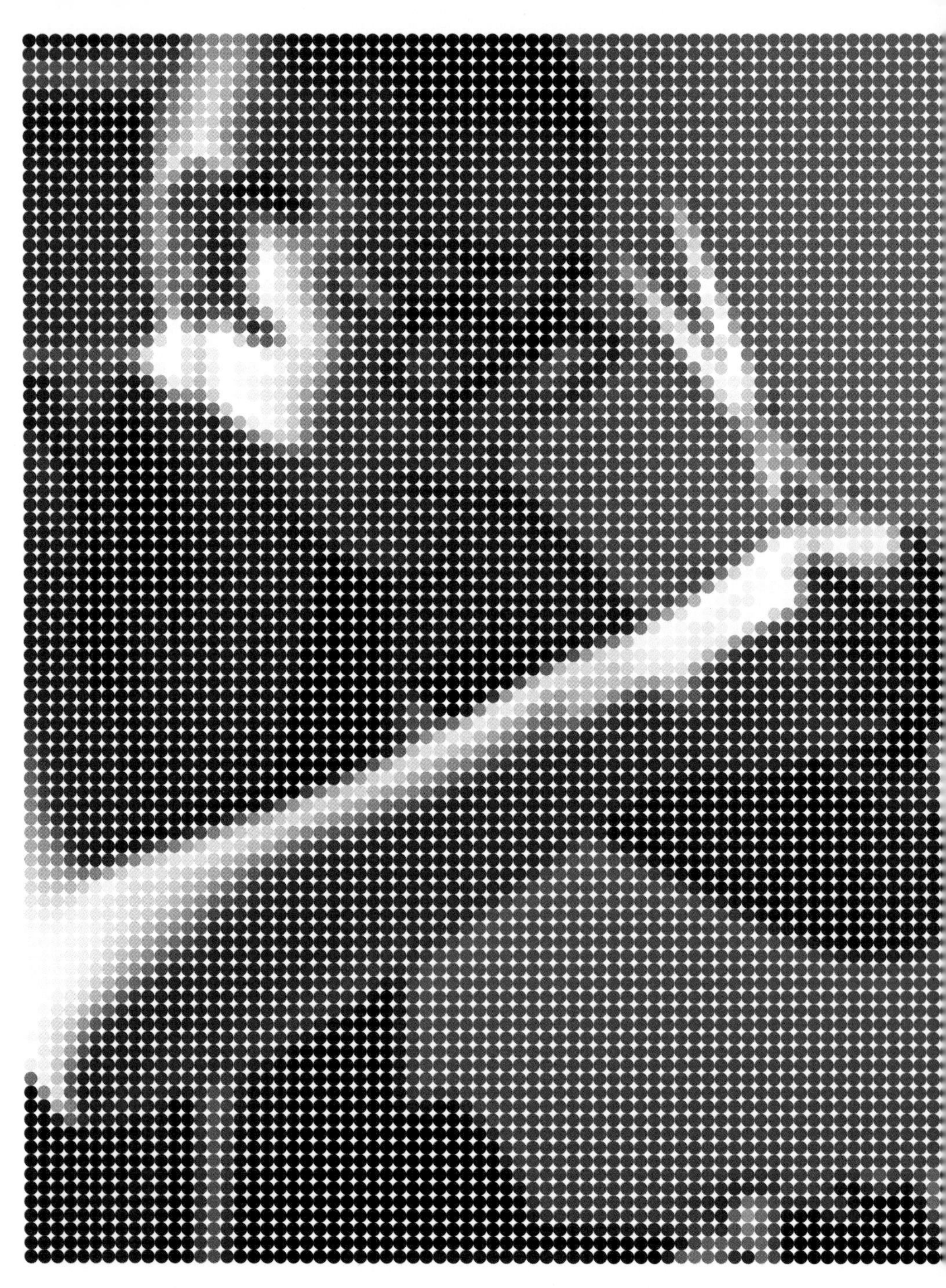

任感是一种态度，是完全清醒地、有意识地进行设计并承担设计决策所带来的结果。真实性（authenticity）表示个人对未来世界真实、独特的贡献。与之相反的三种价值观是顺从（docility）、漠然（indifference）、假装（pretending）。我们提倡的三种价值观是相互关联的，只有当你自由时，你才能做到真实；做到了真实，也就有了责任。

然而，这三种价值在一定程度上也是独立的。一位设计师可以是真实的、自由的，却没有责任意识，比如他有意地设计一个让人极易上瘾的游戏，但他自己是很反感上瘾的。类似的，一位设计师可以具有责任感，却既不自由也不真实，比如他设计一款服务性的产品，劝导人们健康减肥，但他本人却对健康生活不感兴趣。我们认为只有将这三种价值都贯彻到设计过程中，才是使用 ViP 设计法则的正确方式。

我们还想分享一些信念。第一，我们相信设计师能够并且应该用不同的眼光——新鲜和原创的视角——看待这个世界。仅仅做到真实也许还不够！坚持原创性的设计师才能设计出让人惊叹的、独特却又恰当的方案。原创性，也就是新的并且恰当的，是一种重要的设计师特质，也是每一个设计决策应有的特性。

同时，我们相信设计在很大程度上是一个研究过程。设计师调查什么是未来世界的常态，分析需要将哪些即将改变生活的新事物囊括其中。在这个过程中，设计师要观察、倾听和阅读周围有趣的、有启发性的因素和见解。这听起来好像是以分析为主，但是我们也不能低估感觉的力量。在很多设计中，设计师对设计方向都有着预感和直觉；我们相信设计师应该跟随这些预感，相信自己的直觉。但是，设计师绝对不应该（误）用直觉作为判断的标准。感觉应该作为设计中的补充角色：当形成一项设计决策或者想法时，设计师应当用可靠的论证去支持它们，经过严谨的分析后，再用心去体会和感受这些结果。

ViP 设计法则是以人为本（human-centred）的设计方法[4]，它引导设计师仔细地考察和决定要为未来世界的人们提供什么。本书分为三个部分，每个部分都有各自的重点和主题。每个部分使用了不同的颜色来区分。

第一部分解释疑问：为什么要学习和运用 ViP 设计法则？这个部分着重诠释 ViP 设计法则为设计师提供了什么工具，以及这套看起来十分严格的设计法则背后的原理。

第二部分是本书的核心内容：讲解如何运用 ViP 设计法则。"概括 ViP 设计法则的 11 次对话"由学生、设计师、学者的对话组成。"ViP 设计流程"则详尽地描述了 ViP 设计法则中各个阶段的执行方法。"ViP 设计法则导论"用轻松的口吻介绍 ViP 设计法则的特点。接下来的"专题探讨"和"访谈"则深入地解释了这些特点。最后，我们以学生应用 ViP 设计法则时的设计流程为案例，用简洁的形式呈现了流程的各个阶段。

第三部分收录了一系列关于 ViP 设计法则的专题文章，这些文字论述了对 ViP 产品设计法则的发展影响最深的理论，包括设计方法学、人性普遍原理、创造力、创新性和适应性。对 ViP 设计法则背后的理论、前因后果感兴趣的读者不妨读一读这些文章。

1963 年，阿根廷作家 Julio Cortázar 出版了他的经典小说《跳房子》(Rayuela)。这本书共有 155 章之多，读者可以一字不漏地从头读到尾，也可以依照作者提供的表格，以"跳房子"的方式阅读，或者用自己喜欢的方式去读。

本书同样没有预设任何的阅读顺序，读者可采取各种方式阅读。如果你想全面深入了解全书内容，那么我们建议你按顺序从第一部分开始，读到第三部分结束（假设你对这些信息感兴趣）。但对大部分读者而言，这本书可以作为他们的工具书。

如果你是 ViP 设计法则新手，最好从第二部分的“ViP 设计法则导论”开始阅读。先了解完整的设计流程，然后再阅读第二部分的其余部分。最后读第一部分和第三部分，了解 ViP 设计法则背后的理论、思路。

“设计是把当前状态转变成目标状态的手段。”(Simon, 1996, p.111)

本书的目标读者是那些希望为世界打开新局面的创新者。尽管本书介绍 ViP 设计法则的流程以工业设计作为案例，但我们相信 ViP 设计法则能为任何领域的设计师提供一套设计框架，包括政策制定者、建筑师、网页设计师、策略设计师、平面设计师、3D 设计师、服务和系统设计师等。这些设计师的共同点在于：他们设计产品去实现想法，去满足人们的需求、期望、目标和福祉，为整个社会做贡献。我们希望这些设计师会逐渐认识并担负起责任，同时知道为什么，以及怎么样做设计。

本书采用了多样化的文体（包括对话、专题探讨、案例分析等），希望你认可这种尝试。我们希望你将这本书放在工作台上，随时翻阅。希望你能通过阅读发现规律，进而看到一个不一样的设计世界，带着不一样的思维做设计。

注释

1 文中提到的餐盒是荷兰 KVD 设计事务所（作者 Matthijs van Dijk 的事务所）与荷兰代尔夫特理工大学（TU Delft）工业设计学院的 Pieter Desmet 教授一道，为荷兰皇家航空公司所做的设计。在设计过程中，我们正是以文中描述的场景作为设计预见的。多年来，荷兰皇家航空公司一直在长途国际航班中使用这套餐盒设计。

2 另外两个接近正确答案的典型回答是网络和手机。请你思考为什么我们认为这两个答案接近正确，但并非完全正确。

3 实际上，大部分设计方法都不是建立在对设计的预见上，而是建立在对设计过程的细致分析上。有关设计方法的内容请参考第三部分的讨论。

4 当你进行设计时，很多时候完全不清楚谁会成为这个设计的用户。因此，我们愿意使用“人类”或者“人们”这类更普遍的称呼，比如这里的“以人（类）为本的设计”。

>设计师唯有改变产品与用户间关系的意义，

才能设计出颠覆用户与产品交互方式的创新方案。<

为了展示ViP设计法则的使用效果，我们挑选了13个学生设计案例。这些设计选自过去十多年代尔夫特理工大学工业设计学院的硕士毕业设计项目。有些项目是与公司合作的，有些是学生自主完成的。这些项目均以交互设计为重心，具有不言自明的特点，因此我们只做简单的介绍。我们还特别收录了3个中国学生的毕业设计项目：两个交通工具和一个移动通信工具。我们将这3个案例分别放在同类项目旁，形成了有趣的对比。

1

移动通信

Sonny Lim

索尼爱立信移动通信创新设计中心，
2001 年

➜ 探索移动通信未来可行的设计方向

是记忆与经历让每个人变得独一无二，因此通过搭载着文化信息的文化基因（meme）分享和传播这些记忆与经历，具有重要的意义。

由 Sonny Lim 设计的这款未来通信工具，能够捕获文化基因并重新组成一幅“时间风景”，以方便人们分享。这个小设备希望实现数码生活与通信之间的无缝衔接。

2

移动通信

林佳欣

ID Studio Lab, TU Delft，2016 年

DUO，将情感引发的本能行为应用于日常数字通信设计

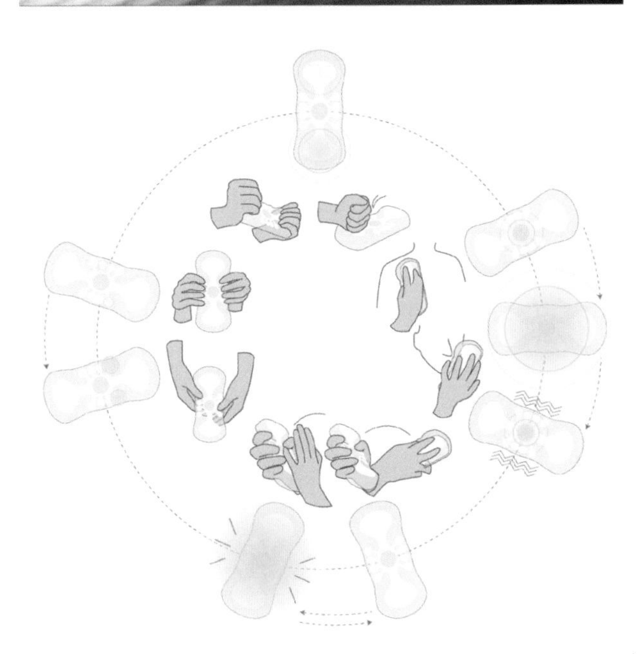

未来的数字通信不会仅仅停留在屏幕上，应该有更多样化的交流形式和媒介。DUO 是一个物联网概念系统，它能够让用户通过各种肢体动作交流情感。

例如，人们感到愤怒时会有击打或挤压东西的冲动，DUO 将成为你释放情绪的对象，并同时将这些肢体语言编译成信息传递给你最亲密的人。因此，用户可以专注于日常工作和生活，同时又能以一种灵活、直接的方式与亲友互动，表达自己的情感。

3

交通工具

Olaf Wit

Koga-Miyata，2002 年

GO 概念自行车

GO 概念自行车可以让骑行者进入“心流状态”。（译注：在心理学上，“心流状态”是一种将个人精神完全投射在某种活动上的感觉。心流产生时会有高度的兴奋感和充实感。）GO 将每日必需的通勤变成愉快、舒适和带有挑战性的体验。整车结构的设计致力于让骑行者通过操控和设置实现“人车合一”的状态。

结实却轻盈的铝合金车架确保了骑行的灵活性，碳纤维前叉和座撑可以有效减震，提升舒适性。固定齿轮的传动系统（既无飞轮，也无齿轮）让骑行者保持专注，也提供了无与伦比的速度和骑行体验。

可调节的车座和齿轮比率（通过更换整个链条盒），优化了骑行者和自行车的契合度。

4

交通工具

张胜捷

荷兰领峰国际自行车股份有限公司，
2012 年

 Orcinus：未来都市电动自行车

Orcinus 全尺寸折叠智能电动自行车的使用场景是 2020 年的中国大都市。受到海洋中敏捷的逆戟鲸的启发，Orcinus 为大都市骑行者提供舒适的、无限制的骑行体验，让他们安全、方便、清洁、敏捷地在未来城市中穿行。Orcinus 车身的高性能零件和智能网络可以同时满足骑行者公路骑行和参加社交活动的需求。

隐藏的电子系统和流线造型可以吸引那些觉得普通电动自行车外形笨重的用户。所有的 Orcinus 都与“BRIDGE 社交网络”智能系统联网，从而在骑行者之间以及骑行者与城市共享资源之间建立起有效的连接：Orcinus 就像逆戟鲸一样，是高度社会化的聪明群体。

5

游戏设计

Richard Boeser

www.ibbandobb.com，2007 年

 促进合作的电脑游戏

“输赢不是关键，重在参与。”

Ibb and obb 是一款两个人一起玩的电脑游戏。游戏设置为一个一分为二的世界，两个玩家必须在其中找到自己的出口。在游戏屏幕的下半部分，重力是被反转的，玩家在其中上下移动。游戏设计了两方面的挑战：让玩家探索如何在一个双重力的世界里行走；只有两位玩家默契配合，才能得到更高的分数。

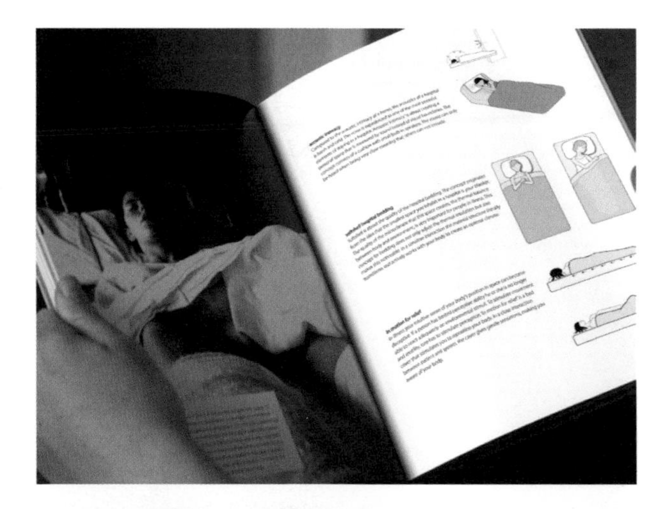

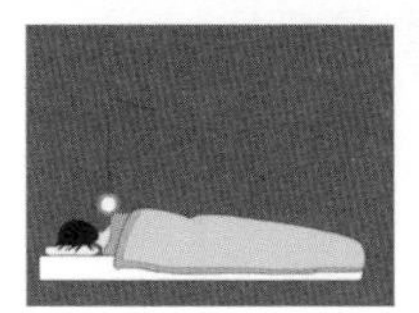

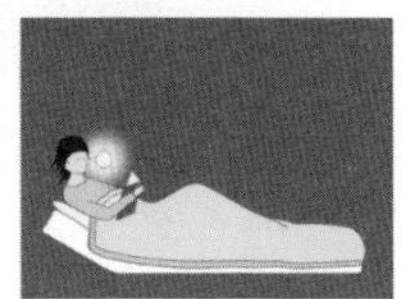

6

健康护理

Femke de Boer

Philips Design，2007 年

➜ Body Space——为患者设计

幸福感在很大程度上与我们生活环境有关，而这一点常常被忽略了。医院的环境设计尤其重要。该项目从患者的体验出发，希望为医院的环境设计提供新视角。项目由一系列小设计组成，旨在帮助长期卧床的患者缓解不适感。这里展示的一个设计可以帮助患者“挣脱”局限的空间体验。一盏可调整高度的灯挂在天花板上，患者举起灯时，灯光会变亮；患者将灯拉近自己时，灯光会变得柔和昏暗。

7

办公设备

Marc Mostert

Océ Technologies，2002 年

 复印机

集复印机、扫描仪、打印机于一身的办公设备，让人机交互更加和谐流畅。

这款产品包含用于容纳机械部件和储存纸张的多功能机身（分别以水平和垂直方向布置），以及带有用户触摸屏的机械臂，让用户能简单直观地操作打印、复印、扫描功能。

这款产品希望为用户提供不一样的使用体验：它似乎在伸出手臂邀请你跳舞。

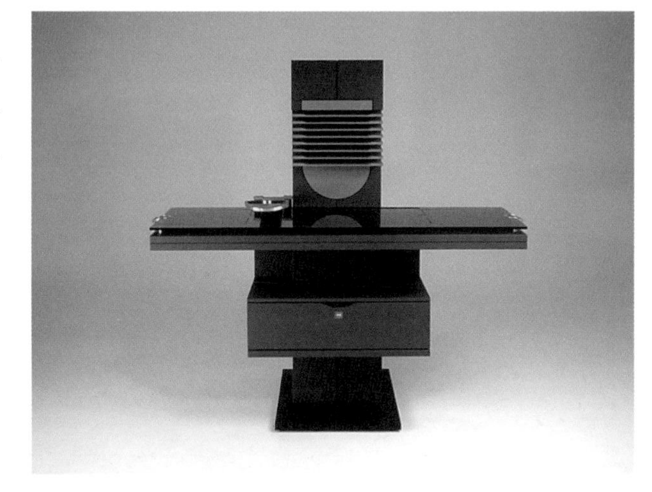

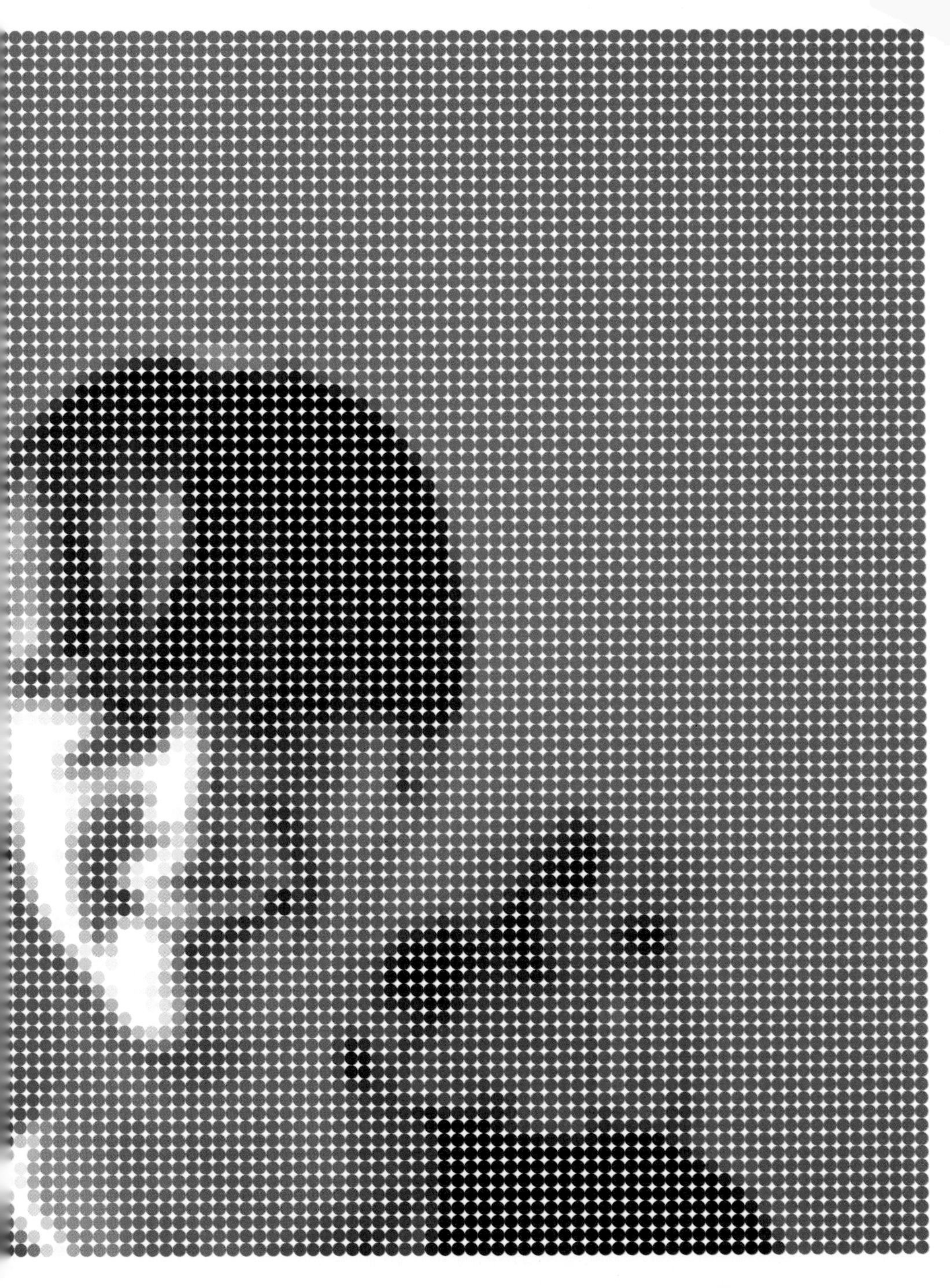

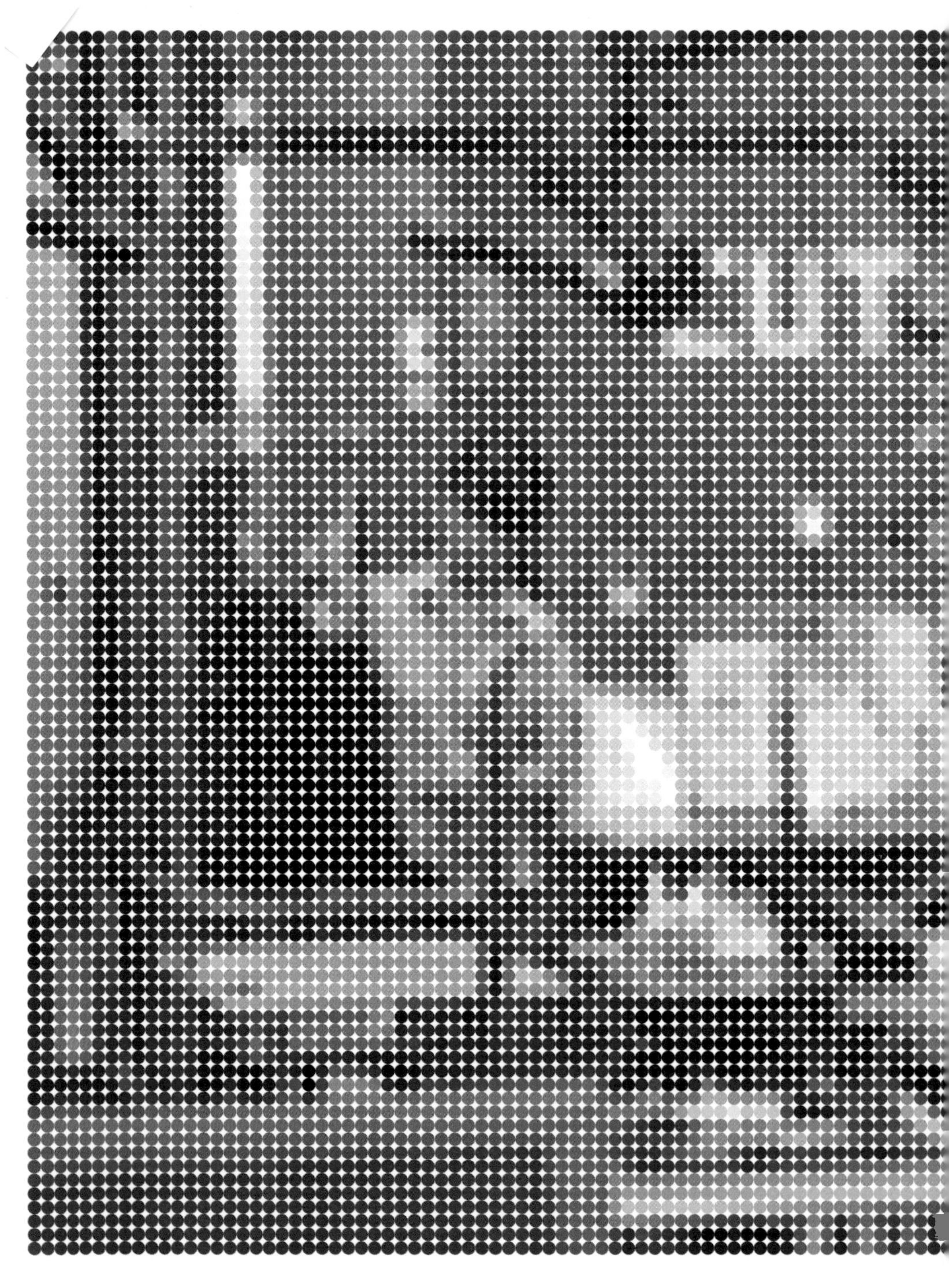

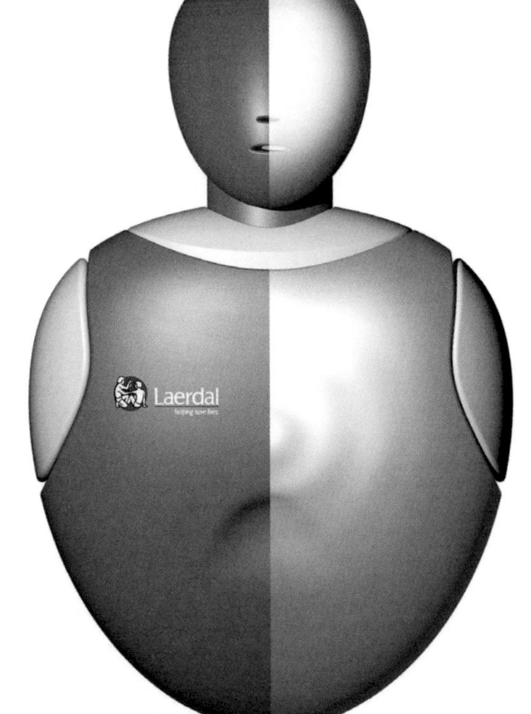

8

医疗产品

Børge Lund

Laerdal Medical, 1998 年

心肺复苏急救培训仪 LightManikin

为保护和挽救生命而设计的一款急救培训仪。照理说，心肺复苏（CPR）培训仪器应该尽量模拟真实人体，但受训者面对的往往是只能机械地反馈训练数据的简陋人体模型。LightManikin 采用光效反映氧气含量，氧气含量到达标准后，模型会持续发光。产品用魔法般的发光效果鼓励受训者持续地投入练习。

9

婴儿护理

Stephanie Wirth

2009 年

 婴儿背带

Freehugger 是一款婴儿背带，可以让父母方便地分担背宝宝的任务，同时也鼓励父母摸索各种背宝宝方式，培养亲子关系。这款产品的特色在于它能让父母自由方便地将宝宝固定在自己身上，增加亲子之间的肢体接触。需要时，解开安全扣背带就能松开。

10

家庭用品

Sietske Klooster

Design moves, Commit，2013 年

 插花托盘

郁金香的插花托盘。小心地用手托住郁金香的花冠，将花一支一支插入托盘，排列成花团锦簇的样子。最后郁金香花冠组成花束，将它们连同托盘一起放在玻璃花瓶上，看起来就像一个花瓶盖子，同时郁金香的花茎浸在水中，保持新鲜。

11

公共交通工具

Doeke de Walle

PininfarinaRicerca e Sviluppo，2005 年

➜ 连接欧洲：为 2020 年设计的高速列车

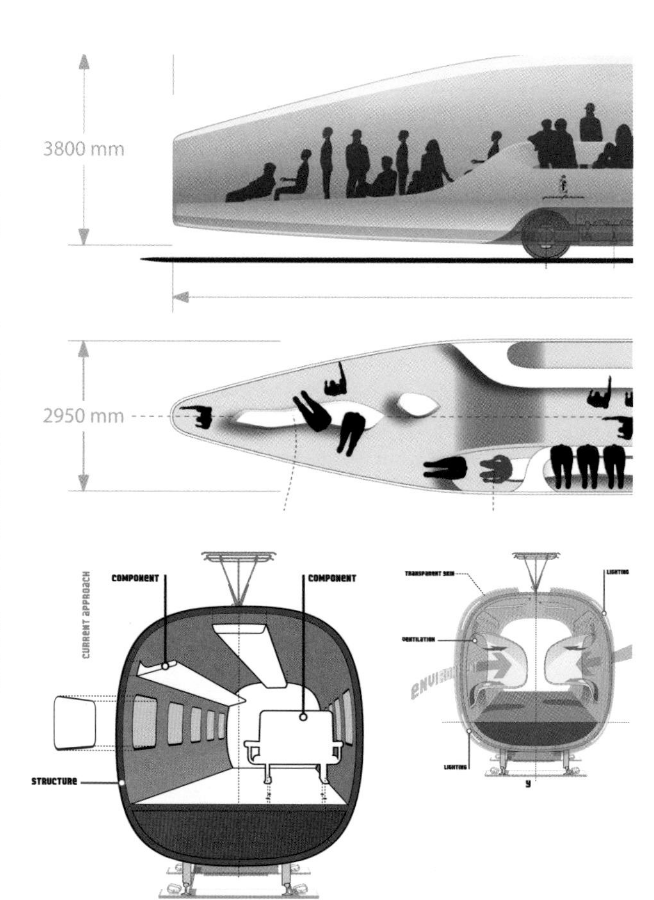

列车的设计暗示了欧洲的融合。乘客既可以选择与外界环境互动，又能方便地选择独处。设计借用了水的可塑性，不同的文化像水一样在列车上汇聚融合。列车的框架设计成被水由外向内冲击凹陷的形态，凹陷在列车内部形成座位和行李架，同时也让乘客充分接受自然光照。这样的设计让列车内部的空间相互关联，每个空间都有其独特之处，既允许乘客享受独处的时光，也方便他们与外部环境互动，或者与其他乘客交流。

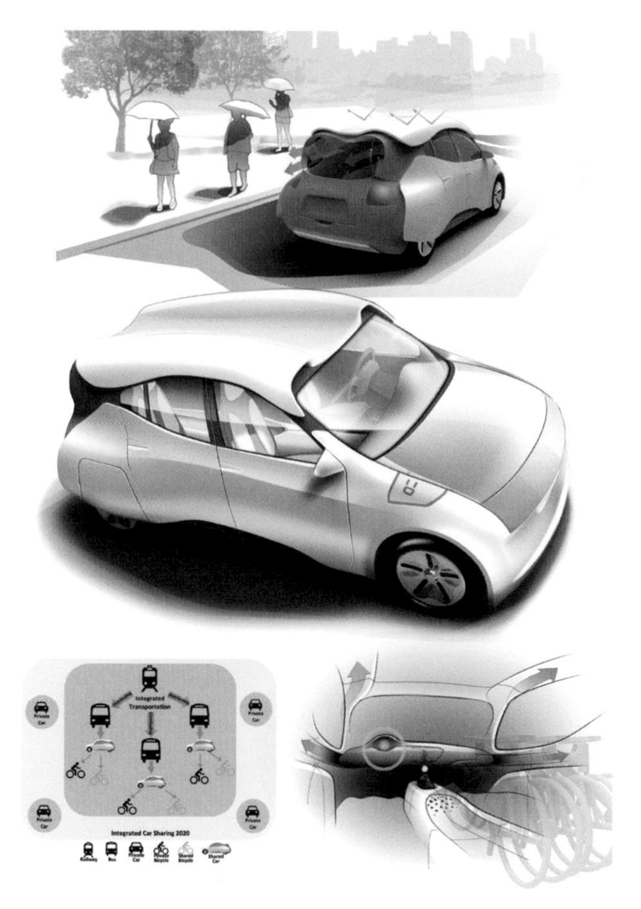

12

共享交通

朱昊正

中国东莞中山大学研究院，2012 年

 2020 珠江三角洲共享概念电动车

2020 年，珠三角将成为拥挤、炎热潮湿的“水泥森林”。交通拥挤、快节奏生活和资源短缺使市民面临巨大的生活压力。好消息是，2020 年的珠三角交通将逐渐转型为以自行车和公共交通为主，而且城市绿化工程也在持续开展。

在这种情况下，“城市胶囊”共享概念汽车应运而生。被动通风设计和先进的材料极大降低了车内制冷的能源消耗，同时使驾驶员和乘客融入车外的自然环境。“城市胶囊”由纯电力驱动，车体呈流线型胶囊外形，重量轻，为市民提供经济、高品质的共享出行模式，同时节能减排。物联网科技将每个“城市胶囊”与自行车、城市公共交通系统联结，优化出行方式。总而言之，“城市胶囊”希望通过实现聪明、轻松的共享出行交互品质，让每一位市民重新发现内心渴望的健康和可持续的生活方式。

13

教育产品

Piem Wirtz

CED 集团项目：教育创新，2004 年

➜ Pogi—帮助学生集中注意力

Pogi 是为多动症（ADHD）儿童设计的玩具。它像是一个挂环，一端固定在天花板或高处，一端固定在地面。Pogi 的设计和构造让患有多动症的儿童在玩耍时尽可能地消耗过剩的精力。

生产商：Janssen-Fritsen，http://www.pogi.nl

多年来，众多专业设计项目运用了ViP设计法则，包括Matthijs（本书作者）自己的设计咨询公司KVD（现更名为REFRAMING STUDIO）。接下来介绍该公司的三个代表性设计项目。

❶ 为荷兰铁路零售店公司（旧称 Servex）设计的铁路零售店。选择这个案例是为了展示设计项目的多层次复杂性：它不是简单的零售店，是铁路站台上的零售店。

❷ 为 Pininfarina（译注：Pininfarina 是著名的汽车设计公司，意大利经典跑车法拉利和兰博基尼的多款车型均由其设计）设计的 Nido 都市概念汽车。这个案例证明设计的预见（vision，参见术语表）可以指导产品的加工和制造。

❸ 为荷兰内政及王国关系部设计服务系统。这个案例表明 ViP 设计法则的运用范围不限于产品领域。

这三个案例将以人物对话的形式呈现：

[学生] 提问的学生；
[设计师] 项目的设计师；
[学者] 理论学者，负责阐释概念，偶尔也提问。

对话着重回顾设计过程的各个阶段，而不是结果。介绍这些案例的目的在于展示 ViP 设计法则是如何指导项目开展的，同时也让读者领略它的全面性和实用性。

案例 1

荷兰铁路零售店

荷兰铁路零售店公司，2004

➜ 为荷兰铁路零售店公司设计的铁路零售店。选择这个案例是为了展示设计项目的多层次复杂性：它不是简单的零售店，而是铁路站台上的零售店，其范围延伸到了服务设计领域。

学生 我总听说 ViP 设计法则全面且实用，我很喜欢。我希望找到能实现创新的设计方法，这也是我对你的项目感兴趣的原因。请问你能介绍这样的例子吗？

设计师 我这里有几个项目，一个是服务系统的设计，旨在改善荷兰政府与民众的关系；一个是为荷兰铁路设计的小型零售店；一个是用设计预见规划、组织未来的工作；还有一个是设计公共垃圾桶。你最想听哪个？

学生 我经常坐火车，就选零售店这个项目吧。

设计师 这个项目的设计任务是在火车站的月台上设计新的零售店，同时要考虑乘客的流动。

学生 听起来没什么新意。开始前你有研究用户需求吗？

设计师 原来的零售店已经过时了，销售量一直在下滑。这个项目看起来确实很平淡。我们做的第一件事是评估项目的目标是否合适。评估后我们认为，零售店的设计不是该项目的重点。乘客希望买到称心的商品，他们关心的是商品，而不是卖商品的零售店。所以我们决定把项目的重心放在设计零售店出售的商品上。首先，我们要了解哪些商品适合在火车站月台上出售。然后再分析该如何陈列这些商品，是用无人售货机还是雇店员？最后给出综合的设计方案。

学生 那么 ViP 设计法则是怎样帮助你们进行设计的呢？

设计师 ViP 设计法则帮助设计师看到设计的任务核心。它强调用户与产品之间的关系，让设计步骤变得一目了然。在这个项目中，设计的第一层面、第二层面、第三层面分别是设计出售的商品、设计服务概念、设计零售店的路线规划。因此，首要任务是了解什么样的商品适合在火车站月台上出售。在这个基础上，我们着手建立了一个情境。这个情境不仅是对地点的描述，还包含其他很多因素，比如心理学上的原理 / 原则类因素。

学生 这样的情境是如何建立的呢？有哪些心理学原理？

学者 建立情境指的是将所有因素整合起来考虑。这些因素共同营造出设计师为之设计的小世界。情境绝不是唯一的，也不可能将所有的因素都考虑周全。因此建立情境是一个选择因素和整合因素的过程：选择纳入考虑的因素，以及决定如何将这些因素整合起来。为了方便设计师收集因素，我们定义了四大类因素：发展、趋势、常态、原理 / 原则（译注：发展、趋势、常态、原理 / 原则的解释，请参考术语表）。原理 / 原则既指自然规律，也指人们的关注点和行为规律，比如说人类的思维模式。

设计师 建立情境后我们应该能得出结论：人们在公共场所扮演的角色是什么，他们需要怎样的支持。在这个项目里，公共场所是火车站月台。因此月台上出售的商品就是支持人们在公共场所扮演角色的工具。乘客扮演的角色是由其关注点决定的，一个人在不同的时间地点可以扮演不同的角色，每个角色都有各自的关注点。
这就像不同类型的电影。针对不同的关注点，有动作片、爱情片、文艺片。为了证明这一点很重要，

上图 新的月台零售店

下图 以往的月台零售店

我们给火车站该项目的负责人看了一本影讯目录，目录中有很多部电影，但都属于同一个类型——动作片。在给该项目的负责人做报告时，我们问他们：“如果今晚你们去电影院，你们想看哪一部电影？”
五分钟后他们给出了答案，结果令人惊讶，他们要么抱怨：“这上面怎么只有一种类型的电影？”要么直接说：“我今晚不想去看电影！”

学生 有意思，然后呢?

设计师 这个实验说明电影类型是与人们的娱乐关注点挂钩的。如果影讯目录上缺少某种类型的电影，喜欢该类型电影的人会觉得这个目录不全，因此很难做出选择。这跟铁路月台上出售商品的情形一样。如果月台零售店出售的商品只为一种角色服务，其他人就很难做出购买选择。

学者 真棒！你们能用这样的方式让项目负责人感受并理解人们的关注点，以及人们的需求和价值观是随着时间改变的。在不同的情境下，关注点不尽相同。如果经过了一天的劳碌奔波，我们会想放松一下，看一些让人感觉舒服的电影。如果过了很无聊的一天，那么我们就想看动作片或其他刺激的电影。通过这种方式，你们让项目管理团队了解到月台零售店的设计不仅要考虑人与人之间的差异（或不同目标人群的差异），人们在不同情境下的需求和感受也是重要的考虑因素。

设计师 是的，月台零售店出售的商品应该满足不同乘客的角色需求。我们让对方明白了这是项目成功的关键。需要我解释公共场合人们扮演的不同角色吗?

学生 请稍等。真的是 ViP 设计法则帮助你们看到这个关键点的吗?

学者 我认为 ViP 设计法则的“情境—交互—产品”模型确实能帮助设计师以不同的眼光看待设计的情境。同时，它也激发设计师找到方法或比喻，这不仅能帮助他们自己梳理关键因素，也让他们可以很容易地向其他人解释设计想法。

设计师 现在，我们只谈到了情境，还有其结构。情境结构用于梳理此情境下各因素间的关系。通过梳理降低情境的复杂性，建立起富有洞察力的，同时又具备可行性的，不至于太繁复的结构框架。最后，我们梳理出人们希望在月台上扮演的五种角色。

学生 请继续讲。

设计师 月台上的人有结伴出行的，也有独自出行的，有的人认可社会公认的行为（或角色），有的人只是在效仿他人（随大流），还有人想吸引大家的关注（比如街头艺人）。不过街头艺人通常不会购买月台零售店的商品，所以我们最终选择了前四种角色，它们都符合月台的情境。

学生 ViP 设计法则是如何帮助你们想到这些角色的？它们不就是关于目标用户的想法吗?

设计师 ViP 设计法则专注于找到最相关的想法，而不是用头脑风暴想出各种主意，然后逐一删减。ViP 设计法则的美妙之处在于它不仅帮助你找到灵感，还能帮你认识到这个想法是值得继续下去的。我常常提到设计起始点，设计起始点指的是我希望人们未来能够通过我的设计做些什么。这个项目的设计起始点并不像客户最初的设计要求那样，只是设计一个优雅的月台零售店，而是要设计让人满意的人与商品间的交互。这种交互的设计应该体现在对整个零售店的设计里。
我们来看看这些角色是如何帮助我们定义商品的。毋庸置疑，每个角色需要不同的商品。我们需要能够引发人与人之间交流的商品，需要能够让人们跟周围环境建立联系或者脱离联系的商品，也需要能帮助人们成为社会一份子（随大流）的商品，比如早上买咖啡和牛角面包，中午吃三明治，下午买啤酒。

学生 所以你们不仅考虑商品，更要考虑人与商品之间的关系。

设计师 原来的零售店只卖一种商品，即让人们随大流，不标新立异的商品。最开始，客户坚信他们需要的是一台便捷的自动售卖机。然而我们引入不同系列商品，满足不同乘客的需求后，月

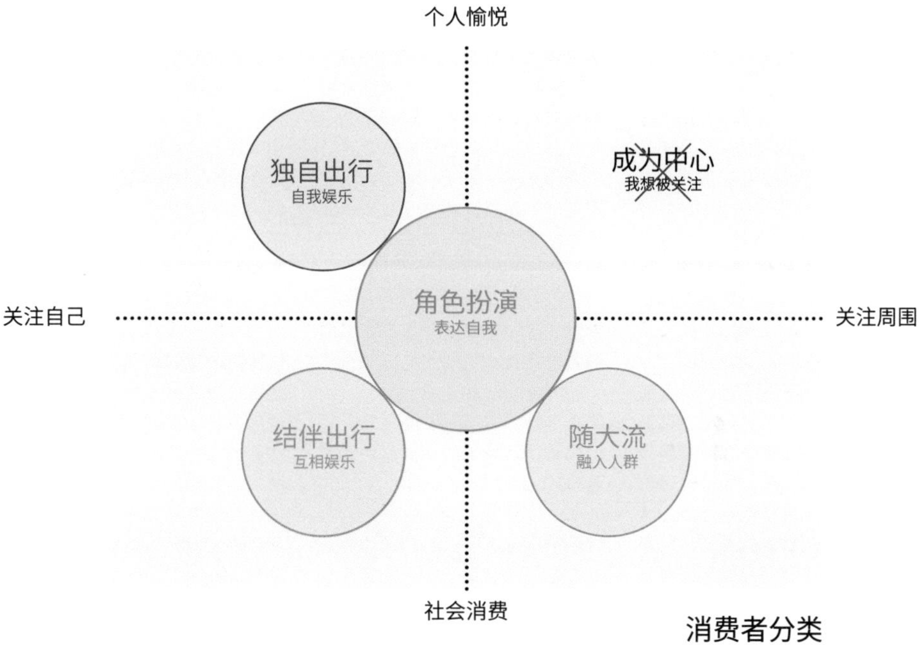

个人愉悦

独自出行
自我娱乐

成为中心
我想被关注

关注自己

角色扮演
表达自我

关注周围

结伴出行
互相娱乐

随大流
融入人群

社会消费

消费者分类

月台上的五种不同的角色（简化版本）

台零售店的营业额出现了惊人地增长。

学者 从 ViP 设计法则的角度看，商品的分类不是建立在人的特征上（如年龄、性别、生活方式等），而是根据不同的情境（比如是否赶时间等）对人们的关注点进行分类。这些关注点主要是来自设计师对情境的思考。以前它们从未被考虑到，不管是基于现有的情况，还是基于特定的目标人群。在 ViP 设计法则中，我们是为情景中的用户做设计——他们有着共同的关注点，需要我们所预想的交互。也就是说，我们在设计时是将一定人群排除在外的——这些人群有其他的关注点，需要其他形式的交互。但如果只考虑一个关注点，就会有太多人被排除在外。因此，我们预想了几种角色（对应不同的关注点），尽可能地覆盖不同的人群。

学生 我明白了，我还想知道是什么因素让你们想到这些角色。

设计师 这四种角色是由情境决定的，而情境是考虑多种因素后建立的。为了提高效率，我们会对这些因素分类。首先将所有因素罗列出来，然后找出有共同属性的因素，据此进行分类。
比如有一个因素类别叫“个人心理状态”，它又可以分为两种可能性：“与公共空间脱离联系”和“成为公共空间的一部分”。另一个因素类别叫“社交动机”，也分为“想独处”和“想成为一群人的成员”两种可能性。这四种可能性定义了人们在公共场合的潜在角色。据此，我们便知道月台上适合出售什么样的商品——这些商品不仅要适用于火车旅行，也要增强人与人之间的联系。考虑人们想跟其他人有联系和交互时，你就不能把他们看成一个个独立的个体。

学生 所以，你们认为人们都希望增强与周围人的联系？

学者 有意思，能举个例子吗？我想知道什么商品能增强月台上人与人之间的联系……

设计师 比如结伴旅行就能增强人与人之间的联系。生活中也有一些活动能明显增强人们的联系，比如去看国家足球队的比赛，在这样的情境下，出售能建立和增强人与人之间联系的商品是十分恰当的，比如国家足球队的围巾。

学生 或者半打喜力啤酒！

设计师 回到设计零售店这个话题。我们必须思考如何摆放四类角色需要的商品，形成一个协调的整体。我们设计的零售店必须兼顾这种“协调”，同时考虑如何让商品为月台上的每种角色服务。零售店就像一个角色扮演的指导者。比如你周五下班后来到火车站，你的角色就是需要放松的上班族，零售店会引导你买半打喜力啤酒！零售店提供的四类产品必须提供不同的使用体验，为不同的角色服务。我们对零售店内的空间进行了划分：独处娱乐、人与人连接、角色扮演等。零售店的设计非常透明，能让各种角色方便地找到自己的需求。这就是我们的设计理念。

学者 我猜人们甚至没有意识到零售店的引导作用，角色扮演就像是自动完成的一样。

设计师 是的，我们要确保这种角色扮演是无意识的，因此零售店也应该成为月台的有机组成部分。比如，零售店的占地面积不能太大，零售店不仅不能让人流受阻，而且要起到导流的作用。我们一方面要考虑出售商品带来的各种体验，另一方面也要考虑月台的人流。

学生 所以零售店的存在增强了人与人之间的交流，就像舞台一样？

设计师 没错，我们的确用了舞台这个概念向荷兰铁路公司阐述我们的设计理念！

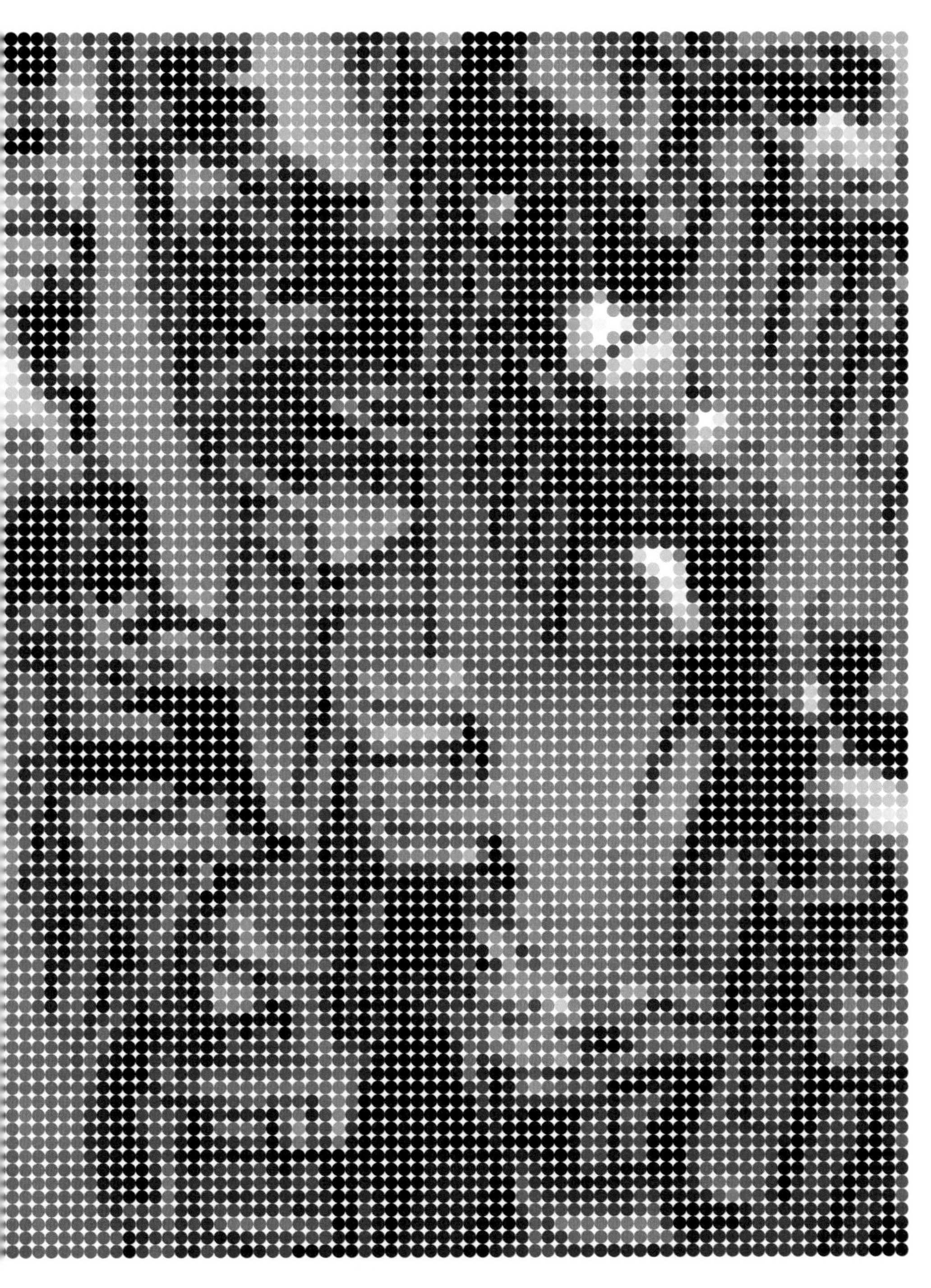

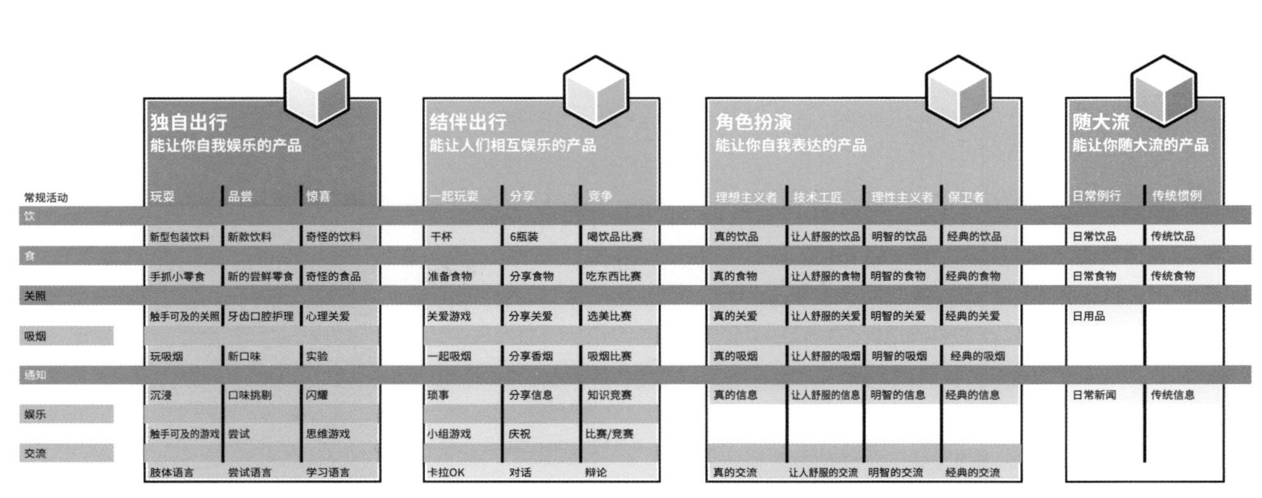

常规活动	独自出行 能让你自我娱乐的产品			结伴出行 能让人们相互娱乐的产品			角色扮演 能让你自我表达的产品				随大流 能让你随大流的产品	
	玩耍	品尝	惊喜	一起玩耍	分享	竞争	理想主义者	技术工匠	理性主义者	保卫者	日常例行	传统惯例
饮	新型包装饮料	新款饮料	奇怪的饮料	干杯	6瓶装	喝饮品比赛	真的饮品	让人舒服的饮品	明智的饮品	经典的饮品	日常饮品	传统饮品
食	手抓小零食	新的尝鲜零食	奇怪的食品	准备食物	分享食物	吃东西比赛	真的食物	让人舒服的食物	明智的食物	经典的食物	日常食物	传统食物
关照	触手可及的关照	牙齿口腔护理	心理关爱	关爱游戏	分享关爱	选美比赛	真的关爱	让人舒服的关爱	明智的关爱	经典的关爱	日用品	
吸烟	玩吸烟	新口味	实验	一起吸烟	分享香烟	吸烟比赛	真的吸烟	让人舒服的吸烟	明智的吸烟	经典的吸烟		
通知	沉浸	口味挑剔	闪耀	琐事	分享信息	知识竞赛	真的信息	让人舒服的信息	明智的信息	经典的信息	日常新闻	传统信息
娱乐	触手可及的游戏	尝试	思维游戏	小组游戏	庆祝	比赛/竞赛						
交流	肢体语言	尝试语言	学习语言	卡拉OK	对话	辩论	真的交流	让人舒服的交流	明智的交流	经典的交流		

月台零售店的商品目录(简化版本)

案例 2

个人交通

PininfarinaNido 概念汽车，2004

一辆概念汽车，它证明了设计预见（Vision）能为制造和加工提供指导。

学者 我听说 Pininfarina 设计事务所用 ViP 设计法则设计汽车，这是真的吗？你能举一个例子吗？

设计师 说实话，我不能确定 Pininfarina 在使用 ViP 设计法则，但是我可以举 2004 年由 Lowie Vermeersch 设计的都市概念汽车的例子。Lowie 从 2007 年开始担任 Pininfarina 设计事务所的设计总监。他毕业于代尔夫特理工大学工业设计学院，1998 年在 Pininfarina 实习，同年完成了他的毕业设计。当时他运用 ViP 设计法则设计 2012 年的家用汽车，他归纳了三种可能出现在未来的生活模式，以及交通工具应该具备什么样的特性才能满足这样的生活模式。这三种生活模式分别称为切换频道（zapping）、取样（sampling）、签约（subscribing）。他 1998 年的毕业设计以取样模式为基础，2004 年设计的 Nido 概念汽车则以切换频道模式为基础，现在这个设计仍然适用，证明了 ViP 设计法则具有前瞻性。
我是 Nido 概念汽车的研发顾问，思考如何将车身结构、安全性能和造型设计整合起来。例如，怎样将设想的产品特性转化为可行的车架和悬挂设计，提升车辆的主动和被动安全性。
这段经历十分美妙，因为 Pininfarina 非常支持这种将科技和造型结合的研发思路。我们的设计从一开始就同时考虑科技和造型两个方面，这是设计协调的、完整的产品的理想出发点。在 Nido 的研发过程中，科技和造型密切地结合在一起。我们成立了名为 Autosicura（意大利语：汽车安全）的小型研发团队，团队中既有设计师，也有工程师。

学生 Pininfarina 希望设计什么样的产品？

设计师 Pininfarina 是研究型的设计事务所，其经典的概念汽车都是深入研究的成果。例如，Pininfarina 在空气动力学方面的研究成果促成了 1968 年经典概念汽车 BLMC 1800，而针对安全性的研究成果被运用于 1969 年 Pininfarina 一级方程式安全概念汽车上。
Nido 项目的任务是研发一款能够改善都市交通的小型汽车。在项目实施的过程中，Pininfarina 希望发挥自身优良的研究传统，利用有关造型和工程整合的研究成果拉近和完善汽车外观设计和科技的距离 。

学者 这个项目是意大利政府委托的吗？

设计师 是的。

学生 项目是如何展开的？

设计师 我们首先要知道我们希望创造什么样的都市交通。接下来我们要定义新的都市交通概念的具体特征，最后寻找未来的人们能够接受的概念表现形式。

学者 表现形式可以任意选择吗，比如自行车？还是说你们必须设计一辆汽车？

学生 你们没有重新设计整个城市？

设计师 当然没有。政府的初衷是请有资深汽车设计背景的 Pininfarina 设计一辆汽车。从一开始这个项目就是要设计一辆汽车，而不是其他产品或城市设施。Pininfarina 则希望通过 Nido 项目展示其研究能力，以及其研究成果如何运用在汽车设计上。他们的目标是在大型车展上展示成果。

上图 Pininfarina设计的BLMC 1800概念汽车

下图 Nido概念汽车

Nido 在 2004 年巴黎车展上隆重登场，获得了 2004 年最佳概念汽车奖。2008 年它又获得了意大利金罗盘设计奖。[5]

学者 Lowie 建立的未来情境，就是设想未来的都市是什么形态，以及人们在那个环境下有什么行为和感受，对吗？

设计师 是的，他在 1998 年已经形成了预见。在 Nido 的研发过程中，Lowie 下意识地运用了他于 1998 年在 Pininfarina 实习时形成的预见。在毕业设计前，Lowie 还与另外 7 名学生在工作坊中建立了一套名为“移动中的生活”（life in motion）的预见。有趣的是，只要你愿意花时间去思考交通领域的问题，你就会认同他的预见。
成功的预见可以在相当长的时间里发挥作用，它将不断为你带来孕育创新设计的想法，正如 Lowie 五年前的预见对他的新设计依然有帮助一样。

学生 以情境为中心的设计方法对重视工程的 Pininfarina 会是问题吗？

设计师 不会。ViP 设计师会预先了解什么样的产品特质在目标情境下是有意义的。Lowie 在 Nido 的研发过程中充分应用了这种方法。在 Pininfarina，产品特质是汽车设计和开发过程的最终成果。这些特质随着时间推移而进化，直到汽车的设计逐渐变得更加具体。再强调一次，定义特质的依据是这辆汽车所处的未来情境。

学者 你能简单描述这三种生活模式吗？我觉得它们或多或少反映了这辆车所处的情境。

设计师 Lowie 提出未来会有三种生活模式，分别是切换频道、取样、签约。Nido 概念汽车适合喜欢“切换频道”的人群。为了适应复杂的未来社会，有些人将越来越重视汽车的灵活性。产品必须做出相应的变化才能满足人们未来的需求。未来的情境是新事物远远比熟悉的事物重要，时间变得越来越不够用。

学生 是什么样的情境因素让你们得到这些结论的？

设计师 情境中出现的科技、公平性、个性释放、个人主义、快乐主义等因素。

学者“切换频道”究竟指的是什么呢？

设计师“切换频道”是指在不同活动之间来回切换，是一种快乐至上的生活模式。

学者 这样说来“切换频道”是对未来情境的响应，是指帮助人们在未来都市中像“切换频道”一样便捷地移动吗？

学生 这种情境仅限于意大利吗，还是全球性的？

设计师 准确地说，我们希望帮助人们在未来的西欧都市中像“切换频道”一样方便、迅捷地移动！

学生 乘坐轻轨电车或骑摩托车不也一样可以“切换频道”吗？

学者 我觉得摩托车很适合用来“切换频道”！轻轨电车恐怕不太合适。

设计师 你说得对，但是 Pininfarina 希望设计的是借助汽车出行的方式。

学生 这太让人失望了，ViP 设计法则可以打开设计师的思路，而这种前提条件却将设计的可能性限制在一辆汽车上。

设计师 没办法，项目就是这样要求的。

学者 现实就是这样：企业通常有自己的诉求，它们不可能允许你开展毫无约束的创新。

设计师 实际上，我们还算幸运的，至少 Pininfarina 愿意做这样的尝试。

学者 而且他们鼓励真正的创新！

学生 好吧，我以为 ViP 设计法则应该能引导产生完全创新的设计。那 ViP 设计法则与传统的设计方法到底有什么不同之处呢？

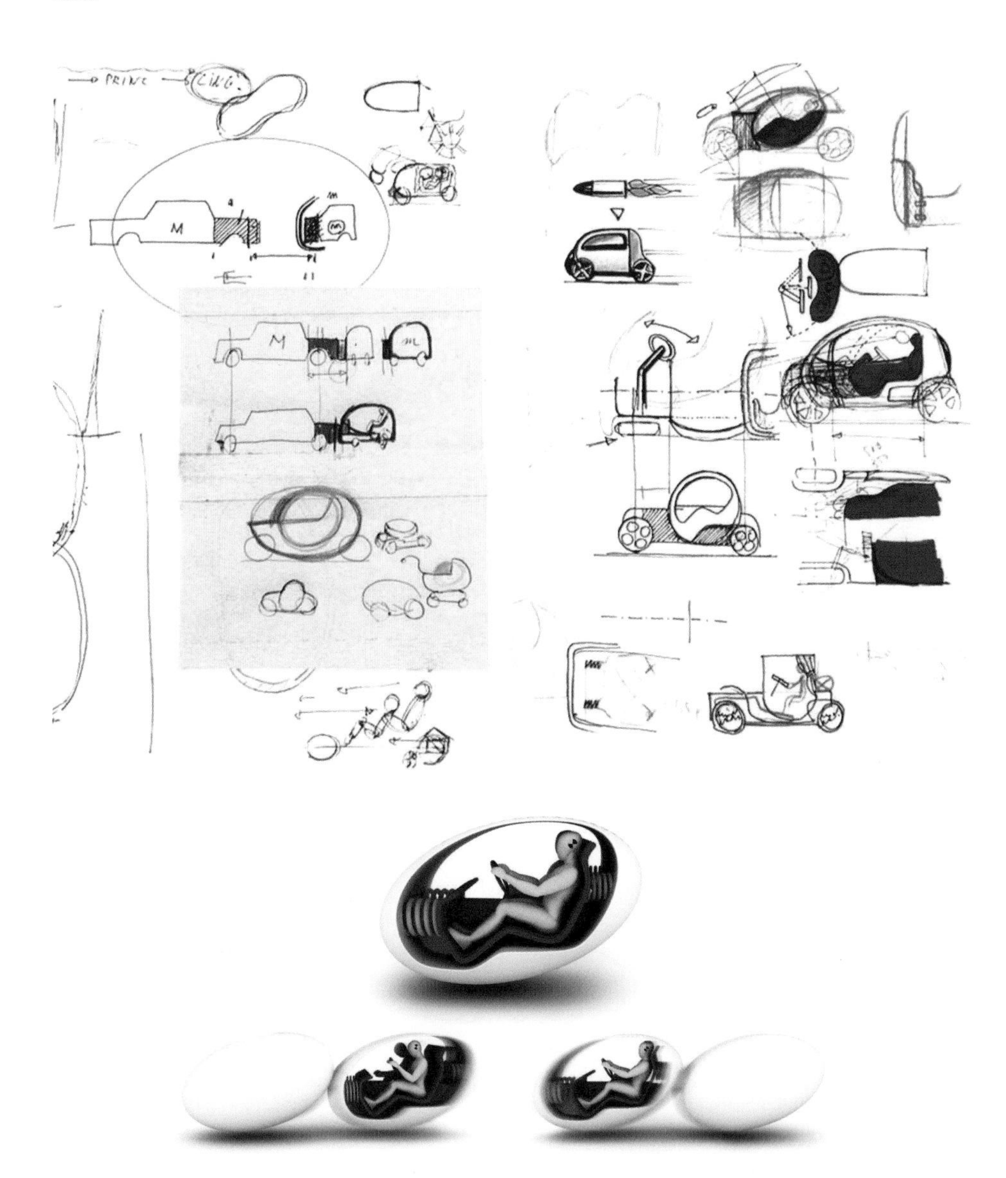

Nido的碰撞保护机制

设计师 这取决于客户允许的自由度。比如，同样是做设计研究，苹果公司允许的自由度应该会比通用汽车公司的高。

学者 一切都取决于设计范畴。如果有机会拓宽设计范畴（像大部分的学生项目那样），你就有可能从更广阔的角度思考。

设计师 企业应该在不改变原有产品策略的前提下，尽量放宽设计范畴的自由度。ViP 设计法则与已有的设计范畴并不对立；ViP 设计法则定义合适的产品特质，并设计能够表达这些特质的产品。

学者 即使范畴是固定的（比如汽车），ViP 设计法则也可以引导设计师重新定义汽车及其可能性。

学生 其他设计方法不也有同样的主张吗？ ViP 设计法则又有什么不同之处呢？

设计师 ViP 设计法则首先提出需求，比如未来人们需要像“切换频道”一样方便、迅捷地移动。然后再研究什么样的产品特征能够满足这种生活模式。

学者 关键在于项目不是以一系列具体要求开始的（如严格的车身长度和重量），而是首先定义目标：你希望给人们提供什么。然后再结合情境分析的研究结果和你的思考调整目标。

学生 你能解释一下产品的特质吗？

设计师 这辆概念汽车必须灵活、坚固、可靠，因此最终的设计要具备反映这三种特质的元素。灵活意味着这辆汽车是小巧和轻量化的，具有良好的操控性和稳定性，能够无阻碍地在城市中穿行。坚固是指它有能力让乘客安全地探索整个城市。可靠则是一切特质的先决条件，是不可或缺的。

学者 从某种角度看，可以认为产品功能是从这些特质推导出来的吗？

设计师 是的。Pininfarina 要将这些产品特质用具体功能体现出来。有趣的是，假如只是将坚固和安全两种特质结合起来，将产生完全不同的设计。那种设计无疑能带来安全感，但那种安全感是以厚重的车身为代价的，它的安全感是霸道并带有侵略性的。而对于小型车辆，任何设计失误都将是灾难性的。那么我们如何在小巧的前提下，确保它像大车一样坚固和安全呢？

学生 该怎么办？

设计师 Nido 是帮助人们在未来都市中像“切换频道”一样方便、迅捷地移动的交通工具。都市的道路上不仅有小型汽车，还有其他类型的车辆，因此，我们必须考虑“兼容性”（compatibility）问题：如何令小型汽车在交通事故中与大型车辆抗衡？

学者 你是指开着小车发现前后左右都是大块头的 SUV？大车确实对小车的安全构成威胁。所以你们要解决的是这个问题？

设计师 对。

学者 你能再解释一下“切换频道”的特点吗？

设计师 城市里总会发生新鲜事，Nido 可以帮助你迅速去到你想去的地方。

学者 我懂了，所以这辆汽车必须同时具备坚固和灵活的特质。

学生 Nido 的安全原理跟 Smart 一样吗，还是用了完全不一样的设计？

设计师 Smart 的安全原理与普通轿车类似，但是这种设计对小型汽车来说还不够安全。就坚固和灵活而言，Smart 更注重后者。如果想在城市中快速穿梭，Smart 的安全等级还低了点！

学者 未来都市里的 SUV 将越来越多，它们会对小车的安全构成威胁。你的意思是，Nido 比 Smart 更适合“切换频道”？

设计师 是的，你必须对车辆的安全有信心，才能放心地在城市里穿梭。

学生 你们是如何从交互预见中推导出对安全的需求的？

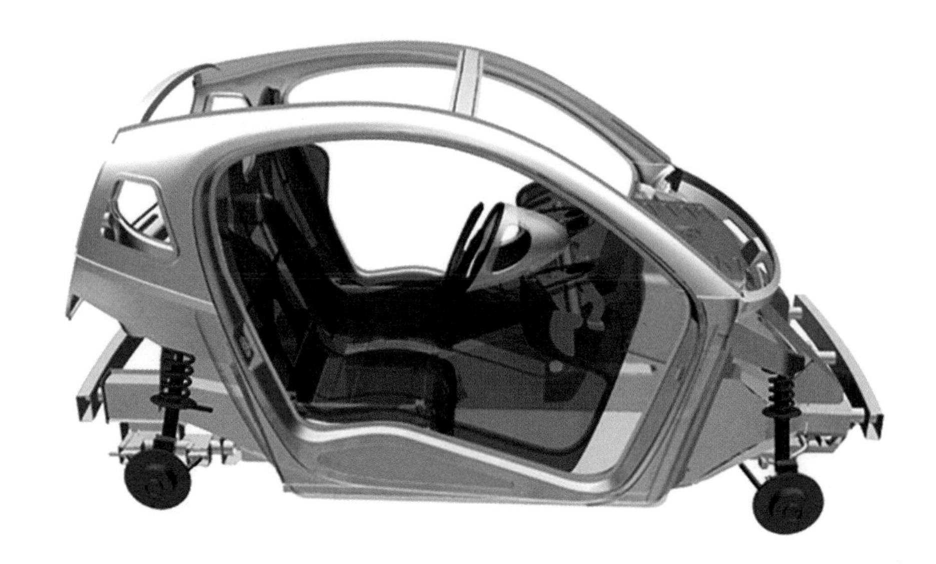

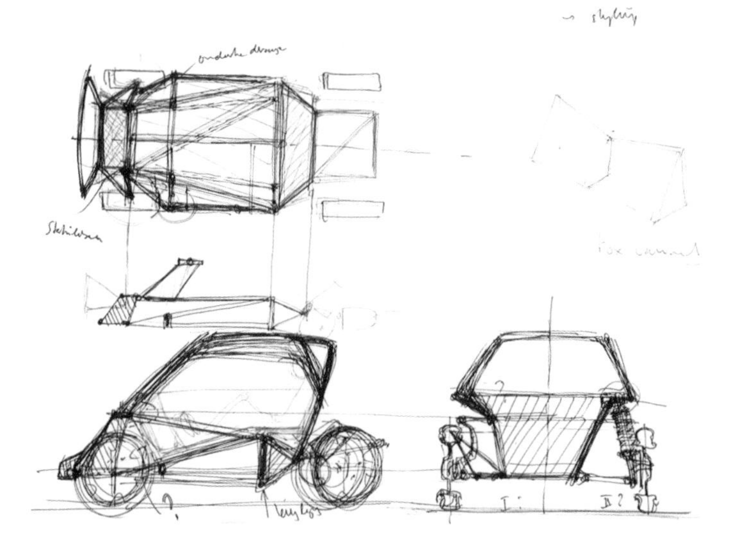

上图 Nido车身

下图 设计草图

设计师 我们定义的交互特征可以比喻为“自信地切换频道”，而自信必须以安全为前提。

学生 那么“切换频道”这种比喻所体现的特点又是什么呢？

设计师 它带有冒险、尝试、节奏快、寻找刺激的特点。

学生 哪类人会喜欢这样的生活模式？

设计师 希望体验各色城市生活，与城市亲密接触的人群。

学者 ViP 设计法则不预先定义用户群体，而是让目标人群在设计过程中逐渐浮现。我们的重点放在定义情境里的交互方式上，希望人们按照这些交互方式与环境互动。

学生 我明白了，就是以预见的方式去考虑你希望人们做出哪些行为？

学者 对，但你必须相信人们愿意这样做。

学生 就 Nido 来说，你们产生这些信念的根据是什么？

设计师 根据是我之前提到的情境因素，比如快乐主义、突破传统、多元文化、物质与信息爆炸，以及高人口密度的城市环境，这些因素正在改变人们的生活模式。

学者 你们是如何在汽车的设计层面定义安全需求的？

设计师 我们定义的交互方式是“切换频道”，因此这辆车必须具备两个特质：坚固和灵活。坚固为驾驶者提供信心，灵活才能便捷地在城市中穿梭。
安全包含被动和主动两方面：被动安全考虑的是发生交通事故后如何保护驾驶者；而主动安全侧重于研究如何在拥挤的城市交通中避免事故。

学生 我还是不太明白 ViP 设计法则与一般的设计方法有何区别？它给 Nido 项目带来了什么？

设计师 在回答这个问题前，我先谈一下如何将交互特质转化为产品的特征和规格。灵活意味着小巧和良好的行驶性能。坚固意味着良好的被动安全性能。小巧与灵活的结合顺理成章，但要求小巧的汽车具有良好的被动安全性能，则需要通过创新的设计来实现。
即使一辆普通的家庭轿车，其碰撞安全性能也是 Smart 的两倍。因此 Smart 并不是理想的“切换频道”的交通工具。ViP 设计法则首先挑选出产品必备的设计特质，然后要求设计师和工程师根据这些特质设计全新的方案，否则新产品就无法实现理想的交互效果。

学者 没错，这些设计特质来自你定义的交互方式，而交互方式建立在对未来情境的分析之上。传统的汽车设计流程不是这样的，这种方式是 ViP 设计法则特有的，它要求你重新考虑汽车的性能和结构。

设计师 正是如此。

学生 那么人们如何与安全性交互呢？是指他们坐上车时的感觉，还是说比感觉来得更明显一些？

设计师 问得好……

学生 所以设计的逻辑顺序为：运用 ViP 设计法则预见未来世界的生活模式 → 定义“切换频道”般的交互方式 → 需要提高安全性 → 提出创新的安全设计。

设计师 是的，但并非只强调安全性，而是在要求灵活性的同时提高安全性。否则一辆笨重又结实的汽车也符合要求。Nido 的设计要求解决小巧、轻量化和安全性之间的矛盾，因此需要创新的安全设计。

学者 你能描述一下汽车的防撞机制吗？

设计师 你可以把碰撞的汽车想象成两个相互碰撞的鸡蛋；防撞机制看起来像某种结构，比如一座桥，你能理解吗？

学者 你有精力解释这背后的思考过程么？这可要花不少时间。

最初的Nido造型手绘图

学生 我想从这里开始就是传统的研发工作了。我能想象，如果技术成熟，设计师甚至可以给车身加上力场以阻止碰撞。所以，最后具体应用了哪种保护机制并不重要。

设计师 是的，有趣的是 ViP 设计法则能启发设计师设计出创新的方案。在定性分析得出产品特质后，仍然要通过可行的工程手段来实现这些特质。ViP 设计法则引导设计进入正确的方向，这段经历给我留下了深刻的印象！

学者 我同意，在 ViP 设计法则的设计流程中，设计的出发点更加清晰，它迫使设计师充分实现既定的交互方式。 这个流程既适用于外观设计，也适用于结构设计、机械设计、材料的选择等。

学生 这是因为 ViP 设计法则能够找到合适的目标特质，对吗？

设计师 对。

学者 所以说碰撞保护机制的设计很重要。这些设计展示了 ViP 设计法则为工程师带来的好处。

设计师 最大难题并非撞上树或墙壁，而是如何提高 Nido 与其他车辆发生碰撞时的安全性能。这就是前面提到的“兼容性”问题。相撞车辆必须具有同样的碰撞性能，才能保证双方乘客的生命安全。但是当车辆重量存在明显差距时，这种“兼容性”几乎无法实现。汽车碰撞吸能区的大小与汽车的重量有关，车大则吸能区大，车小则吸能区小。采用相同防撞保护机制的一大一小两辆汽车发生碰撞时，大车的吸能区在吸收能量前会首先消耗完小车的吸能区。这对小型汽车而言十分危险。

学生 那 Pininfarina 的设计团队如何解决这个问题呢？

设计师 我们知道不可能用同样的设计解决大小车碰撞的安全问题。我们要让 Nido 反过来先“吃掉”大车的吸能区。我们决定将 Nido 的外壳设计得像子弹一般坚固，而在座椅前后与外壳之间设计能够吸收能量的结构。这种创新设计让 Nido 获得了能与最安全的梅赛德斯 S 级豪华轿车比肩的碰撞性能！我们自豪地叫它“坏小孩”。

学生 太厉害了，这种设计也适用于侧面的碰撞吗？

设计师 这个结构主要是为正面碰撞设计的。侧面碰撞的“兼容性”并非大问题。当然，这种结构对其他方向的碰撞也能起到保护作用，因此 Nido 十分安全。还有问题吗？要不要我谈谈内部的设计？

学生 其实我更希望知道 ViP 设计法则是如何帮助你们设计出这种碰撞保护机制的，而不是仅仅了解这种机制的特点。

设计师 我已经解释了，如果希望在未来的都市里自由“切换频道”，小车必须能够在与大车的碰撞中“吃掉”对方的吸能区。

学生 没错，但是这种保护机制也可以通过其他设计方法找到。ViP 设计法则在其中发挥了什么作用？还是说这已经超出它的设计范围了？

学者 你是想问 ViP 设计法则是否可以指引我们从目标（小“吃”大）推导出如何设计具体的保护机制？

学生 没错！

设计师 问得好。其他设计方法在设计过程中会给予这样指引吗？

学者 当然，比如功能结构流程图（function structure graphs）、品质机能展开图（quality function deployment）和形态分析表（morphological charts）等。

设计师 碰撞保护机制的设计也运用了迷你版的 ViP 设计法则。我的设计目标：Nido 的吸能区要先“吃掉”大车的吸能区。而运用传统“学院派”设计方法（如形态分析表）很难发现创新的设计。只要了解相关的物理原理，你自然能找到解决方案。

学生 如何知道该采用哪些物理原理呢？

碰撞测试中的Nido骡车

设计师 尝试了解你要设计的保护机制有哪些特点，哪些物理原理能够帮助你实现设计目标。你设计的保护机制要符合用户对产品的整体预期。

学者 也就是说要从你的预见（声明 / 交互 / 意义）出发，发展出包含应有特点的概念设计，使产品符合预期的交互要求，从而满足你在声明中设定的目标。
毫无疑问，为了从预见发展出概念设计，你需要掌握许多知识（及其背后的原理），以及人们是如何体验这个世界的。没有适当的预见就无法得出创新的设计。
当然，缺少相关领域的知识（对本案例而言，是机械工程和物理学知识）也是无法完成这种创新设计的。合适的预见和知识对设计转化同样重要，两者缺一不可，尤其是当设计涉及多个领域时。这就是为什么设计师为了构想符合预见的设计，需要了解和懂得受各种物理定律支配的可行方案，可用的材料及其属性，以及人们对物体的感知和体验等。

设计师 说得真好！

学生 你能再解释一下这种新的保护机制吗？

设计师 我们尝试将小型汽车的安全性提高到堪比中型汽车的程度。传统汽车采用坚固的驾驶舱，以及驾驶舱前方的吸能区作为碰撞保护机制。而我们的创新设计采用的是硬壳式车身加上可前后滑动的内置驾驶舱结构。在坚固的车身和驾驶舱之间安装能够吸收碰撞能量的材料。
Pininfarina 的力学仿真计算部门第一次为 Nido 做有限元分析（finite element analyses）时，滑动驾驶舱在碰撞测试中将“乘客”牢牢地包裹在座位中，整个过程非常平静和安稳，完全符合“撞车时为乘客提供安全感”的设计出发点。当设计师的预见能力能让他像工程师一样思考和感受时，创造出新颖的、具备理想性能特征的汽车便成为可能。

学生 所以说，你们是让“人们”坐进车内进行碰撞测试，然后问他们在碰撞中的感受吗？感觉碰撞过程平静和安稳是实验结果，还是说你们希望创造出这样的体验？

设计师 通过强调整个设计要达成的交互方式和所需的产品特征，设计师将概念设计的注意力集中在一个方向，设计出合适的方案，而不再需要去搜罗各种潜在的替代设计。事实上当物理原理与机械结构的性能表现相吻合时，便意味着设计师处在正确的设计方向上。
回到你的问题上来：从有限元分析输出的图形数据可以读出“安稳平静的感觉”，因为图形上未显示陡峭的加速曲线，我们的设计有效地对乘客受到的碰撞进行了缓冲，同时降低了碰撞强度。在碰撞过程中，Nido 乘客的加速度数据只有常规小型汽车的 1/5！
在模拟测试后，Pininfarina 制作了一辆骡车（译注：骡车是汽车研发阶段的试验用车）。这辆骡车上放置了佩戴传感器的假人，依据欧盟新车安全评鉴协会（Euro NCAP）的标准执行了碰撞测试。

学生 这让我想起了奥迪研发的碰撞保护机制。发生正面碰撞时，转向柱会变形，从驾驶员前方移开，同时安全带会增加额外的拉力。这种设计思路也是 ViP 设计法则的产物吗？

设计师 有可能。我认为汽车每增加一个零部件，都可以采用类似 ViP 设计法则这样的方法。奥迪的这个案例，更像是一次改良，根据转向柱常常导致驾驶员严重受伤的事实，工程师通过调整结构避免了这种伤害的发生。

学者 我们接着聊 Nido 吧，它的内部设计有什么特点？

设计师 Nido 的驾驶舱像“雪橇”一样可以前后滑动，起到缓冲作用。从 Nido 的挡风玻璃往里看，很容易看到安装在防火墙与仪表台之间的吸能材料。打开车门还能看到安装在座椅下方的亮橙色的侧面碰撞吸能材料。
Nido 必须方便地满足探索城市的需求，所以我们在内饰中大量运用了尼龙魔术贴，用户可以将个人电子产品随意摆放，这样无论驾驶员和乘客都可以很方便地将随身导航设备和个人娱乐设备固定在车内。

Matthijs（左）在Pininfarina设计事务所

为了体现灵活的特征，Nido 除了采用小巧的车身设计，外形也处理得十分平滑，没有多余的结构。这种类似“蛋壳”或者“紧绷在骨骼表面的皮肤”的平滑构造在力学性能上是最优的选择，实现了 Nido 的坚固特征。

学生 这样说来，这种外形符合通过 ViP 设计法则得出的产品特征和特质。你们是想给人一种坚固的感觉，还是真正做到了坚固？

设计师 当然是两者兼备！我们希望设计出外观与功能相协调的产品。

学者 要不然就是在愚弄用户，当然这也是一种完全不同的交互特质。

注释

5 该奖项设立于 1954 年，由意大利工业设计协会颁发，是国际上最具权威性的设计大奖之一，被业内人士称为“设计界的诺贝尔奖”。

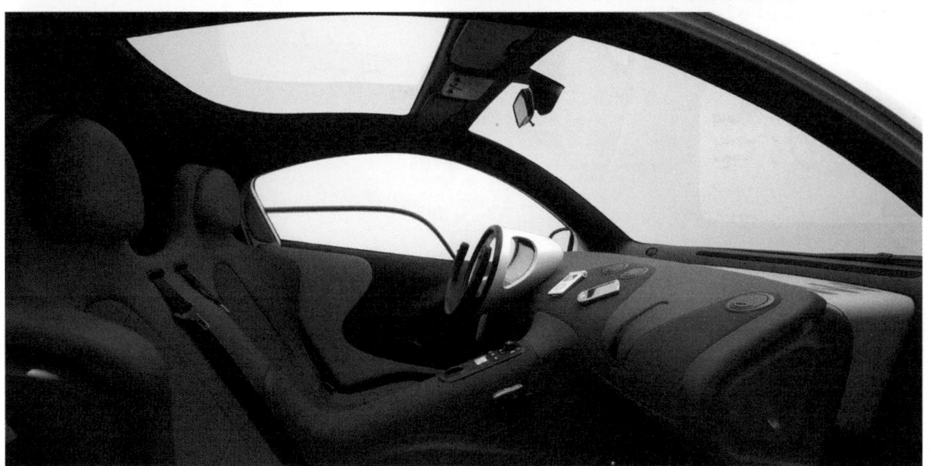

上图 Nido原型车的外饰

下图 Nido原型车的内饰

案例 3

服务设计

荷兰内政及王国关系部

为荷兰内政及王国关系部设计服务系统。这个案例表明 ViP 设计法则的运用范围不限于产品领域。

学者 ViP 设计法则是一种通用的设计方法，适用于各种需要设计思维的情况。ViP 设计法则的核心在于预见——预见产品可以给人们带来什么，以及产品如何实现预见。在预见阶段，最终的设计表现形式 / 解决方案 / 概念是实物，还是多媒体应用，抑或是非实体的解决方案，都尚未确定。事实上，在很多设计案例中，实体产品并不一定是最好的解决方案。在你参与的 ViP 设计项目中，是否有最终结果并非实物的解决方案呢？比如服务、政策、商业活动等。

设计师 有的。

学者 这个项目的客户是谁？项目的内容是什么？

设计师 过去几年，我用 ViP 设计法则开启了很多新的领域。ViP 设计法则致力于理解我们能为未来的人们实现些什么，它作为一个设计流程，可以被运用到任何项目中，而不仅仅局限于产品设计领域。
我一直对政治话题感兴趣。我发现政治家擅长理解（和强调）为什么当今世界的运行方式和他们希望的运行方式不同。但是，在提出新的想法方面，政治家却是糟糕的设计师！那时我就想把设计思维带入政治领域——每个政策都由设计师“设计”。这样设计师就可以为更多的机构做设计，比如银行、养老基金、保险公司、广播公司等，也就对世界有了更大的影响。无论过去还是现在，我一直都相信有些领域是需要设计师的，否则难以出现新颖、合适的产品和服务。

学者 设计思维指的是什么？

设计师 设计思维在这里指的是，设计师首先要了解一个设计领域的可能走向；接着，设计师需要决定自己当下的立场——在该领域内，我们希望达到什么目标——我认为这是最重要的部分；最后，设计师要思考用什么样的产品实现目标。这其实就是 ViP 设计法则的设计过程。

学者 所以，并不是设计思维构想出了产品及其功能特征，而是通过设计思维预见能改变世界的解决方案。

学生 能举例说明政治家是怎样做出糟糕设计的吗？

设计师 我们可以看看荷兰内政和王国关系部的一个项目。政府在与民众打交道的过程中遇到了问题。每次政府推出一项服务，民众都不喜欢，甚至不知所措。民众与地方政府以及国家之间的关系比较紧张。
政府害怕民众的消极态度，想改善这种状况。他们试着给予民众更多的权利。然而，这些措施最终都没有奏效。这是因为他们采用的是“应激式设计”，仅仅为了取悦民众，却没有从全局思考他们想为这个国家实现什么。

学者 他们觉得取悦民众就可以获得民众支持？

设计师 是的。

学者 取悦意味着做民众希望他们做的事，避免做民众不喜欢他们做的事，对吗？如果民众希望缩减税收，就缩减税收，然后再设法解决缩减税收引发的各种问题，如此循环……

学生 恕我冒昧，但是设计的目的不就是取悦吗？

政府意图

市民状态 \ 政府意图	政府主动表明立场	政府代表民意	寻求共赢
独立	1	2	3
相互依赖	4	5	6
依赖	7	8	9

市民状态

政府与民众关系的九种可能性：设计公共服务的九个方向

学者 这么说吧。在产品设计中，你会经常看到最初的解决方案很差，或者不合适。然后改良，一遍又一遍地修改，但最终的结果还是一个没有人喜欢、没有人了解、没有人想要的产品。

学生 政治家好像还真是这样！

学者 是的，这种设计过于天真：一味地提供人们认为需要的东西，而忽略了有缺陷的设计会导致他们的不满，从而又引发一系列新的需求。

设计师 正是如此。这个项目的初衷是减少行政压力。政府认为减少行政服务的收费和耗时，民众会更开心。所以政府定下目标：到 2007 年，将行政服务的收费和耗时均降低 25%。他们如期完成了这个目标，但是民意调查显示民众丝毫没有察觉变化。

学生 但是如果不知道人们需要什么，设计师要从哪里开始呢？我对这样的服务设计感到困惑。难道设计师不应该从人们说什么、想什么、需要什么开始设计吗？

学者 当人们说自己需要什么时，他们的依据是他们已知的和已拥有的，对吧？人们会用自己知道的东西作为参考。比如一个税收系统，如果问民众想要什么，他们会说希望系统更好用、收费更低，等等。于是设计师会根据这些要求优化现有系统，但是这个系统的核心没有变，无论怎么优化，新问题、新需求和用户的不满情绪还是会出现。ViP 设计法则的核心是创造一个适合于未来世界的系统。人们会发现这个系统超乎预期，功能和特征满足他们的期望，从而对这个系统表示满意。

设计师 我还记得当时设计这个项目困难重重。起初，我们并不知道如何开始。我们只是感觉到降低收费和耗时不是改善政府与民众关系最理想的方式。ViP 设计法则的核心在于从情境研究着手，情境研究能帮助我们找到新见解。

学生 我明白了。你们在定义的情境中找到了哪些因素？

设计师 我们采访了 5 个重要人物，他们是政治领域及政府与民众关系领域的专家。我们请这些专家指出与政府和民众关系相关的因素。最后，我们搜集了 250 个因素，这些因素可以分为原理 / 原则、常态、发展和趋势等几个类别。

学生 哇，5 个人提供了 250 个因素，也就是说每个人提了 50 个？

设计师 不是的，每个人大概提了 30 个因素，再加上内政关系部的设计团队和我们提出的。

学生 你印象最深的是哪一个？

设计师 这个问题是不是有一点偏离主题了？

学者 挑几个说吧，挑几个决定性的因素。

设计师 好吧。

→原理 / 原则：在一个有组织的社会中，人们总需要制约和平衡。

→常态：国家和地方政府是官僚机构。

→常态：政府在设计服务时，总是先假设民众不信任政府。

→原理 / 原则：互惠是社会关系的特征之一，它是理解、认同和信任的起点。

→原理 / 原则：为了让民众承担责任，必须为他们提供选择的可能性。在没有选择的情况下，民众是不愿意承担责任的。

学生 确认一下，这些因素都是你们在交谈时发现的吗？你们是根据哪些因素来定义情境的呢？

设计师 上面这些因素都是原理 / 原则和常态类因素。它们不受时间影响。我们还发现了很多发展和趋势类因素，并利用它们给不受时间影响的核心因素增加时效性。我们确实利用了所有的因素，但在将它们整合成一致的情境之前，我们必须将这 250 个因素分类组织起来，找到在背后支撑这些因素的结构框架。

学者 背后？听起来，这些因素是一个更大整体的一部分。分类在很大程度上由这些因素之间的关系决定，例如它们如何相互影响，是不是能够归纳成一组并指向同一个方向，等等。

3

6

“做出捐赠器官的决定，
便有了成为成年荷兰人
的感觉”

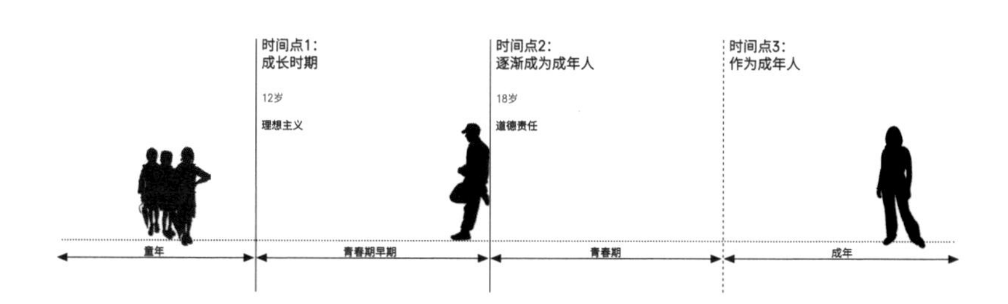

设计案例 根据九宫格模型设计的器官捐赠公共服务

上图 交互关系发生转变，从自由选择变为遵守道德标准

下图 设计概念围绕成长为成年人的关键时间点建立

设计师 我不知道背后这个词是否恰当。归类通常能描述几个因素间隐藏的共同属性。这个共同属性比因素更具抽象性和概括性。

学者 所以说，因素分类就是发现因素间的共同点，寻找共性对吗?

设计师 完全正确。共性，很准确的描述!

学者 太棒了！能向我们的学生解释一下如何发现这些共性吗?

设计师 我们将 250 个因素分成 4 类：两类是与时间相关的，两类是与时间无关的。我主要讲讲与时间无关的分类，因为它们是保证情境一致性的基本结构。
这两个与时间无关的分类，一个是关于政府角色的，涉及民众如何看待政府工作，这个分类有三种状态：政府主动表明立场（比如保护弱势群体)；政府代表民意，顺应社会要求，响应民主社会的价值走向；政府尽量维持社会和谐稳定，增强民众的公民意识，寻求共赢（让人们不只是为自己考虑)。
另一个分类是关于民众的，是民众对政府 / 他人的态度。在这个分类中，民众与政府，以及民众间的关系有三种：与政府 / 他人独立，依赖于政府 / 他人，与政府 / 他人互利互惠。这三种“荷兰式民众关系状态”可以从心理学研究中找到支持。
这两个分类的精妙之处在于它们相互关联，定义了民众与政府所提供的服务之间的交互关系。因为每个分类包含三个状态，这就意味着，在荷兰民众与政府所提供的服务之间，一共有 9(3x3) 种可能的交互关系。对于其中每一种交互关系，我们能够定义服务的品质以及相应的特点，从而在民众和服务之间，找到合适的交互。

学生 哇！你们把 250 个因素分成了两类？这是一种理解这些因素的方法吗?

设计师 是的。但是我们真正理解的是那些重要的维度，这些维度描述了政府与民众关系背后的“真相”。所以，真正重要的是我们所描述的这 9 种可能的交互关系，我们一直在思考它们的背后是什么，是什么引导我们发现了它们。

学生 对 ViP 设计法则的初学者来说，这简直不可思议！与人交谈，收集信息（比如这 250 个因素)，然后仔细思考，从这 250 个因素中总结归纳出 3x3 的表格。作为一个毫无经验的初学者，我如何做得到呢?

学者 问得好!

设计师 做这么复杂的项目是需要很多经验。初学者可以从一些简单的案例做起。这就像玩杂技，首先尝试扔两个球，再慢慢增加数量。我感觉把 250 个因素分为两类，每类包含三种状态，这并不困难。答案已经写在这些因素中了，设计师只需要揭开这些因素的神秘面纱。这个过程看上去不可思议，其实很简单。

学者 是的，这是在抽象的层面上寻找共性、关系以及事物之间的相互影响。这需要实践和反复练习。Matthijs 说得对，如果你能在五个因素中找到共性，那么你也可以从 500 个因素中找到共性，只不过需要更广的视角和更多的尝试。

学生 但是，你们在实践中到底是怎么做的？你们会在讨论时做笔记吗？为了保证理解的正确性，你们会反复与对方确认吗？你们用便笺纸和白板做记录吗，还是直接将采访内容录入电脑？我知道这些问题很简单，但是对我来说很重要。

设计师 这些我们都做了。采访、做记录、整理出各种因素，再把这些因素展示给接受采访的专家，看看是否符合他们的本意。我们把这些因素用便笺纸贴在墙上，便于排列组合。我们通过这种方式一起讨论因素的分类。当分类逐渐清晰时，我们请接受采访的专家来共同探讨这些因素分类的连贯性。

学生 谢谢，我明白了。你们是独立工作，还是团队合作?

设计师 在 KVD，我们有一个三人团队。政府的团队也有三个人，我们一共采访了 5 个专家。做这样的项目，需要整理大量的内容。

新的器官捐赠注册服务（KVD和KesselsKramer合作项目）

学者 请问情境是如何转化为交互的？从政府与民众关系的 9 种可能组合中，如何创造出理想的交互？针对每种组合，你们都找到了对应的交互方式吗？

设计师 是的，我们为每一种组合创造了一种交互方式。服务的政治倾向性决定了它在九宫格中的位置，也叫区域。

学者 所以说，一个特定的政治观点会自动导向一个或两个区域，而且每一个区域的交互方式都已经定义好了？你能举一个例子吗，说明政治主张与对应的交互？这样更好理解。

设计师 好的，比如当政府处于主动表明立场的状态，而民众处于依赖政府的状态时，民众和政府之间的交互可以描述为“脆弱的依存关系”。打个比方，政府就好像被民众点名选中并赋予了使命。在这种情况下，政府所提供的服务应该具有的特点是“设身处地为民众着想”和“精准无误”。
再举一个例子：如果政府处于顺应社会要求的状态，而民众感到自己与政府之间是互利互惠的关系时，对应的交互可以被描述为“切实地参与”，就像是在“寻找双方共同的意识形态”。在这种情况下，政府所提供的服务应该具备的特点是“有创造力”和“充满热情”。

学生 我还有一个比较笼统的问题：你在描述这个项目时反复提到“理解真相”“理解交互应该是什么样子”。但是，这些难道不是你个人的理解和阐释吗？其他人，尤其是其他设计师有可能不同意你的理解，对吗？你可以说他们错了，可是他们也可以说你错了！你很自信地认为你对这个问题的理解是“正确的”。这种信心是合理的吗？

设计师 确实如你所说，这些都是理解和阐释。但是这些阐释是基于专家访谈、反馈和大量已发表的研究结果，所以我才会产生这种信心。我觉得这就是真相。当然，这只是未来的无限可能性中的一种。另一方面，我认为这种自信很有必要，否则你就没有足够信心去分析这些见解。在分析这些信息的过程中，关于真相的理解会浮现。我还想补充说明：真相的概念是相对的，根据你所选择的情境因素不同而不同。

学者 你们的九宫格模型给出了九种组合。对于公务员来说，这是一套很不错的工具，便于他们与上级打交道：针对每一种政治情境，我们都有相应设定好的应对方式。我这样说是不是太偏激了？

设计师 九宫格模型的设计是大胆的。以往政府认为官方及其服务与民众之间只存在一种交互关系：不太好的关系。他们想改善这种状况。现在他们同意存在 9 种不同的交互选择。这对于政府的服务设计具有巨大的影响。

学者 那么，最终由谁来决定使用哪一种交互呢？

设计师 我们发现在健全的民主社会里，民众有可能体验所有 9 种关系。

学生 在一天里？

学者 在市政厅设置 9 种不同风格的服务柜台？

设计师 越来越有趣了。我们最初以为市政服务是独立的，后来发现不是这样。任何一种市政服务都是在强调民主的某个方面，因此市政服务的设计要体现出这种作用来。

学者 “市民们，请挑选一个符合你们今天心情的民主服务！”

设计师 如果政府想要提供一项“劳动就业”服务，可以有不同的发表声明的方式，比如“帮助失业者找到新工作”或者“强迫失业者工作，从而降低用于照顾失业人口的预算”。显然，不同的声明方式会极大地影响服务的开展。

学者 啊，这就是你们说到的声明！你们设计了一个“情境 - 交互 - 意义”框架，然后根据服务的领域和政治观点找出合适的交互，对吗？

设计师 没错。在定义每一个声明、预见或者目标的过程中，政府需要在这个九宫格模型中选取一格，

Nederland zegt Ja.
Si.
Jawohl.
Oui.
Tak.
Ano.
Jah.
Yes.
Tá.
Da.
Kyllä.
Ne.
Igen.
Já.
Ya.
Sim.
Evet.

新的器官捐赠注册服务(KesselsKramer倡议的运动)

以便理解什么样的交互关系是最合适的。这样，他们也会对最终的设计和结果负责。在我们的模型中，九宫格帮助政府（通过为民众开发的服务）表达了政治想法。这也促使政府清晰地意识到他们的政治观点所带来的影响。

学者 我觉得这个九宫格模型并不是结果单一的设计，而是一个设计框架。政府的目标 / 声明（即本设计项目中的“政治观点”）决定了采用模型中的哪种组合。

设计师 正是如此。

学者 你甚至可以说这个模型是 9 合一的预见模型！

学生 你是说政府提供的服务能够强调其政治观点。比如，我想要给 ABC 提供一项服务，我的政治观点是 XYZ，这个模型可以带给我什么呢？假设我是南美的温和独裁者，我想要找到一种新的方式，让民众与政府互动（因为他们总是懒于搭理政府），你能给出解决方案吗？

设计师 这个我做不到，因为我需要知道你想要什么样的服务，最好明确是哪一个领域的服务。借助这个九宫格模型，我们为 Apeldoorn 地方政府设计了养狗税、志愿者援助、环保城市、历史建筑法案、所得税、市民参与等法规和服务。目前，这些新服务还没有正式实施，但是它们为政府提供更合适的服务创造了新的可能性！

学者 什么？所有这些都是基于这个九宫格模型设计的？是你们设计了这些法规和税收政策？奥巴马应该聘请你们才对！

学生 你说到设计时，指的是你们提出了一个想法，还是说设计了具体的实物？

设计师 好设计是具有意义的，其功能、特征和属性结合起来传达意义。

学者 设计不一定是实物。一项服务设计也有功能和属性，法律和政策也有。所以，当你把设计看成意义的载体时，它就不仅仅是实物或者视觉化的呈现。

学生 我理解了。你能说说养狗税的例子吗？你们是如何利用九宫格模型设计这项法规的？

学者 我也想知道！

设计师 过去，荷兰的养狗税主要用于设计和维护狗的活动空间，以及寻找走失的狗。也就是说，收上来的税会重新投入到这个领域中使用。在重新设计养狗税之前，我们需要确定征税的目的是什么。我们和 Apeldoom 当地政府一起，把设计目标定为“限制狗对社会和人的滋扰”。税收目的明确之后，地方政府需要决定，他们想要在养狗税和养狗人之间创造一种什么样的关系。

学者 我觉得这时就该政治立场发挥作用了，它将决定如何界定“滋扰”，以便在九宫格模型中找到相应的定位。

设计师 我们与当地政府讨论的结果为：在养狗税这个问题上，市民与政府最合适的关系是“相互依赖，互利互惠”；而政府的立场是希望尽量维持社会和谐稳定，实现双方共赢。与之相对应的是九宫格模型中的 6 号组合。在养狗人和税收系统之间，可以很清晰地看到需要什么样的交互。这种交互属于共赢的情况，这种服务的特点是“主动性”和“竞争性”。

学者 等一下，你们是如何决定采用九宫格模型的 6 号组合的？为什么选择“相互依赖，互利互惠”和“共赢”？

设计师 这个选择与我们最初定义的目标直接相关。在 ViP 设计法则中，理解目标和各类因素之间的关系是十分必要的。在这个例子里，两类因素包括政府的角色和民众的心态。这种理解是受政治观点左右的，比如在定义“狗带来的滋扰”时，不同的政治派系会有完全不同的理解。

学者 也就是说，由于不同的理解，不同的政治派系看待政府角色以及民众心态也是不同的，对吗？

设计师 是的！

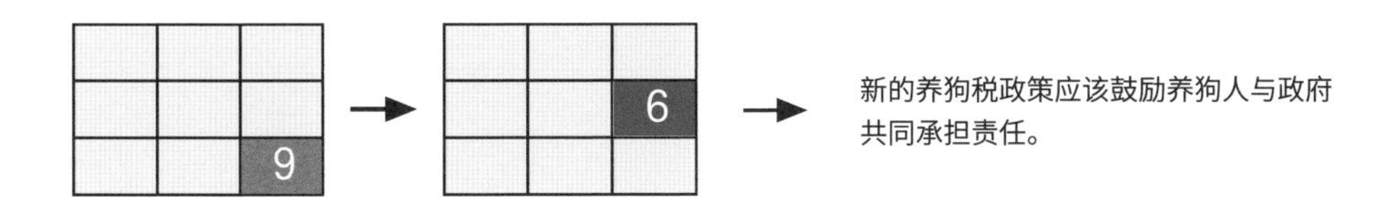

上图 养狗税的征收始于最初人们用狗作为交通工具

下图 交互关系发生转变

学者 我想知道你们为什么在九宫格模型中选择6号组合。KVD团队的政治观点有没有影响设计结果？设计师可以带入自己的政治观点吗？

学生 还是说，你们只是按照政府的要求进行设计？我对这个问题很感兴趣。ViP设计法则始于情境的创造，在这个过程中，设计师可以有目的地选择他们想要采用的因素，而设计师的个人政治观点必然会影响因素的选择。

学者 是的！这也是ViP设计法则与众不同的一点，它允许设计师带入个人观点、政治观点、个人的标准和品味，以及个人的希望和梦想！

设计师 在这个例子里，选择模型中的2号、3号或者6号，并不是我的职责。做选择的是地方政府，他们要选择可以反映其政治观点的交互，从而帮助他们实现治理目标。当然，我可以帮他们做决定，但是他们选择的立场可能和我的意识形态不同。在这种情况下，我会尽量回避。但到目前为止，这样的情况还没有发生过。

学者 也就是说，就算你不赞同政府的立场，你也不会干涉他们的选择？

设计师 是的。假设政府希望设计一种服务让民众“尽量独立”（这样可以降低市政开销），就算我知道出于各种原因，有些人仍然要靠政府救济，我也会选择回避。

学者 也就是说你们不认同的政治观点也能在九宫格模型中找到合适的定位。你们的模型可以为你们反对的政治立场服务。

设计师 是的，这是我们设计的模型，但它有可能被误用。回到养狗税的例子上来，在了解了现有养狗税系统的状况后，我们觉得有必要设计新的养狗税系统。现有的养狗税系统缺少人情味，失去了民众的信任，这与我们希望实现的交互特质完全不同。现有的养狗税让人觉得纳税是为了得到养狗的权利，出了钱就有权享受相应的权利，包括在公共空间遛狗的权利。这不是一种相互依赖，互利互惠的关系，它甚至带有一种当地政府被雇来清扫路上狗粪的感觉。

学生 我不明白人们为什么会对养狗税政策失去信心？

设计师 因为人们觉得自己缴了税，却没有享受相应的权利。现在没有给狗提供充足的公共空间，也没有相应的设施帮助人们更好地照顾狗。人们怀疑他们缴的税被挪用了，他们的应对方式就是滥用公共空间，并且试图逃税。
现在有专职团队挨家挨户核实有没有养狗。如果没有人开门，他们会从门上塞信件的信箱口查看屋内是否有狗。现在依然有很多养狗人逃税。现有的养狗税系统没能激发出养狗人的责任感，甚至完全没有考虑到这一点。

学者 那你们如何赋予他们责任感呢？

设计师 我们希望设计出一套办法提高养狗人的主动性和竞争性。我们称之为金牌狗认证奖章。

学生 能详细解释一下吗？

设计师 我们的目标是让养狗人表现出社会公德心，积极训练狗，达到社会可接受的程度。比如去驯狗中心接受训练，取得奖章。拿到奖章可以减免部分养狗税。政府可以用征收的部分养狗税来支持这类培训机构。训练出文明的狗可以让养狗人获益，同时也减少狗对他人的滋扰。
金牌狗认证奖章是狗行为表现良好的证明。其他人因此知道狗的主人有尽职尽力地训练狗，以减少给他人带来的不便。这个奖章还代表了狗主人对狗的爱和对社会的责任感。

学生 我明白了。但是养狗人会怎么看呢？我觉得很多养狗人并不希望自己被看做有社会责任感的人，或者循规蹈矩的人。你们不觉得这有点冒险吗？因为只有老实的市民愿意这样做，而“不老实”的人有可能拒绝。他们会继续自行其是，比如拒绝清理狗粪便。

训练好狗狗，少交养狗税

设计师 这种情况当然会发生，但他们要为此缴纳更多养狗税。我认同你的观点，因为不是每个人都喜欢这个设计。我们的设计反映了政府所制定的目标。如果一个人的表现和既定目标相去甚远，我们可以接纳这个人现在的样子，或者设法改变这个人的行为，比如对没有取得金牌狗认证奖章的养狗人收取更高的养狗税。毕竟，大家都希望把自己的狗训练得乖巧听话，所以我们并不担心这个系统无法运作。金牌狗认证奖章可以证明你能管好自己的狗!

学者 我明白了，是这个基本原则在起作用！在设计这个税收系统时，你需要考虑新的情境因素吗？还是说在九宫格模型中找到合适的位置就可以开始设计了？

设计师 这个养狗税系统只是向Apeldoorn 地方政府展示的几个概念设计之一，目的是展示九宫格模型是如何工作的。我完全同意你的观点，在设计一个新服务时，应该考虑新的因素。或者说，设计师要实现某个目标前，必须考虑人们是如何工作、思考、做决定的。如果要创造“相互依赖，互利互惠”的关系，就要先理解如何建立这样的关系。要做到这一点，必须理解基本的人类普适原则，因此仅仅从情境层面上考虑是不够的，还要从执行的层面上来思考问题。

学者 就像美学原理在产品的造型中的具体应用？

设计师 是的。

金牌狗认证奖章

>ViP设计法则要在设计师有意识和无意识的想法之间建立起联系，

因此感觉至关重要。感觉告诉你，你的潜意识是否在正确的方向上。<

接下来是Peter Lloyd和本书两位作者Paul、Matthijs关于逻辑思考与感觉的访谈。

Peter ViP设计法则诞生的初衷是为了解决产品设计师设计的东西往往缺少灵魂的问题。你们希望找到一种方法，让设计出来的产品具有灵魂。你们能描述一下什么是设计的灵魂吗？

Paul 所谓的灵魂的主要特征是真实性。学生现在使用的方法不需要他们问自己："我是怎样想的？我的感受是什么？我对这个设计问题的看法是什么？"他们与设计问题、问题涉及的领域以及要设计的产品保持着距离。学生以置身事外的姿态做设计，因此设计出的产品没有可识别性，没有灵魂。

Matthijs 灵魂也指原创性。我们清楚地看到大学生设计的产品是多么缺乏原创性。所谓原创性，不仅仅要求创新，也要求设计合适与恰当。如果在设计过程中，你所了解和关注的仅仅是将所有的设计要求整合成一个产品的话，是很难看到合适与不合适之间的区别的。

Paul 这不怪学生，因为他们接受的就是这样的训练。他们设计的产品都是针对一系列设计要求的解决方案，而这些设计要求也是在仔细地分析现有产品、市场和目标人群之后得出的结论。这种"分析 - 解决问题"式的设计方法带来的设计常常是对已有产品的改进。这样的方法限制了设计，设计出的产品很少带来新的价值和意义。

Matthijs 灵魂还包含责任感，它同真实性、原创性一样重要。我们可以从产品中看出它的设计师是否真的相信并认同自己所做的事情，是否愿意为设计所带来的实际的以及潜在的结果负责任。

Peter 你觉得学生的设计在一定程度上已经失去了幽默感，变得过于严肃和理性了吗？

Paul 学生的设计的确很严肃，几乎是"近乎完美"的解决方案。他们的设计并不像 ViP 设计法则所希望的那样建立在交互和体验之上。学生很少做出让人惊叹的、颠覆性的产品，因为他们只关注如何解决特定的问题。只有当设计师想要改变用户与产品之间的关系，改变产品带来的意义和价值时，从根本上改变"人与产品交互方式"的解决方案才会出现。幽默感也可以成为设计中的一个元素。

Matthijs 我认为幽默感是实现某些东西的方式。有的设计师习惯以幽默感作为设计的起点。但我们认为重要的是设计师能为实现目标所采用的方式负责任。我们不是想在这里讨论道德问题，而是要确认设计师能够意识到自己正在做什么，因为他们要为自己的设计负责。我认为这很重要。这是一个道德底线，我们确实应该考虑人文价值——自由、自主、责任。但我们不想站在道德制高点上去审视学生的设计，那是他们自己作为设计师的责任。

Paul 我们常常看到，学生循着理性的方法得到的解决方案，连他们自己都不太信服。他们也承认这一点，但他们又说："我们要遵守设计要求，因为这些要求都是经过分析得到的，所以设计方案只能是这样。"

Peter 就像已经建立了一套机械的规则，他们不得不按着这套规则开展设计。

Paul 是的，遵守规则，遵守别人树立的规则。他们还没有建立起属于自己的规则。这些外在的规则来自科技、行业、生产、市场营销等各个方面。

Matthijs ViP 设计法则不仅能帮助你理解世界，让你知道它能为产品设计带来什么，也能让你了解自己。这三者是同时进行的。ViP 设计法则要在设计师有意识和无意识的想法之间建立起联系，因此感觉至关重要。感觉告诉你，你的潜意识是否正在正确的方向上。

Peter 但是，ViP 设计法则与艺术学院教授的设计方法有什么区别呢？一方面，你们有理工科的工程方法；另一方面，你们又有艺术学院的设计方法。

Matthijs 简单来说，艺术学院的学生凭感觉创作，这并没有错。我们同样也要求学生们运用他们的感觉和直觉，但我们还要求学生了解他们的感觉来自哪里。我们认为，感觉只是理解过程的最初阶段。

Paul 设计教育之所以可以学术化与建立情境的理念有关，这正是需要科学的地方。建立情境需要科学的洞察力和科学的研究方法，以此作为可行的设计起始点。这也是我们教给学生的 ViP 设计法则——情境是建立在真正的观察和研究的基础上，建立在科学之上，建立在人性化的原则之上。建立情境的技能是大学生所需要的。这些技能所要求的深度和复杂程度是艺术专科学院的学生较难做到的。

Matthijs 对，建立连贯的情境属于学术研究的范畴，涉及很多逻辑推理。

Paul 这让我想起设计中的“适当性”问题。“适当性”所描述的是设计的产品与其所在情境的匹配程度。运用 ViP 设计法则设计出的产品应该能巧妙地匹配它所处的情境。当然，这个情境是由运用 ViP 设计法则的设计师建立的，由他慎重地挑选情境中的每一个元素。设计师建立情境，也要能证明此情境是有据可依的，而不是凭空想出来的。这一点跟艺术学院学生的创作不同——艺术生的创作非常的个人化和概念化，他们的创作也许能做到“适当性”，但这种“适当性”是跟他们个人挂钩的，他们并不考虑如何将他们的创作推广并适用于更广的人群。ViP 设计法则所建立的情境是基于科学原理的，因此它是坚实的，具有普适性且有据可依的。尽管 ViP 设计师在选择和决定情境中的因素如何组合在一起时，融入了个人的主观意见，但这些因素都来自客观的世界，所建立的情境也是基于客观世界的。他们所设计的产品有着广泛的受众，而不是个人的自娱自乐。用户在使用产品时可以察觉到。

Matthijs 艺术学院学生的设计起始点常常来自于内心——他们感受到了某种东西，然后将这感受用创作的方式表达出来。他们可以创作出非常美的作品和概念。ViP 设计法则也运用感觉去降低设计任务的复杂性，但运用的方式有法可循。我们有一套“程序”，用来驱动我们的设计，这是我们与艺术学院不同的地方。我认为，如果一个艺术学院的学生能够以批判性的眼光去反思自己的设计，他的设计结果就会接近我们遵循“程序”所得到的结果。值得注意的是，遵循“程序”带来的结果也可能是很主观、很个人的。

Peter 总的来说，我们理工大学的设计方法太强调分析和推理，让设计脱离了实际问题。而艺术学院的设计方法又太强调个性和自我表达，这也让设计脱离了实际问题。

Paul 我们想把这两种方法综合起来：让感觉和直觉有发挥的空间，同时也让学生掌握可靠的理论依据，去证实和阐释每一个设计选择和决定。也就是说，学生要清楚地了解每一个决定的来源以及它能带来的什么结果。ViP 设计法则是由上而下的推理过程——上至产品所在的情境，下至产品本身，让设计师可以系统化地思考。

Matthijs 在 ViP 设计法则的每一个层面，你都能看到我们试图将这两种方法融合起来。我们总是说：“当你想到一些东西时，试着去感受它对你的意义是什么；去感受你的观察和你发现的信息会带来什么样的潜在影响；或者试着去理解你所感受到的究竟是什么。如果你感到在情境层面有些因素是有关联的，或者你感到某些交互是合理的，请试着寻找理论依据来支持它们，试着做深入的思考。”思考和感觉之间的交流是有意识的并且可持续的。无论是理工大学的学生，还是艺术学院的学生都缺少这方面的训练。

Peter 你认为你所见过的用 ViP 设计法则设计出来的产品是有灵魂的吗?

Matthijs 是的，用 ViP 设计法则设计出的产品更具原创性和真实性。但是，有时候学生也会卡壳。ViP 设计法则听起来很简单，但真正接受 ViP 设计法则的价值以及灵活运用是需要时间的。ViP 设计法则颠覆了学生习惯的设计方法和过程。学生运用 ViP 设计法则遇到困难时，要么花时间认识和消化问题，要么选择放弃。这很正常，运用 ViP 设计法则并不能保证设计的成功。

Paul 这确实不容易，我们既要求设计结果拥有艺术学院的超前概念和原创新鲜感，又要求它能适用于现实世界，或者适用于学生所建立的情境（这个情境从根本上也来源于现实世界）。我们认为找到其中的平衡才是最好的设计。

Matthijs 这又回到了思考与感受的话题，我认为感觉总是超前于思考的。为了了解和证实感受是否合理，我们需要思考，需要用我们的头脑去理解这些感觉（即在特定情境下是否有意义）。艺术家（如画家和作曲家）就是这样创作的。

Peter 我认为这是设计的基本原则。先动手做，然后观察有什么样的结果。

Matthijs 但许多设计方法不是这样，它们总是要求遵守特定的流程。这也是为什么有些机械工程方法（如有严格步骤的 Pahl 和 Beitz 的设计方法）很难运用。我从来没用过 Pahl 和 Beitz 的设计方法。我怀疑 Adrian Newey、Collin Chapman 或者 Gordon Murray 从没用过像这样的方法。这些方法没有激发或者引导设计师运用直觉去构思更合适的设计。机械工程行业的设计方法很少强调运用直觉。

Peter 那么 ViP 设计法则是怎样激发直觉的呢？

Matthijs 直觉能被激发吗？

Peter Robert Sternberg 做过一个实验，比较两组人解决相同的问题的过程。其中一组人收到的指示是用“有创意”的方式解决问题，而另一组人没有收到任何指示。然后由一组独立评委给解决方式的创新性打分。结果表明，第一组人仅仅因为收到“有创意”的指示，就比第二组人更有创意。面对同样的问题，只要下意识地强调相信直觉，发挥个性，人们就会有不同的表现。

Matthijs 我认为运用 ViP 设计法则让直觉变得更实在了。设计过程起始于感觉，通过理性的分析推理，设计师会清楚地理解为什么这个感觉是合理的、符合情境的。

Paul 没错。如果设计师要为设计结果负责任，理性地分析理解每个设计决定就很重要。给直觉发挥的空间是很好的，它可以激发设计师的创造力，让他们进入忘我的工作状态。但值得注意的是，直觉是定义在一个框架范围之内的。你不能任性地说：“我的直觉就是这样。”直觉只是设计的起始阶段，它要服务于接下来的思考、理解和论证。

Matthijs 这种对设计的深入理解能让设计师取得长足的进步，设计师是在反思中不断成长的。我认为传统的步骤式的设计流程无法让设计师学到新东西，因为等他们熟悉流程后，只能一遍一遍地重复这个过程。

Paul 这些步骤成了束缚设计师的枷锁。最初，设计师可能认为遵守现成的步骤没问题，但试过几次后，他们会觉得自己被绑住了。

Peter 就像做填字游戏一样。

Paul 确实是这样，10 年前我们采访了很多设计师，没有一个人（包括毕业于代尔夫特理工大学工业设计学院的人）用在学校学到的设计方法做设计。我们好奇为什么会这样。学校教给学生这么多方法，但他们在实际工作中却根本不用。那么，他们实际使用的是什么方法呢？我们发现他们的设计方法更像我们现在所提倡的——靠直觉。

Matthijs 你对直觉的定义是什么？

Paul 体会——还没到有意识的阶段——在有意识之前的体会。

Matthijs 哦，是这样。

Paul 这话不是我说的。直觉就是你知道什么是对的，什么是应该做的。短时间内，你无法有意识地去阐释它，但一段时间后，通过努力地分析和理解，你能够解释它为什么是对的。这也是为什么你不能简单地用“我的直觉就是这样”为设计辩护。直觉只是设计的开始，而且不应该止步于此！

Peter 今天就聊到这里吧。

>我们不会告诉你必须要做什么，

而是帮助你在正确的时间清楚地表达合适的问题。<

接下来，我们介绍一个案例：一位不熟悉ViP设计法则的学生学着运用ViP设计法则来完成设计任务。我们将通过这个案例详细阐述如何运用ViP设计法则，以及它为什么是有价值的工具。

我俩是这位学生的指导老师。我们的身份分别是职业设计师（以下简称设计师）和理论学者（以下简称学者）。前者根据自身使用 ViP 设计法则的经验，提供实践性的建议和指导，后者为对话中的不同主题提供背景知识，追踪设计过程。

像这样的案例不会特别新颖，最终的设计结果也不会完全令人满意。介绍这个案例的主要目的是讲解 ViP 设计法则的运用过程，展示它能带来什么。为了提高对话效率，我们会时不时地“威逼”学生。

对话 1/11
>设计是构建情境，而不是解决问题

学生 老师，我有这样一个项目。我对室外环境感兴趣，比如把花园做成工作空间。我想用类似太空舱的概念。你们能给我一些建议吗？

设计师 有意思……

学者 太空舱？你到底想要设计什么？

学生 我希望为那些在家工作的人设计一个工作环境。我想设计一些透明的大盒子，人们可以在里面工作和休息。

设计师 所以你的设计范畴是“在家工作”，太空舱是一个新的产品概念，看起来符合你的设计范畴。我建议你从解构“家庭工作空间”开始，这样会更有趣。

学者 所谓解构是指在你的设计范畴里挑选一些现成的产品，然后问自己，它们为什么会以这样的形式存在。

学生 但是我已经很有把握，我就想设计这么个产品。我不太在意现有的工作空间是什么样的。解构有什么用呢？

学者 你还真固执！你找我们帮忙，但你牢牢地抓住第一个设计想法不松手！听着，你已经开始寻找解决方案了，但是你要解决什么问题呢？我们首先要做的难道不是找到问题所在吗？只有当我们知道你想实现什么，更重要的是，知道为什么要这样做，才能评估你是否找到了最佳方案。这样你才能确定你的选择是有可靠依据的。

设计师 我们通常不会从具体的产品概念开始设计，而是从一个更抽象的层次入手。用我们的方法，你可以看到你想设计的东西放在花园里能给人们带来什么样的意义和价值。

学生 我认为它是有价值的！难道不是我先把它设计出来，再看它有什么价值吗？毕竟，如果人们不喜欢它，他们是不会买账的。

设计师 我明白你的意思。我的做法是这样的，在我开始设计产品前，我会先了解和预测我要设计的产品在未来能有多成功。首先，你需要预测未来，看看你的产品设计概念在未来的情境下是否有价值。你不认为这很有趣吗？我问你，作为设计师，你为什么认为太空舱的设计概念会有价值。

学者 你的太空舱也许不是最好的设计，或者说不是最适当的。

学生 适当？是指什么？

学者 适当性是指产品应该匹配它所在的大环境。开始设计之前，你应该花一些时间塑造产品所在的“世界”。ViP 设计法则要求你先着手设计这样一个“未来的情境”。只有建立起这个情境，你才能知道设计什么是适合这个情境的。

设计师 是的！我们建议你首先思考你的设计目标是什么，以及达成目标的设计“适当性”是什么，而不是抱着你头脑里第一个想法不放（即使你认为这是个不错的想法）。ViP 设计法则认为设计对象不应该是孤立的物件，而是能融入整个系统的一个部件。

学生 我大概明白你的意思了。我的确想让我的产品在未来成功并具备适当性。但我必须要设计整个系统吗？我一直梦想设计太空舱式的工作空间。

设计师 抱歉，我没说清楚！我说的系统指的是一个未来的世界。在这个世界里有产品，也有人与人之间的互动。这个系统描述的是这个世界里产品与人之间的交互关系。

学者 为了确定你的太空舱概念是适当的设计，你应该先了解目标用户在生活情境中的想法和感受，这很重要。我们的行为、使用产品的方式、待人处事的习惯，一部分是由人类的本性决定的，而另一部分则是由我们所处的环境决定的。设计师必须充分理解这些内部因素和外部因素。

对话 2/11
>设计范畴

学生 为户外工作空间构建未来的情境，这主意不错。如果我要用ViP设计法则做设计，我应该从什么地方入手呢？

学者 首先要定义设计的范畴是什么。设计范畴是你开展设计的领域。设计范畴有可能是一个待解决的问题，也可能是一个特别的现象，或者是生活的某个方面。

学生 你能举例说明好的设计范畴定义是什么样的吗？

学者 定义得好不好不是关键，我们更关心你追求的是什么。你对“在家工作”的理念感兴趣，对吧？

设计师 我们希望弄清楚你计划构建的情境是否合适，而合适与否只能由设计范畴来决定。

学者 首先要确定的是时间。你是在为将来设计吧？比如三年以后。

学生 我是想为当下的市场设计。

学者 那我们需要考虑当下的情境对设计范畴有什么影响。如果我们是为十年后做设计，那十年后的情境与当下就很不同。

学生 嘿！我当然希望我的设计十年后还能用！我觉得这很重要。我不希望我的设计太早过时。

设计师 你仔细想想，其实当下市场对设计师来说是不存在的。设计研发、制造和销售产品都需要时间。就算是最简单的产品，设计研发都需要一年时间。所以说，设计本身就是为未来而做的！

学者 是的。当你构建设计情境时，你应该考虑融入多少当下的趋势和发展因素。如果你太关注当下，你设计的产品在问世时可能就已经过时了。

学生 同意，那我的设计范畴是什么呢？“在家的户外工作”算吗？

学者 为什么一定要强调户外呢？它有那么重要吗？你有没有想过，在家工作也可以是在室内呀？

学生 这样啊，看来我考虑得不够周全。那么定义设计范畴有什么标准吗？

设计师 第一，定义设计范畴要考虑你有多少时间去做设计（由你自己或者客户决定）。短期项目的设计范畴必定比长期项目的范畴窄。设计范畴定义得越宽泛，构建情境时要考虑的因素就越多。第二，设计范畴要符合企业的战略。比如，小汽车制造商不会把公共交通作为设计范畴。第三，定义的设计范畴对设计师而言，必须是自然的、合乎常理的。有些设计师喜欢将设计范畴定义得很具体，另一些则喜欢保持其开放性。

学者 别忘了，设计范畴通常在很大程度上已经被客户（及其市场部门）定义好了。不过你还是学生，你可以自由地定义自己的设计目标，你现在既是设计师又是客户。

学生 你是想让我把最开始的设计想法先放一放。但是我并不想定义得太宽泛，我喜欢在家工作，也喜欢户外这个概念。这对ViP设计法则来说太狭窄了吗？

学者 如果你没有站得住脚的理由，那确实是太狭窄了。你说你喜欢这个概念，但你为什么喜欢呢？只有弄清楚这一点，我们才能判断你是否存在偏见——误认为这是可行的设计。切记，我们想要给予你能掌控的最大程度的自由。

学生 我喜欢户外这个概念，因为我脑海中已经有了这个产品的形象——在花园里工作，这很美。但是，我猜你们一定会说，作为设计师，我不应该把自己限制在这个想法上，而是应该先定义设计范畴。

学者 没错。在你还没弄清楚产品所处的情境时，你可能会误认为你的想法是适当的。我们要求你定义设计范畴，就是想让你意识到这一点。在构建一个全新的设计情境之前，你需要弄清你的设计范畴。请把你的第一个设计概念先放在一旁。你的设计范畴是“在家工作”，对吗？

设计师 记住，你设计的产品仅仅是一个工具，你要用它创造出理想的用户与产品的关系。ViP 设计法则的关键不是设计一个对象，而是设计理想的用户与产品的关系，我们称之为交互（interaction）。

学生 明白了。如果我以“工作”作为设计范畴，会不会太宽泛了？

学者 不一定，宽泛的设计范畴让你有更多的选择。设计范畴定义得越广，可选的设计起始点就越多，要考虑的因素也就越多。最宽泛的设计范畴是人类生活（笑）。

设计师 我觉得工作这个设计范畴太宽泛了。

学生 我也这样觉得！“在家工作”这个范畴呢，可以吗？

学者 你觉得太宽泛了吗？不好意思，一直在追问你这个问题。一开始，设计范畴可以定义得宽泛一点，然后逐渐缩小范围。我举一个例子，我的一个学生关心“城市街区的问题”，想要通过设计改善现状。我们认为这是一个可行的，但仍然相对宽泛的设计范畴（要考虑的因素太多）。于是，她首先着手于研究社会融合性问题、社会凝聚力之类的东西……

设计师 请注意控制时间……

学者 好的，我讲快一点。后来，她将设计范畴缩小，具体到“荷兰城市街区的跨文化误读问题”上。你可以像这样掂量一下你的设计范畴，宽泛一点会怎样，具体一点又会怎样。她最后认识到“融合性”涉及的因素太多了，设计时间可能长达数月。缩小设计范畴可以让你对问题进行聚焦，找到在你看来最有潜力或最启发灵感的子范畴。就像你把“工作”缩小至“在家工作”一样。

学生 我猜最好还是把设计范畴定义得具体一些比较好，是吧？

学者 也不一定，有时候我们要力争扩大设计范畴，比如与客户讨论设计任务时，对吧，设计师？

设计师 没错，具体情况要具体分析。作为设计师，我总觉得给定的设计范畴已经“饱和”了，也就是说，范畴内现有的产品已经完全能够满足需求。所以我们要从更抽象的层面上去定义设计范畴，而不是只考虑产品本身。

学生 我明白了，就是说不要一开始就从产品本身着手！我猜客户通常会要求设计具体的产品，而我们要说服他们打开思路……

学者 你懂了！

设计师 如果你接到一个设计家用汽车的项目，设计范畴就是“家用汽车”。这在一定程度上太局限了。设计范畴太明确（比如已经定义好功能的产品）就很难让人想到新的、合适的家庭出行方式。我打个比方，更有趣的设计范畴定义应该是“重塑家庭出行方式的价值”。不过也不能忽视客户的接受程度，MAYA 原则在这里是适用的。

学生 什么是 MAYA 原则？

学者 MAYA 原则是指在可接受的范围内做到尽可能抽象（Most abstract, yet acceptable）。

设计师 是的！

学生 哈哈，有意思。你们说服我了。我需要从更抽象的层次考虑问题，而不是局限于具体的产品概念。我先从“在家工作”这个设计范畴开始。

设计师 很高兴你能这样想，我希望我们解释清楚了。

对话 3/11

>解构(一)

学生 我的朋友也在用 ViP 设计法则做项目，他提到了解构，我也会用到吗?

学者 你可以试试，尤其是当你觉得满脑子都是过去的设计方案时。解构的目标之一是清空你的大脑。解构可以将你从先入为主的设计思维（比如，一件家用产品应该 / 可能是什么样子）中解放出来。它能帮助你逐渐接纳 ViP 设计法则背后的思考逻辑。通过研究已有的设计，发现新的设计灵感。

学生 如果要对目前的设计范畴进行解构，该如何开始呢?

学者 你可以挑一款专门为在家工作而设计的产品。

学生 我觉得许多产品都可以用于“在家工作”，比如打印机……

设计师 打印机售价越来越低，确实可以用于在家办公，但是打印机最初并非是为在家工作的人设计的产品。有什么产品原本就是为在家办公设计的呢?

学生 有一种古老的书桌，是专门用来在家中营造工作氛围的。

设计师 对呀！那种家用的英国办公桌叫什么来着?

学生 叫 bureau!

设计师 这是法语，它有一个独特又奇怪的英文名!

学生 是叫 workmate 吗?

学者 应该是 Davenport！

学生 没错。那我们怎样解构它呢?

学者 首先要描述这款产品。从描述具体的外观特征开始，然后描述产品的抽象特征……你试一下。

学生 好吧，它有一个工作台面，还有很多储物空间，装有轮子，可以在家里挪动。

设计师 没错。再描述不那么直观的特征。

学生 这桌子是为单人办公设计的，用深色木材制作，工作台面上覆盖着一大块皮革。使用这张桌子的人应该是坐着工作的。

学者 这桌子很小。

学生 这意味着一次只能在上面开展一项工作，不能同时进行几项工作。

学者 没错!

学生 这样工作时就不会分心了。

设计师 这张桌子还有哪些特点?

学者 比如说便宜、坚固、造型浮夸、友好，这一类的描述。

学生 我觉得它看上去很严肃，像是用来签署重要文件的。同时又很滑稽，你看这两条夸张的桌腿！我甚至能闻到漆面的味道!

设计师 很好！你为什么觉得这张桌子滑稽?是因为你在用现代设计的眼光审视它吗?

学生 我觉得它还象征着一种权力，应该是给有权势的人用的。

设计师 渐入佳境呀，你描述得越来越准确了！现在试着想象与这张桌子交互是什么感觉。

学生 专注、权力和责任感。

学者 非常好。我们称这些为交互特质。交互特质描述的是设计师赋予产品的属性，同时也包含产品的呈现方式以及使用方式。

学生 这张桌子提供了很多交互方式：拉出抽屉、掀起桌面、移动……具有一定的灵活性。

设计师 桌子本身很灵活，但是你会怎样描述跟它的交互呢?

学生 嗯，这可不容易。

学者 用语言描述交互通常不容易。你可以换一种方式描述，比如说“就像飞行员在驾驶舱里”。

设计师 不过请注意，描述交互不是描述用户的目的和体验。用户的目的是引起交互的原因，而用户的体验是交互的结果，两者都反映在交互中。我举个例子，某人快没时间了，需要尽快购买一张火车票（目的）。他与自动售票机的交互可能是仓促的、草率的、手忙脚乱的（尤其当售票机很难用时）。如果他按错了按钮，错过火车，他就会感到气愤和沮丧（体验）。

学者 我想他明白了。我们继续来看这个产品表达了什么以及人们是如何与之交互的。我们可以提问：为什么会有这样的交互？这个设计背后蕴含了什么样的概念、想法和考虑？

学生 稍等，我打断一下，我对小书桌的观察准确吗？

设计师 目前为止你的观察都很准，不过漏掉了环境（家）对交互的影响。

学生 看着这张小书桌，我可以想象有人在家工作。我之前提到的专注不能概括“用这张桌子在家工作”的情形吗？

设计师 我不确定。这张桌子呈现了某种含混的特征。一方面，人与桌子的交互具有专注的特性。但是另一方面，由于桌子很小，这种交互又是局促的。就像在收音机里听交响乐，肯定与在音乐厅的感觉完全不同。

学生 是这样。桌子上可以放东西，但是人们不会坐在它前面工作，至少不会用它长时间工作。

设计师 没错。那什么样的交互特性能描述这种含混呢？

设计师 某种暂时的、临时的特性……跟桌子的外观很不相衬。这桌子看起来很耐用，能代代相传，用很多年。

设计师 临时的，没错。桌子的特征事实上是与其外表相矛盾的。

学者 有意思，现在可以考虑情境了：为什么有这样的含混？它来自哪里？我觉得这桌子是为短暂却很重要的场合设计的，比如写信。

学生 你所说的情境是桌子的使用情境吗，比如家里或宫殿？

学者 这只是情境的一部分。这张桌子的使用空间当然是在家里，但是 ViP 设计法则考虑的情境不止于此。设计师还要考虑使用者重视什么、他们的行为、他们的美学追求，甚至伦理信仰。总而言之，设计师要考虑他认为与设计相关的一切因素。因此，我们要问：设计师设计桌子时究竟在想什么？为什么它会设计成这样？

学生 是要追问桌子设计的时代背景对设计师有什么影响吗？

学者 并非如此。这个情境主要是由设计师对在家工作的看法决定的。当然，设计师的看法也受到当时普遍观念的影响。

学生 你认为那时已经有设计师了吗？我觉得这桌子看起来更像工艺品。它的设计师很可能考虑得更多的是装饰性，而不是功能。

设计师 你确定吗？

学者 不妨想一想为什么这张桌子有这么繁复的装饰，为什么一定要装饰成这样。无论是谁设计的，我们都可以这样提问。

设计师 工艺品也是设计出来的。你看这桌子的尺寸、比例、风格都是精心设计和选择的，所以它才成为我们现在看到的样子。

学生 我猜设计师认为人们喜欢漂亮的家具，这张桌子就是一件漂亮的家具。

学者 对，但它不能仅用漂亮来形容，它是有点浮夸的。为什么呢？

学生 是的，它过分华丽了。也许它的主人是个贵族，想通过它炫耀自己的身份。

学者 我认为它设计成这样，跟人们希望用它完成的工作有关，比如一些重要的、正式的任务。他们希望桌子传达这样的信息——我很贵重，请勿触碰。
这张桌子对男主人传达的信息是

Davenport桌子

“你可以信赖我，我可以保护你珍贵的文件和物品。像您这样有身份的人，值得拥有这样高级时髦的东西！”

设计师 别忘了之前提到的美学因素。桌子不仅要漂亮，而且必须与当时的室内装饰风格相符，这张桌子是维多利亚时代的。

学生 我明白了。这些就是你们说的情境因素吗？

设计师 是的！不过我认为还有一个重要的因素遗漏了——这张桌子的零件是怎样组装起来的，它看起来像一个智力拼接游戏。为什么？

学者 这张桌子的设计师是如何看待人们在家的需求的呢？我认为桌子奇特的外形轮廓与需求有关。

学生 你是说“需求”吗？设计师认为人们的需求是什么？

学者 不仅是需求，人们需要的、想要的、渴求的、关心的、信仰的，设计师能想到的一切有关人们的动机和行为的想法。而且也不仅仅限于桌子，以及人们跟桌子的交互，而是要从更广泛角度考虑。

设计师 跟我们定义的设计范畴有关的一切。

学生 包括炫耀财富、身份这样的需求？

学者 没错，炫耀财富和身份是这个情境下的一条原理。

设计师 等等，这条原理属于什么类别呢？

学者 它可以算是“心理学原理”，是人类共有的特性。不管什么文化背景，在什么时代，人们都会通过装饰、财产、文身展示他们的身份、地位和财富。

学生 所以说这里有几项因素：人们需要一些符合他们家居装饰风格的物件，一些他们认为美观的东西，一个能够储存私人信件和文件的空间……这些都是构成情境的因素吗？

设计师 这些都是构成情境的因素。你还可以更具体地描述每个因素。比如，在美观这一点上，可以进一步考虑是什么样的审美原则发挥了关键作用。

学生 人们需要符合他们家居装饰风格的东西，可以认为他们喜欢统一的风格（一致性）。

设计师 非常好！你说到存放信件这个功能，这太具体了。你试着往上一个层面去考虑，为什么人们想要存放信件。这也是一个心理学原理，人们需要个人隐私。

学者 比如说私人的想法、感受。

学生 或许人们认为他们的重要财产和物品需要放在一个得体的并且重要的地方。在维多利亚时代，男人是一家之主。他们需要家里有一个安全的地方存放重要文件，不被其他家庭成员发现！这让他们觉得自己的权力高于家里其他人。

学者 而且一旦他们需要这些文件，必须能很快找到。这大概就是它有这么多抽屉的原因。

学生 这让我想到维多利亚时代的普遍现象，他们想要把所有东西都分门别类放置，不是吗？就像达尔文那样。这算是一个因素吗？人们想把东西归类放置。

学者 当然是！就像 Carl Linnaeus 的分类系统！

设计师 你观察得很仔细。虽然我不确定设计师是否考虑过这些因素，但试着理解这张桌子的结构与那个时代的关系，这很有趣。

学者 好的，我们继续。我觉得现在只剩下桌子的尺寸问题了……我们怎么解释它的尺寸呢？

学生 这尺寸很奇怪……它是一张挺小的桌子，却蕴藏着很深的意义，似乎人们想要一件有贵族气派的家具摆在家里，我猜这是它看起来很浮夸的原因。

设计师 这属于身份地位因素。

学者 请不要总是从“需求”这个层次考虑问题。需求是营销人士和商人喜欢考虑的事。我们更希望讨论原理 / 原则上的东西（比如人们的想法、行为、顾虑等），以及潮流趋势（当下的主流文化主导的行为方式）。

学生 家居空间有限，这属于情境因素吗？

学者 是的，这是一条物理原则。

学生 人们不得不在有限的空间储存越来越多的东西，同时又要保持家里像宫殿一样华丽整洁……我现在开始明白各种情境因素是怎样发挥作用的了。不过我还有一个问题，这张桌子的设计师并不知道 ViP 设计法则，但是我们仍然能看到他在设计中体现的情境因素。我们能说他也是一位 ViP 设计师吗？

设计师 这是一个难以回答的问题。我觉得他的设计是成功的，它经历了时间的考验，留存了 200 年。他的设计与那个时代相符，也能让人们理解为什么这个产品要设计成这样！

学者 需要注意的是，每个设计的背后都一定有情境因素支撑，就像设计师在设计时总会有各种考虑一样。ViP 设计师是有意识进行这样的考虑，并做出选择的，同时愿意对自己的设计负责。而这张桌子的设计师不太可能有这样的意识。

学生 我也是这样想的，也许他是在无意识的情况下做到了这些。

学者 好，今天到此为止吧。我们总结一下目前的解构结论。

学生 解构真的很有用。审视一件物品，思考设计时的情境，以及设计师是如何（有意识或者无意识地）把各种情境因素融入到他的设计里的，这真有趣。

在解构 Davenport 桌子的过程中，我们找到了以下情境因素：

> 人们喜欢炫耀身份和财富；

> 人们喜欢秩序和统一性；

> 在维多利亚时代，人们对整理归纳东西很感兴趣；

> 家居空间是有限的；

> 人们想要保护他们内心的秘密、想法、感受，不被他人发现。

对话 4/11
>解构（二）

设计师 解构 Davenport 桌子很有效果。我们也许真的找到了它设计成这样的原因！接下来，我们看一个现代产品。对在家工作的人来说，它是高频使用的产品——笔记本电脑。我家里就有一台！你能描述一下它的特征吗？

学生 从图片上看，这就是一台普通的笔记本电脑，挺无趣的。

学者 无趣是因为我们对它太熟悉了。如果你试着以第一次看到它的眼光来看，你能看到什么呢？

学生 从图片上看，使用它的人看起来在专注地做事情。他很积极，很投入。

设计师 嗯……你刚才描述的是什么？是这个产品的特性，还是用户与产品的关系？

学生 哦，如果只看产品的话，我认为它具有商用产品的特点，是灰色的。

设计师 继续。

学生 整齐、开放……

设计师 开放？

学生 是的，这笔记本电脑看起来已经准备好了，你可以随时用它工作。

设计师 你是说“引人与之互动”。

学生 是的，引人互动，就好像它在说“来吧，使用我吧。”

学者 那么键盘和按键呢？它们表达了什么？

学生 灵活性？我不太确定。

设计师 从几何上形容呢？

学者 整齐？

学生 是表现出整齐吗？还是说它本身就是整齐的？

学者 问得好。我会说二者兼而有之。

设计师 没错，它的所有部件都是按照整齐的几何形状排列的。你还能说说它有什么特点吗？它有什么“个性”？

学生 很无趣，很商业的感觉。

学者 有“信得过”的感觉吗？

学生 也许吧，我的笔记本电脑上存放了很重要的文件，但是一周前它坏掉了。所以我现在不敢说它是信得过的。

设计师 可以说它也很脆弱？

学生 是的，我认为是这样。

学者 很好。产品的特点不仅仅是你所见到的外观决定的，还包括它能提供给你的功能以及如何提供。如果它能安全地储存文件，你会说它是“可靠的，值得信赖的”。如果你能凭直觉流畅地使用它，就像苹果的笔记本电脑那样，你会说它是“善解人意的”或者“聪明的”。如果你仅仅看到外观设计，就形容它是“智能的”，那么很可能是以偏概全了。这就像了解一个人的个性，仅从一件事情上做判断是不够的。人的个性只有在多次接触后，才渐渐显露出来。

学生 没错，但这能带给我什么启示呢？

学者 理解这一点后，你会开始关注为什么人们会用现在的方式与产品交互。你看图片上的这个人是怎么与笔记本电脑交互的？

设计师 想想你之前说过的感受。

学生 他看起来在专心工作，沉着地用键盘输入重要的信息。

学者 好的，继续……

学生 他注意力很集中……

设计师 没错，如果把用户和产品视为一个整体，你能从中看到什么特性？

学生 我猜他没有真正地在看电脑，在他眼中电脑就像是透明隐形了一样。

设计师 很好，继续……

学者 再看看他的姿势，以及电脑的“姿势”。

学生 一种忘我的、无意识的状态……

学者 具体指什么？

学生 他已经忘记了电脑的存在，心思都放在工作任务上。

设计师 这你已经描述过了，不是吗？你刚才说了“透明隐形”。

学者 但是这种“透明隐形”不自然。看看他的姿势，他的双手，还有双手与电脑的比例。

学生 你是说他对于这台电脑来说太高大了？

学者 是的，他那双手也太大了！

学生 那么这会如何影响他与产品的交互特质呢？

设计师“透明隐形”是一个很中性的描述。你能看到一些很正面的或者很负面的交互吗？比如“内向性”？

学者 或者说“亲密的”？

学生 等等，我没有发现“内向性”，我觉得是“外向性”……

设计师 我说的“内向性”是指用户和笔记本电脑所形成的这个系统排斥其他外部交互。就像他们在另外一个世界中一样。

学者 你如果想说这种交互是一对一的，应该用“亲密的”来描述。

学生 请告诉我，如果我们不同意对方描述的交互特质，该怎么办？怎样才能决定谁对谁错？

学者 好问题。在这里我们不太关心谁对谁错。出现意见分歧很有可能是因为我们以不同的方式看待和描述事物，或者以不同的方式在理解它们。
我的看法是这个产品是引人互动的，使用它的人是专心的、注意力集中的。把产品和使用者一起考虑就是我们所说的交互。他们的交互看起来是“封闭的”、亲密的、不受外界影响的。你同意吗？

学生 我同意“亲密的”，不过所有用户在使用产品时都可以说是“亲密的”，不是吗？比如开车的人和使用手机的人……我认为“封闭的”和“亲密的”这两个描述太笼统了。

设计师 说得对。我们总结一下目前发现了多少交互特质了？

学生 透明隐形、亲密……

学者 有“被迫”吗？

学生 什么意思？

学者 图中的使用者和笔记本电脑看起来很自然，因为他们很普通。但是使用者的体形和电脑的尺寸是不协调的，键盘和按键的尺寸对这个大块头来说都太迷你了！

学生 我明白了。电脑在一定程度上限制了使用者，限制了他发挥正常的实力。他这体形应该去打猎的，而不是困在办公室里，在小小的电脑前面工作。

学者 所以说他们的交互看起来是“被迫的”……

设计师 对交互的描述没有对错之分。我们关心的是哪一种描述（或画面）最适合。

学者 交互本来就很难描述。

学生 如果我自己进行解构时卡住了，该怎么办呢？

设计师 停下来休息几分钟，然后再接着解构。

学者 经常反思和批判自己的观点。让自己多观察，不要停下来。试着去发现更深层的东西。

设计师 我说停下来休息几分钟，是指清空大脑，换一个角度去思考。

学生 再看这张图片，我又看到了“危险”。笔记本电脑似乎要吞噬这个人，即使它比这个人小很多。这让我想起了蛇。

设计师 你是说电脑有“攻击性”，那如何描述人与它的交互呢？基于你刚才的新见解，你会说他们的交互是……

学生“紧张的”？

设计师 我不这样看，但这很有意思。

学生“被动的”？

学者 不一定非要用一个词来描述，你可以用比喻。

学生 像蛇一样？

学者 是啊。

设计师 所以你的比喻是……

学生 笔记本电脑即将吞噬用户，就像蛇那样。它似乎可以将人整个吞下去，然后通过它狭窄的电线消化掉。

学者 我现在能体会到你的意思了。

设计师 告诉我们，这个练习能带给你新结论吗？或者能让你对笔记本电脑的使用产生新的见解和认识吗？

学生 要想准确地描述人和电脑的交互品质是不可能的。我们只能解读我们所见到的，然后运用有关人的表现与感受的常识去解释。我要想办法表达我对交互的解读，在这个案例中，我运用了比喻。

学者 对的，但别忘了，你还借助了许多背景信息。我们知道这个人要完成工作，我们也知道他的需求和期望（效率和反馈等）。你的解读是根据这些信息做出的。一般来说，人们都或多或少有着同样的背景知识，所以他们也会或多或少赞同你的解读。这也是这些交互特质听起来很有说服力的原因，它们是建立在人们共同的理解之上的。

设计师 今天就到这里吧。请你把这些交互特质记录下来，然后想想如果你设计一款笔记本电脑，你会考虑什么样的情境因素。

学生 好的，我会照做的。

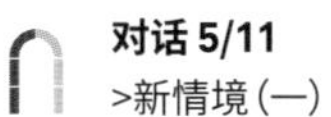

对话 5/11

>新情境（一）

设计师 是时候动手设计了！

学者 我们已经通过解构相关产品，了解了“在家工作”的特点。现在让我们看看你要构建的新情境是什么样的。

设计师 首先要设定时间跨度。

学生 好，就定为未来四年吧。

学者 这是一个示例项目，我们可以（随意）决定时间跨度，设定为四年没问题。不过要注意在大多数情况下，时间跨度主要取决于客户的项目计划。另外，我们还需要明确这里“工作”的定义是什么？是有报酬的工作吗？

学生 不一定，我指的是“专注的活动”。当然，有报酬的工作是其中一种，但它还包括个人兴趣爱好、浏览网页、冥想，甚至对话。

设计师 你应该首先定义什么是“工作”，然后思考有哪些因素与之相关。

学者 这样你的设计范畴在构建情境的过程中会变得更清晰。不要让设计范畴在一开始就限制你对情境的研究。

设计师 没错，我们开始定义新的情境吧。你提到如今人们越来越喜欢待在自家花园里的趋势，那么你必须证明这种趋势在未来四年里仍然存在。定义新的情境并非只是简单地看一下今天周围发生了什么。

学生 好吧，我认为今后气候会变得更温暖，因此未来的趋势是人们越来越愿意待在室外。

设计师 不错……

学生 我想到的另一个情境因素是未来人们渴望在户外找到能集中精力工作的空间。这个算是情境因素么？

学者 不全是。当你把情境因素定义为“渴望某种空间”时，你实际上已经在讨论解决方案了（设计一种空间）。当然，“希望集中精力工作”是一种因素，但是要满足这个愿望并不一定非要以具体的空间为条件。

学生 可是人必须有一个场所才能工作……

学者 这是事实，但它并不需要成为你的解决方案的一部分。

设计师 “人们需要安全感”也许是一种情境因素：人们需要一个真实的空间为他们提供庇护和安全感才能专心工作。你们觉得呢？

学生 人们需要屏蔽干扰！未来会有越来越多的事情分散我们的注意力，以至于专心致志地做一件事都会成为一种的解脱。

学者 非常好。

设计师 有意思。我喜欢这个因素，很有新意。你看，新洞识和新发现就是这样逐步呈现出来的。

学者 因素与人的需要和要求有关。具有普遍性的因素，我们称之为原理 / 原则；而发生在某个时间段的特定因素，我们称为趋势或发展。

学生 那趋势和发展有什么区别？

学者 两者都与变化有关，比如人们行为的变化，包括越来越多的人在家工作。发展是现实世界发生的变化，主要是指文化、科技、政治、经济等层面的变化。而趋势是在发展的影响下人们的行为发生的相应变化。比方说，因为全球化（发展），所以人们越来越珍惜本土文化和习惯（趋势）。懂了吗？

学生 那可不可以说“人们会越来越担心找不到地方集中精力工作”或者“人们的注意力受到的干扰越来越多”？

学者 为什么？因为家变得越来越小吗？我不明白。

学生 不是的。这是我在生活中发现的一种现象，人们的注意力因为过多的干扰而变得难以集中，我想未来这种现象还会持续下去……

设计师 可以这样说。现在我们再看看“越来越多的人在家工作”这个因素，你是指人们因为各种原因“被迫”留在家中吗？

学生 会是什么原因呢？

设计师 比如交通拥堵、要照顾孩子、节省开销，等等。

学生 你是说人们感觉被困住了？

设计师 我只是想强调在家工作不一定是为了使工作变得更方便，也许人们做出这种选择是受其他因素的影响，比如说需要在家照顾孩子。

学生 家务和工作因为男女地位趋于平等而变得更加融合，这算是一个趋势吗？

学者 漂亮！再说交通拥堵：道路变得越来越拥堵，车龙变得越来越长。人们每天都要盯着前车的尾灯看几个小时。这是一个适用于全世界大城市的因素。

学生 没错，交通会变得越来越拥堵。

设计师 是的，这是发展类因素。

学生 难道这不是趋势吗？

设计师 趋势一般是指与人们行为有关的变化。

学者 是的，交通拥堵是发生在全球范围的模式变化，所以它是发展类因素。受它影响的趋势可以是人们在车里打电话的时间增加了，越来越多的人在车上吃早餐，人们出行开始避开交通高峰时段，等等。

学生 好吧，这么说趋势是由发展引发的？

设计师 没错，你必须决定到底是趋势还是发展更贴合你设定的范畴。

学生 情境必须包括每一种因素吗？比如说：两条原理 / 原则、两个发展、两种趋势？

学者 问得好。情境不一定要包含每种因素。你应该尽可能多地收集你认为有用的因素，种类不限。我们讨论各种因素的区别只是为了说明有哪些因素在设计中可以考虑。

学生 如果我从来没有使用过 ViP 设计法则，我怎么知道我需要多少因素呢？

设计师 了解各种因素的差别，能帮助你确定是否已经列出了所有的可能性。假设我已经罗列出所有能考虑到的趋势，我就会考虑还有哪些发展、原理 / 原则、常态因素，从而构建一个更全面和完备的情境。但话说回来，什么是完备？你需要多少因素？这是一个很难回答的问题……那么我们该怎么办呢？

学生 你是在自言自语吗？！

学者 他在思考……

设计师 无论设计师采用哪些因素，它们都必须尽可能地覆盖情境。你应该能感受到这些因素从不同的角度对设计范畴进行诠释，比如从社会的角度、经济的角度，甚至是心理学的角度，等等。

学者 对，但你必须有充裕的时间，才有可能做这种全盘考虑。有时你只能选择你认为“对”的几个因素。这时请相信直觉，然后期望你的选择已经包括最重要的因素。

设计师 如果你的时间有限，最好选择相互之间差异最大的因素。挑选最有代表性的因素，尽可能广地覆盖情境。如果你有充裕的时间，再设法填补空白部分。

学生 好的，我来归纳一下。我们首先定义范畴是“在家工作”，设定的时间跨度是未来四年。我们找到了一些情境因素：全球变暖，因此人们会更长时间待在室外（发展）；人们受到的干扰越来越多（发展）；交通变得更加拥挤（发展）……稍等，抱歉，人们受到的干扰越来越多应该属于趋势。

学者 我觉得人们受到的干扰越来越多应该属于发展。我们身边将有更多的事物分散我们的注意力，这件事对我们行为的影响才属于趋势。

学生 好的，人们因为交通拥堵更愿意留在家中（另一种趋势）；人们希望集中精力工作和免受干扰（这是原理 / 原则？）；男女地位越来越趋于平等，从而使得家务和工作变得更加融合（发展）。这些是我目前能想到。

学者 这个开局不错……

对话 6/11

>新情境（二）

学生 我们现在找到了五种趋势和发展，这些够用吗？我还需要继续找吗？

设计师 你还能想到既与情境有关又与这五种完全不同的因素吗？比如说其他有关文化、经济、科技的因素，尽管这五种已经比较“完备”了。

学生 在原来的方案中，我打算大量地采用玻璃。如果可以，我想把它放到情境因素里……

学者 最好不要把最初的想法拿来作为情境因素。你应该思考这个想法的背后有什么，它们是否仍然与范畴有关且有价值。

设计师 你应该明白，运用玻璃材料仅仅是表达你的设计预见的一种方式。当你想采用与情境有关的技术因素时，这个因素应该对用户与设计对象之间的交互产生影响。

学生 在绿化的环境中使用玻璃是为了帮助反射，这算是一种与环境的交互，对吧？我想运用玻璃的透明特性。我希望世界在未来四年将变得更加开放和透明。

设计师 请注意，你的希望仅仅是你的个人意见。适合你的范畴的技术因素应该像这样：未来，“智能材料”将应用于家庭环境。

学者 等等，有一点很重要。（任何）技术只是工具，只是达到目的的手段。技术可以看做是解决人们关心的问题的产物。举个例子，如果你认为通信技术对情境很重要，也许你感知到的是人们希望与他人保持联系的需求。你应该考虑技术背后的因素，而不是那些最后在你的设计中需要用技术实现的特征。到最后，你也许会发现解决方案根本不需要使用任何技术！也许你能够用别的方式（比如服务）来解决人们关心的问题。但是设计师说得对，如果设计范畴要考虑使用某种技术（例如，未来，“智能材料”将应用于家庭环境），那么不妨将这种因素当做情境状态来考虑。

设计师 我接着说“我希望”的问题。一定要注意，在定义情境因素的过程中应该只考虑这些因素与情境的相关性，这十分重要。描述情境因素时千万不要掺入主观判断。对情境因素做出价值判断是 ViP 设计流程后续阶段的工作。描述情境因素时只需要描述你预测未来将发生的、与情境有关的、有趣的事情。

学者 对，我们首先要求设计师以明确的方式描述未来世界，然后从客观描述的情境因素中做出个人选择。只有对客观情境有了清晰的把握，你才能从中做出个人的选择。

学生 我懂了。那这个因素怎么样：因为能够获得的信息越来越多，世界变得更加开放和透明化。

设计师 你已经摸着门道了。这是我们希望看到的！

学者 我同意。

学生 我又想到一个，也许是负面的：人们越来越担心安全问题。

设计师 你能说得更明白一点吗？

学者 你是说人们担心被监视和失去隐私吗？

学生 我认为未来（能够在不知不觉中）保护个人隐私和财产的技术将会被商业化，并被大力推广（就像保险一样）。

设计师 为什么你会做出这种判断？因为贫富差距在拉大吗？

学者 我认为是因为信息越来越开放和透明，尤其是在互联网上。人们分享的私人信息越来越多，加上有许多信息被自动上传到购物网站、银行、政府的数据库里，因此我们都感受到了信息泄露的危险，以及保护个人隐私和资产的迫切需要。

学生 就是这样！

设计师 （点头）我明白了。

学者 好，我认为你已经找到一些很好的情境因素了。现在让我们再总结一下，然后看看它们之间有什么样的联系。

学生 好的。
> 第一，全球变暖，因此人们将在室外待更长的时间。
> 第二，人们的注意力将受到越来越多的干扰。
> 第三，由于交通拥堵，人们更愿意留在家里。
> 第四，由于男女地位逐渐趋于平等，家务和工作有融合的趋势。
> 第五，由于信息时代能获得的（共享）信息越来越多，世界会变得更加开放和透明。
> 第六，由于信息共享和信息存储的机会增多，人们将越来越担心信息安全问题。
不错吧。

学者 确实不错！我提两点意见：首先，有四个因素都提到了“更多”“越来越多”，为什么？其次：所有因素都是“因为A，所以B”的表达方式，这是不必要的（也许这是你的表达习惯）。总之，你讨论了一系列发展并解释了这些发展会带来什么后果……

学生 这大概是因为我是从现状出发去分析未来的趋势和发展的。

学者 让我们把所有因素再回顾一遍，看能不能换一种方式来概括？这样你就有一个完整的情境了。

设计师 第二个因素可以表述为原理 / 原则：假如人们收到过量的信息，他们就无法把握这些信息的价值。

学者 可以看出，你观察世界的角度很独特：以事物的变化和引发的结果作为切入点。这并没有错，但你还可以以不变的事物作为切入点！这就是所谓的常态——可以较长时间保持不变的事物，比如原理 / 原则，或者社会学和心理学现象，例如人们总是希望获得更多的东西。也许在你的设计范畴中还隐藏着一些原理 / 原则。当然，这些因素不是必需的，但我们希望你有意识地考虑一下这些相对不变的因素。

学生 人们都有“金窝银窝不如自家狗窝”的感觉，这可以作为原理 / 原则吗？

学者 如果你相信所有的人都觉得“金窝银窝不如自家狗窝”，那么它可以作为一条人性原理 / 原则。

学生 我想将“所有人都希望拥有属于个人的空间”作为一条原理 / 原则。

学者 可以，我同意。我觉得加入这条原理 / 原则后，你的情境因素就能够更好地支撑整个情境了。

学生 谢谢。那么第七个因素就是：所有人都希望拥有属于个人的空间。

学者 很好。下次见面时，我希望你谈谈这些因素有什么关系，它们是相互矛盾还是相互补充，等等。这样做的目的是为了获得协调、统一的“世界观”。然后，你将以设计师的身份决定如何对这样的“世界观”做出回应。下次见！

七项情境因素

❶ 全球变暖，因此人们将在室外待更长的时间。
> **发展**

❷ 人们的注意力将受到越来越多的干扰。
> **发展**

❸ 由于交通拥堵，人们更愿意留在家里。
> **趋势**

❹ 由于男女地位逐渐趋于平等，家务和工作有融合的趋势。
> **趋势**

❺ 由于信息时代能获得的（共享）信息越来越多，世界会变得更加开放和透明。
> **发展**

❻ 由于信息共享和信息存储的机会增多，人们将越来越担心信息安全问题。
> **发展**

❼ 所有人都希望拥有属于个人的空间。
> **原理**

对话 7/11

>情境中的结构与声明

学者 你回顾过你的情境因素了吗？能进行分类吗？

设计师 很难吧？设计本来就不容易……

学生 是的，我仔细考虑了这七个因素。

设计师 然后呢？

学者 你看出了什么？

学生 信息量的增加会带来许多影响，人们不再需要旅游，开始为信息安全担忧，以及世界会变得更开放和透明。

设计师 你理解将因素分类，并找出类与类之间联系的意义吗？

学生 说到分类的话，第 2 个因素（注意力将受到越来越多的干扰）、第 4 个因素（家务和工作的融合趋势）、第 7 个因素（希望拥有属于个人的空间）似乎可以归在一起……

设计师 它们描述了什么呢？

学生 稍等！我觉得第 1 个因素（在室外待更长的时间）、第 3 个因素（交通拥堵）、第 6 个因素（信息安全）也能划分在一起。

设计师 有意思，但是我觉得这样分类有些牵强，至少在我看来是这样。

学者 请解释每个类别的特征，为什么把这些因素归为一类。

设计师 慢慢来！这对我们来说也很不容易！你必须深挖这些因素以及所划分的类别之间的关系。

学生 第一个类别描述的是信息量增长带来的利与弊；第二个类别描述的是全球范围的变化（信息获取以及全球变暖）。

设计师 我明白你的意思，但这说服不了我。实际上你看到的是原因，是导致每个因素发生的缘由。我们认为更合适的分类，或者说更有意义的分类，是按因素对人们生活产生的影响来分类。

学生 等一下，我不太明白。你能举例说明吗？

学者 比如有些因素迫使人们缩小活动范围，待在离家近的地方，躲起来保护自己。另一些因素则会让人们面对外面的世界，面对危险，寻找新鲜的东西，四处游览……你能看到这些影响吗？

学生 嗯。

学者 进一步观察这些因素给人们生活带来的影响，我能看出两个大类。注意力受到干扰、世界变得更开放透明、气候变暖这几个因素会诱使人们到室外去，不是吗？同时，室外又是“危险”的，而且人们没有足够的时间探索所有东西……

学生 而且待在家很安全，就像躲在自己的“壳”里。这是一个很好的让我们忽略外面世界的借口。

设计师 花园可以让你在相对安全的范围里探索外界。花园给人一种开放的印象，同时也是安全的避风港。

学生 作为设计师，你会怎样对这些因素分类呢？

设计师 如果我来分类的话，一类是让人觉得有安全感的，跟家人在一起等。另一类是从外界来的、难以预测和掌控的东西，它们会带来焦虑感。但这种焦虑感有两面性，它既可能带来惊喜也可能带来不适。

学者 微妙之处在于：有机会获得所有信息和娱乐是很有吸引力的，但同时也会让人害怕，因为它会占据你所有的时间和精力，让你缺乏安全感（不知道如何控制或者无法控制将要发生的事）。

设计师 你现在能理解我们的意图了吗？

学生 是的，我明白了。把所有因素放在一起，发现它们暗藏的联系……

学者 完全正确！现在你试着自己做一下分类。

学生 好的，观察所有的因素，我们可以发现两个迥异的方向。其中一些因素暗示“家是安全的避风港”，另一些因素则暗示着外界与家之间可能的连接，以及这种连接可能带来的风险。

学者 要我说这不是“连接”，而是“进入”或“侵入”！

学生 对，我喜欢“侵入”的说法。

学者 而且这种“侵入”既吸引人又存在风险。

学生 那么把一类叫“安全感”，另一类叫“正面 / 负面侵入”。如何？

设计师 你做得很好。不过稍等一下，你感觉这个分类结构怎样？

学生 我觉得我明白如何分类了。我现在很想知道我们能从中预见什么。

学者 少安毋躁，让我们一步一步来。现在关键的问题来了，你作为设计师对这个“未来的”世界(我必须指出，它看起来有点单一，仅有一个维度) 会有怎样的响应？我的意思是说，你希望为这个世界中的人们带来些什么？

设计师 他说的“一个维度”是指现有的情境因素差异不大，因此得到的情境结构是一维的（由两个分类代表两个不同的方向）。复杂的项目应该用更多的（多于两个）分类去表达情境结构，构成更多维度。那么，你会看到你的解决方案是跟情境相关的，有目的和存在的理由的。符合情境的解决方案不止一个，多维度有助于帮你找到解决方案。

学生 等等，我没听懂。如果我构建的情境是一维的，那我还应该找到哪些维度呢？

设计师 目前只有一个维度是可以接受的。我们想让你知道，多维度是可能的，不必局限在一维中。现在我们来讨论声明。声明是指面对这样由七个因素构成的情境，你希望人们有什么样的行为？

学者 声明的形式通常是这样的：“我想要为人们提供……”“我希望人们能够……”或者“我希望人们可以看到或体验到……”。

设计师 还有“希望人们感受……理解……”。

学生 这就是你们之前提到的主观立场吗？

学者 是的，现在你可以对此赋予你个人的主观立场。

学生 我希望人们有安全感，同时又开放地面对世界，不必害怕。

学者 这听起来是个合理的声明。先不考虑具体的解决方案，你能说明怎样实现这个目标吗？哪些情境因素能起到作用？

设计师 我觉得你好像忘了“在家工作”这个方面。

学生 嗯，那我改成：我希望当人们在家工作时，他们能感到自己在为这个世界做贡献，而不是让它变糟。

设计师 这个声明能反映所有情境因素吗？你有没有发现你前后两条声明发生了很大的变化？

学生 我理解情境因素是对未来 4 年事物的客观描述，而声明是针对这些变化的主观响应，所以它们应该不同，不是吗？难道我理解错了？

设计师 声明是对情境的响应，情境包含因素，这些因素又要分类。现在这些东西都挤在你的脑袋里，所以你会觉得困难。

学生 我也这样觉得！告诉我，我的声明是可行的吗？

学者 现在你有了两条声明，都很有趣，也都部分地对你构建的情境做出了响应。你能把这两条声明合并起来吗？有意义地合并？

学生 我希望人们在家工作时有足够的安全感，这样他们才能高效地工作，无论是对个从而言，还是对社会而言。

学者 我觉得你的声明应该考虑"担心与社会脱节"的情况，而不是"担心让世界变糟"。人们一方面喜欢在家工作，但另一方面也会害怕与外面的世界脱节，或者担心无法接触到外界的各种挑战和激励。我觉得这一点很关键。

学生 我还需要仔细想一想！我总结一下：在家工作的安全感能让人们高效地、有创意地工作；人们需要与社会保持联系，为社会做贡献；同时接受来自外界的挑战。这听起来很像任务声明了！

设计师 通常学生都要花很长时间才能想出好声明。根据我们的经验判断，这一般需要好几天。如果你过早做决定（认为声明已经足够好了），最终产品设计有可能不那么让人满意。

对话 8/11
>声明与交互（一）

学者 上次你描述了情境中主要的因素类别，并且开始组织声明。你有花时间进一步思考声明吗？

学生 上次讨论后，我仔细思考了几天，尝试写了一条能覆盖所有情境因素的声明。结果是这样的……

设计师 是吗？已经想好啦？

学者 快说说！

学生 我希望在家工作的人们仿佛处在宇宙的中心，体验到外界的一切“侵入”，但同时也能安全地、舒适地工作。

设计师 很好。

学者 有意思。

学生 我想了很久才想到这个声明。我还想到了其他几个声明，但是都很难覆盖所有的因素。你们认为这个怎么样？

学者 我很高兴你颠覆了之前的观点：你说人们应该像处在世界的中心那样去感受外界发生的事，而不是害怕被世界抛在身后，是吗？

学生 是的，这是我的思路，我很高兴想通了。

设计师 我喜欢这条声明，它能让我感受到情境的结构，而且也反映了我们对因素的分类。与其害怕外界的“侵入”，不如把“侵入”看成机遇。

学生 这是我最大的发现！

学者 当然，我们都清楚，你目前构建的情境以及引申出的声明都不是多层次、多维度的。它仅仅是对设计范畴的简要的概括。不过鉴于案例研究的时间有限，我认为可以把它作为出发点。

学生 我都等不及了，接下来要做什么？

学者 接下来的问题也许是整个过程中最难的一部分：什么样的交互能够实现声明中的目标？换句话说，为了得到你所描述的体验，人们应该如何与你（即将设计）的产品交互？

学生 这确实很难。

设计师 所谓交互是指用户与产品之间的定性关系。你的回答应该像这样：用户与产品的交互有以下特征……思考这个问题时，脑袋里要时时想着你构建的情境。

学者 你的声明是希望在家工作的人们仿佛处在宇宙的中心，体验到外界的一切“侵入”，但同时也能安全地、舒适地工作。你能想象那是什么样的吗？你能想到一个比喻或者类似的情况，能够带来相似的体验吗？

学生 我首先想到的是，我是在设计一个环境，而不是一个物品，因此会有几种不同的交互。至于类似的情况，我想到了邮件收发室，外来信件被分门别类地放到正确的地方。

学者 我觉得很好。所以说这些信件是没有威胁的，它们被分门别类地归置起来，等你方便时再去取？

学生 我想要的交互特征是秩序、专注、平静、掌控……

设计师 等等，你没说服我。想象一下邮件收发室里收发员与机器、工具的交互，有什么特征？

学生 分类？过滤？对吗？

设计师 我的疑虑是，你描述的是产品的特性，而不是交互。

学者 我认为平静是一个可以接受的交互特性，但你还需要进一步定义是什么样的平静。

设计师 描述交互既不是描述用户的感受，也与用户做什么不相关，而是把用户和产品看作一个整体去描述他们之间的关系。这关系包含了用户使用产品的体验。

学生 我想到的是用户可以将分散注意力的东西过滤掉，专心工作。

学者 用户主动过滤？不会吧。

学生 不行吗？

学者 有太多东西要过滤，最后会让人觉得挫败！

学生 那被动过滤呢，或者环境自动过滤？

设计师 我觉得如果你在系统中扮演主动角色，交互特征就不能用“顺从被动”描述。

学者 我认为可以。就像你处在世界的中心，周遭的事情匆匆飞过，但你不必理会，顺其自然就好。只有当人们只能看到山的一面时，他们才总想着看山的另一面！

学生 平静地流动，就像“飓风之眼”。我喜欢风暴的中心，在那里你能安全地体验周遭发生的一切，却不受其干扰。

设计师 我同意。

学者 我也很喜欢！

学生 所以，交互的特征就像“在飓风之眼上”。

设计师 但具体是什么交互呢？这只是一个比喻！

学者 这只是一个比喻，我们在那个位置上该如何与外界交互呢？

学生 以惊叹的眼光看世界。

学者 对，但是是舒适的、完全没有恐惧的。

设计师 当你看到一个人在飓风中心的时候，你能感知到怎样的联系？人与飓风之间有什么联系？

学生 是“屈从”吗？但是我不愿意为“屈从”这个交互设计解决方案。听起来像被打败了一样。

设计师 你可以从积极的角度看待“屈从”，就像佛教讲的“放下”，随势而为，同时自己也不会受到伤害！

学生 我明白了，我觉得这个交互很有趣，可以叫“平静地屈从”。

设计师 很好。

学者 完全同意。我们来看另外一个。

学生“侵入”本身就很有趣，它能作为交互的特征吗？

设计师 回顾一下你的情境因素和情境结构，你觉得这个交互特征适合用来实现你设定的目标吗？

学生 思考交互特征真不容易，我自己喜欢的特征不一定合适。我怎么知道什么是合适的呢？

学者 我懂你的意思。记住要学会放下！忘掉自己喜欢的、想要的。你只需要考虑构建的情境和声明，然后问自己，如何通过交互实现声明的目标。是否合适完全取决于定义的情境及声明。

设计师 在这个案例中，重要的是你想到了好的比喻，你感受到了这个比喻的含义。具体的描述交互的字眼是其次的。

学生 把“遮蔽”作为交互特性，可以么？

学者 你不认为“遮蔽”已经囊括在“平静地屈从”中了吗？

学生 对我而言，“平静地屈从”指的是开放，是面对事情的复杂性。但我也喜欢遮蔽，或者部分遮蔽的感觉。

学者“遮蔽”指的是什么呢？

学生 我认为“部分遮蔽”是一种被庇护、被保护的感觉，但同时又能开放地面对世界，就像车站一样，它既能为你遮风挡雨，又能让你看到外面的世界。

学者 我明白了。我们把这个作为下次谈话的起始点吧。

对话 9/11

>交互(二)

设计师 我们继续讨论上次的交互特性。处在世界中心的这种感觉必定是由某些东西唤起的，你觉得呢?

学生 我没明白你的意思。

设计师 “平静地屈从”太被动了，处在世界中心的角色应该更主动。

学者 “平静地屈从”解释了为什么会有“安全和舒适”的感觉，但没有说明为什么我们会感觉“处在世界中心”。怎样让交互涵盖这种感觉?

学生 为什么我们要唤起“处在世界中心”的感觉?

学者 因为声明中提到了。这么说吧，这是我们的设计目标。

设计师 或者说是“站在世界之巅”的感觉，像山顶上的城堡。

学生 那“在风暴中心”呢?会不会也太被动了?

学者 两位，我认为应该把“风暴中心”作为对交互的总比喻。我们已经用“平静地屈从”概括了这种交互的一个方面，但它还有另外一个方面，处在风暴中心的警戒感、觉醒感，一种置身于庞然大物中的兴奋感。你体会过这种感觉吗?你们看过电影《龙卷风》吗?

学生 看过。

学者 就是那种敬畏的感觉，被令人惊叹的自然现象包围，处在它的中心!

学生 哦，声明就是要指导交互的走向?

学者 没错!

学生 还能再给我点提示吗?

学者 这个比喻就是最好的提示。你要思考用什么词汇能够准确描述与之(风暴中心)相符的交互。这种交互一方面可以用“平静地屈从”形容，另一方面可以用警醒、兴奋、敬畏形容，因为风暴中心对人来说太宏伟了。

设计师 比如“高高在上”(elevation)或“警醒”(alertness)这样的词汇。当然，这两个词大不相同，你必须决定哪一个更适合。

学者 “高高在上”或者说“高贵”(exaltedness)暗示着掌控和力量。“警醒”则有被唤醒的感觉，意识到周围发生的一切。

设计师 你看，交互可以包含多种特性，“平静地屈从”只是其中之一。但是在很多情况下我们都能感受到“平静地屈从”，比如坐飞机和排队。我们现在还要寻找另一个元素，让“平静地屈从”这个交互更完整，能够全面反映“在风暴中心”这个比喻。依我看，“高高在上”比较合适。

学者 风暴中心是对整个设计情形的比喻。你要试着描述如何与这样的情形交互。明白了吗?

学生 就是说我要怎么跟风暴中心交互?

学者 你懂了!

设计师 这件事的确不容易。一般人通常需要数小时才能想清楚怎样组合交互特性才能完整地反映整个交互。在寻找这些词汇或画面的过程中，你对交互的理解也会越来越深。

学生 可我不是为自己设计!我是为用户群设计，而他们与风暴中心的交互可能完全不同。有些人会恐惧，有些人会敬畏，还有些人可能会被吓瘫!

学者 没错，的确有很多不同的交互方式，但是只有一种(或几种)能实现声明的目标。你至少要选出一种来!不然的话，这个比喻就没有意义了，因为它不能提供合适的交互方式。

学生 好吧，还是那问题，我怎么知道我选的交互是合适的呢?

学者 你会设计出吓瘫用户的东西吗?只要你选的交互能实现声

明的目标，它就是合适的。你所构建的情境就是你的论据和出发点。就像你提到的，只有那些觉得兴奋的人才会有处在世界中心的感觉，所以不用管那些被吓瘫的人。

学生 你还能再举几个例子吗？

设计师 你能说说你为什么想不通吗？你现在的感受是什么？

学生 我觉得我已经有了一个预见的情境：外界事物的“侵入”给人造成一种处于世界中心的感觉，但同时又是安全的。困难在于如何用词汇描述这种交互，以及确定这些词汇是合适的。对了，这种交互特性可以用“处在敬畏中”形容吗？

学者 差不多，“处在敬畏中”意味着置身于令人惊叹的特殊事物中，但这没有描述你是如何与之交互的。交互应该用“高贵”或“高高在上”来形容，就像设计师说的那样。

设计师 你觉得困难和费时这不奇怪，定义交互是很难的一步。多提问是对的。

学者 我们说过这是 ViP 设计过程中最难的一步。

学生 我觉得最困难的部分是想象交互方式并确定它们是合适的。我自己在家思考时不停地问自己：“它适合用来描述这个交互吗？”

设计师 因为交互方式是你理解产品应该做什么的关键，所以你必须真正懂得（并感受到）交互的特性。也就是说，你必须感受到交互、声明、情境之间的因果关系。这种因果关系能帮助你理解哪些对交互的描述是正确的、合适的。

学者 交互方式是很难用三言两语表述清楚的：它们描述人们做什么以及怎么做；它们也告诉你人们体验到了什么，以及产品是怎样唤起这种体验的。思考“平静地屈从”时，你必须将自己置身于交互当中，就像扮演角色一样！只有这样，交互才能生动起来。也只有这样，你才知道它对你有用还是没用。

设计师 把你对交互的感受明确表达出来，你就能更好地跟其他设计师和客户交流。

学生 那改成“平静地掌控”怎么样？如果在风暴中心很安全，我就不会产生恐惧，而是希望仔细观察这种自然奇观，看它是如何整合在一起，是怎么运动的。“显现”如何呢？

设计师 很接近了，但“掌控”还比较中性。我希望找到更有力量的词汇和描述，更高高在上的。

学生 请继续……

设计师 比如“高贵”，带有一种“有权力”“有力量”“举足轻重”的感觉，在世界中心扮演着重要的角色！

学生 我觉得我严重缺乏想象力！

学者 你做得很好了，多给自己一点时间！

设计师 电影《龙卷风》是个不错的例子，它讲述了研究人员进入龙卷风的故事，能帮助我们理解在风暴中心究竟会发生什么。这些研究人员和龙卷风的交互就有这种“高高在上”的元素在里面。

学生 我不太明白你说的“高高在上”“高贵”。你是说人们被抬高至一个有权力、有力量的位置，像享有特权那样？

设计师 正是如此！

学者 我喜欢“享有特权”的说法！就是这样！

学生 就像说你很特别？

学者 是的，但不是指身体上的，更多的是指思想上的，就像开阔了视野，提升了认识，是认知上的。

学生 那么交互特性可以形容为“认知上的特权”。

学者 很好！下次我们继续讨论什么样的产品特性能实现“平静地屈从”和“认知上的特权”。

平静地屈从

认知上的特权

更深奥的东西
不怎么理解的东西
诚信
可靠
智慧、公正
多样化中的统一性

对话 10/11

>产品特质

学生 我觉得目前有了一个不错的交互预见，可以用“平静地屈从”和“认知上的特权”来形容。接下来我要做什么呢？

设计师 等一下，你确定吗？

学生 你是指确定它们能实现声明的目标？

设计师 是的。

学生 我不确定，让我们试一下吧。

学者 你要打心底确定才行！

学生 但是确不确定需要丰富的经验才能做到。

学者 没错，但你至少要相信这个交互能达到预期的效果，如果你自己都不信，接下来的工作就很难开展。

学生 我相信它能达到预期的效果。

学者 好，那我们来找找什么样的产品特质能够引发这样的交互。

设计师 想象两个人在一起的情形：一个人的个性能影响另一个人与他的互动。现在我们要寻找产品的“个性”。

学生 所以产品特质是指“诚实的”“坦率的”之类的吗？

设计师 完全正确。

学者 产品如何实现“平静地屈从”和“认知上的特权”这样的交互，它需要表达什么、提供什么、传达什么、展示什么，等等。最好能同时支持这两种交互。

学生 好，让我想想。安静、智慧、公正、精妙、潜能……

学者 别着急。你应该解释一下，为什么产品要有这些特质。我们不是在进行头脑风暴。

设计师 要说出你心底的感觉来。

学者 让你的直觉说话。

学生 平静给人安静之感，不是吗？

设计师 可是安静的产品一定能唤起交互中的平静感吗？

学生 你有更好的主意吗？

设计师 别急，我觉得应该从交互的主干（屈从）入手，然后再考虑修饰词（平静的、安静的）之间的细微差别。让我们从“屈从”开始理解产品与交互预见之间的关系。

学生 我觉得宗教庆典中的圣杯（chalice）能让人产生一种“屈从感”。那种轻轻抿上一口，既饮之不尽，又能解渴的感觉。

设计师 饮之不尽，有意思。

学者 臣服于一种宏伟的、庄严的、神秘的、无边无际的东西，尽管无法理解，感觉却很美妙。

设计师 是的，你同意吗？

学生 我喜欢抿的感觉，品尝一点，感受一下。

学者 只有当产品没有全部展现出来时，“抿”才有意义。

设计师 为什么要强调“抿”呢？“抿”更像是用户的动作，而不是产品的特质。

学生 我明白了。可不可以这样说，我们喜欢臣服于那些若隐若现的，只部分显现的东西？

设计师 很好。

学生 我们臣服于更深奥的东西，尽管不怎么理解，但仍然希望参与其中。

设计师 非常好，一次说到了两个特质！

学生 不好意思，我没明白。你指的是哪两个特质？

设计师 “更深奥的东西”和“不怎么理解”。

学生 啊，我懂了！

学者 那这种“屈从”在什么情况下是“平静的”呢？我们现在应该考虑这个了。

设计师 什么样的产品特质与“平静地屈从”相吻合？

学生 我能想到的是放松、沉思的。

设计师 不要孤立地考虑“平静”，应该把它当成“屈从”的修饰词来考虑。

学者 为了实现“平静地屈从”（而不是出于害怕屈从），“更深奥的东西”和“不怎么理解的东西”还应该带来什么？

学生 我觉得是信任，信任意味着不害怕屈从，心甘情愿地屈从。

设计师 你已经很接近了，但你表达的还是用户的感受，现在请从产品的角度描述什么样的特质能带来“平静地屈从”。

学者 比如熟悉的、安逸的、智慧的、公正的。像你之前提到那些。

学生 可靠、诚信、完整。

设计师 可靠的、诚信的才值得信任。我喜欢“诚信”。

学者 信任和诚信应该是实现“平静地屈从”的关键。

学生 这个产品是“智慧的”“公正的”“值得信赖的”。

设计师 很好！我们再看另一交互。

学生“认知上的特权”……

设计师 你知道该怎么做了吗？我们要找出能够引出“认知上的特权”的产品特质。

学生“认知上的特权”让我联想到精神得到了按摩……

学者 我喜欢这个比喻，是一种妥妥帖帖，由掌控和精通带来的放心感。

学生 对，就像产品在取悦你，按摩你的精神。

学者 就像产品给了你力量。

学生 这难道不像听音乐吗？比如听贝多芬的音乐，你虽然置身于不太理解的世界中，但仍然乐此不疲。

学者 我同意。那么是音乐中的什么让你有这样的感觉呢？是什么样的特质？

设计师 伟大的作曲家究竟做了些什么？

学生 我觉得他们创造出一种复杂的东西，但又连贯而协调……

设计师 那他们是怎么做到的呢？

学生 作曲家在混乱、复杂的音乐中实现了和谐和统一，让人们能够欣赏。而我们的产品只展现“侵入”的复杂信息的统一性，让用户获得掌控一切的感觉，让用户的精神得到按摩，从而实现“认知上的特权”。

学者 非常好！这个产品特质正符合美学上的“多样化中的统一性”原理。

设计师 很好。请你再总结一下我们找到的产品特质。

学生 让我想想……更深奥的东西、不太理解的东西、诚信的、值得信赖的、适当的、智慧的、公正的……还有多样化中的统一性。

设计师 看到这些产品特质，你感到惊讶吗？是不是跟你一开始提到的玻璃太空舱大相径庭？

学生 是的，玻璃太空舱不具备智慧和值得信赖的特质。

学者 你明白了。现在我们找出了产品特质，可以着手生成产品概念了。你会发现在定义好情境和声明，梳理出交互和产品特质之后，生成产品概念是多么容易。

学生 我已经迫不及待了！

学生 我之前的声明是我希望在家工作的人们仿佛处在宇宙的中心，体验到外界的一切“侵入”，但同时也能安全地、舒适地工作。然后，我们将“平静地屈从”和“认知上的特权”作为交互特性。产品的特质定义为：更深奥的东西，一些我们不太理解的东西，但又是诚信的、值得信赖的、适当的、智慧的、公正的，同时还满足“多样化中的统一性”。

学者 非常好。现在你有设计想法了吗？

学生 我仔细考虑了我对产品特质的预见，并且回顾了交互特性和情境预见。这让我联想到人处在飓风中心的画面——瞥见周围的混乱，带有一种平静的屈从感。我又联想到了音乐，当我听古典音乐时，仿佛在一片混乱的音符中听到了某种解释……这说得通吗？

学者 音乐对“侵入”的信息起什么作用呢？是什么让这些信息变得适当、智慧、值得信赖？

学生 音乐帮我梳理了混乱的信息，它把我原本不理解的东西变得有意义了。

学者 我大概明白了。是音乐梳理了“侵入”的信息，还是“侵入”的信息被梳理成了音乐？

学生 音乐为我在混乱之中开了一扇窗，让混乱变得可以理解。我希望产品能够解释世界的混乱，让在家工作的人可以直观地理解外部世界的信息。

设计师 请解释这个设想是如何体现你对产品特质的预见的？

学者 好比说，这个设想是如何带来“认知上的特权”的？

学生 听音乐就像有人在我耳边解说，告诉我一个秘密。这就是“认知上的特权”。古典音乐是诚信和智慧的，而音乐的形式也符合“多样化中的统一性”。

设计师 遗憾的是，你将产品特质转化成产品概念的方式过于简单。就算按照你的比喻，古典音乐具有诚信和智慧，也不能保证产品智慧和公正。

学生 音乐只是一种特别的表达方式，用来帮助我梳理“侵入”的信息，让它变得有意义。音乐这个想法的核心是产品要懂用户，将有用的信息滤出，同时将剩下的信息抽象化。这样用户就可以被信息环绕，却不受干扰。

学者 那么，你认为产品怎样才能懂用户呢？

学生 通过用户对产品的响应来实现，比如用命令和动作告诉产品自己的喜好。就像 Last.FM，它播放的音乐是由用户喜好决定的，并且根据用户喜好推荐新音乐。用户可以同意或拒绝 Last.FM 推荐的新音乐，然后 Last.FM 据此进一步做出调整。

学者 所以说它能适应用户的行为和喜好。

学生 是的。

学者 这作为你的第一个设计想法是不错的，我也有一些类似的想法。尽管感觉有点奇怪，一个像神一样的产品，给你想要的一切……

学生 我现在构想的产品是将信息用声音表现出来，人们可以按照自己的喜好收听信息。信息的重要程度可以用不同的声音来表现。

设计师 所以说，你认为重要的信息会转换成你喜欢的音乐？但这样的转换方式能引发你想要的交互吗？

学生 声音的作用相当于背景音，它不会干扰你正在做的事（比如工作）。产品会在不干扰用户的情况下对信息进行过滤。

设计师 我明白你的意思，但我不太确定……

学生 这种方式既能带来“认知上的特权”，也能实现“平静地屈从”。你放松下来，让声音和信息包围着你，又不受干扰。

学者 听起来不错。我觉得它满足了你对产品的预见：公正的、智慧的、值得信赖的。它好像还具有智能的、新颖的特点，几乎是一对一地从你的目标转化而来。而且音乐的形式也满足“多样化中的统一性”这一产品特质。

设计师 我有话直说，我觉得这个想法很粗糙。将信息转换成音乐，把有用的信息过滤出来，这种做法太简单了。它实现不了你的设计目标。你只是把你的目标用另一种方式表达出来，并没有说明通过什么方式实现目标。

学者 他是就事论事。

学生 我明白你说的，但我只是想简单地呈现信息，比如，收到新邮件时发出微妙的声音。不过，这个设计已经实现了……

设计师 我觉得不提前过滤信息更有趣。我喜欢随时能掌控全世界所有信息的感觉。

学生 如果不过滤信息，那怎样让用户有特权感呢?

设计师 特权感体现在能接触到所有信息，成为全世界生成的所有信息的一部分。

学者 我觉得你这个想法可以实现“多样化”，但是让屈从感得以实现的“统一性”在哪里呢?换句话说，怎么让产品变得有智慧、适当、诚信、公正呢?

设计师 统一性体现在解读生成信息的动态模式中。你能平静地在家工作，因为你明白你所生成的信息是对世界有影响的。好比你待在房子里，从窗户望出去，看到树叶和树枝被风吹动。看到树叶树枝晃动，能带来一种我们还活着，我们是世界的一部分的感觉。感知外部世界的活力能让人也感到有活力，让人放心。

学生 你是说晃动的树枝是在生成信息吗?

设计师 不是，晃动的树枝只代表外部世界仍然在运动，是有生命的。你看见这些证明你是其中的一部分。

学生 我挺喜欢这个解释的，但“认知上的特权”体现在哪里呢?

学者 这就需要信息过滤器了，过滤创造出特权感。关键问题在于，有没有一个解决方法不需要过滤器这个概念?不然的话，问题就在于如何过滤信息，网络上已经有很多类似的方案了。

学生“平静地屈从”并不意味着需要过滤器，只是屈从和惊叹于周围的混乱。

设计师 我就是这样想的!

学者 那是什么带来了特权感呢?如何让用户安心地工作，而不会觉得错过了正在发生的事呢?

学生 应该是统一性吧。把各种信息统一成一种形式，由用户进行取舍。信息就安静地待在附近，耐心等候。产品负责把所有信息整理好，让什么是重要的、有用的信息，什么是不重要的、无用的信息变得“一目了然”。

设计师 这样用户就能掌控一切——明白哪些信息是重要的或紧急的，哪些不是。

学生 我喜欢树的形象。我在想一棵风中的树，用不同的颜色代表不同的信息，我可以根据颜色选择需要的信息。我能想象它正在风中摇曳，很灵活，用户能与之互动，调整它，就像给乐器调音那样。

设计师 注意不要把“树”理解得过于具象。我觉得你还是在简单地用另一种方式（音乐、色彩）表达信息。

学者 我有一个想法：用户收到的信息有很多种，包括电话、邮件、订阅内容、推特（Twitter）消息、手机短信等。有些信息是很具体的，发给特定的人的。不停地查看所有信息会让人抓狂。产品可以将所有信息统一成一种模式，我还没想到是什么模式。所有信息以相同的模式展示在你面前，这就带来了特权感，就像秘书告诉你谁打过电话，发过邮件一样。

设计师 不错。

学生 听起来就像《银河系漫游指南》里面的宝贝鱼一样，把所有的语言翻译成一种语言。

学者 对！统一的语言，就像世界语（Esperanto）那样！（笑）那么，这种语言应该是什么样的形式呢？

学生 我不得不说，你比我思考得更实际。我想的东西都不那么“有用”，更多的是安静地享受、安静地使用。

设计师 别忘了，这个产品属于“在家工作”的设计范畴。情境因素和声明里都不包含“娱乐”，所以它不必有娱乐功能，只需要对工作有意义。

学生 好的。也许产品可以从信息流中简单地打出名词短语和动词短语，从而决定这些信息的主要内容。然后利用“语言”的结构重新组织信息。

学者 有意思的想法。那如何处理非语言的信息呢？需要把它们语言化吗？

设计师 是不是可以让所有信息都有声音？真正的声音！

学生 就像嘈杂的人群，各种声音混在一起，但有时又会一起喊口号……

设计师 或者说是鸡尾酒会效应。（译注：鸡尾酒会效应是指一个人能够将听觉注意力集中在特定对象上，同时过滤其他干扰。就像在嘈杂的酒会房间里进行的对话。）

学者 对！就像一串呢喃细语，其中忽然提到一个人的名字，仅仅这个名字就能立即引起人们的注意。

学生 这种情形会让我发疯的！

学者 不会。声音很轻，就像在远处，或者可以用轻柔的流水声来表示。

学生 我宁愿是一群牛在田野里哞哞叫。

学者 好吧，你可以选择不同的声音设定。

学生 有一个广播频道叫“鸟鸣声”（Birdsong），播放的都是鸟叫声。我们是不是可以用不同动物的声音对应不同的事件？比如说，出现你的名字时，用公鸡的啼叫来表示。

设计师 这样太单调了吧！

学生 我们可以选择背景音，每天都不一样。这样就不会单调了。

学者 太棒了！外来的信息全部用抽象声音表示（叶子沙沙响、水流声等）。当某条信息是发给特定人时，信息流的抽象声音就会被一个能吸引注意的声音打断。如果用户愿意，他可以选择收听信息、打开邮件或者登录网站等，当然，他也可以选择稍后再处理。

学生 用户选择感兴趣的事件和信息，产品则从中学习如何处理信息。

学者 差不多。产品只需要对发给特定用户的信息（电话、邮件等）做出反应。它不用怎么“学习”就能做到这些。当然，它可以记住用户上网的搜索行为。

学生 我喜欢这个想法，用户可以用简单的方式回应，比如触摸或按压。产品能从中逐渐知道用户对信息的感受。

设计师 用“感受”也许不太合适，因为不同人有不同的感受、不同的关注点。“感受”这个标签太单一了，恐怕不能作为一条规则去有效地组织信息。

学者 这个产品是工作空间里的核心元件，可以说是所有外来信息的汇总点。它将没意义的信息归入背景流中，但把有意义的信息转化成声音信号。工作的桌面上只有当前的工作，用户不会被过多信息干扰。

学生 那怎么解决设计师刚刚提出的问题呢？什么是有意义的，什么是没意义的，每天都不一样，不是吗？他说得有道理。

学者 对，所以我们的信息筛选需要基于信息的发送者，而不是信息的接受者。发送信息的人决定什么是需要的信息，而用户也可以指示哪些发送者是他信任的、喜欢的、期待的。

学生 我仿佛听到了叔本华的《作为意志和表象的世界》(The World as Will and Representation)。

设计师 所以用户仍然需要指出哪些信息是有意义的，哪些是没有意义的。产品不会干扰这一点。

学生 也许可以设计成一个仪器，它可让用户自己为当天的工作活动生成一个音频文件。实际上是用户根据所收到的信息类别，为当天编写背景音乐……

设计师 就像用信息流组成的“交响乐”。怎样解读这个交响乐由用户自己决定。它带来一种独特的责任感。同时也像游戏一样，游戏的“规则”和“优先信息”由用户来调整。

学生 是的！在一天工作开始的时候，用户设置一些基本的“优先信息”，选择喜欢的背景音乐风格，然后让产品去做剩下的事情。当你需要更改“优先”设置时，只需轻轻触碰一下它，然后配乐就跟着改变了。哇，我们已经离“透明太空舱”这个概念很远了！ViP 设计法则真的让我找到了全新的方向。我觉得我们真的以一种结构化的、合理的方式找到了创新的东西。我接下来要好好想想怎样深化这个概念。

学者 虽然花了一些时间，但我觉得整个过程进行得很好。你接下来深化这个概念时，要确保涵盖所有的产品特质。重要的是，你完整地走了一遍 ViP 设计法则的流程，感受到它能在你未来的设计项目中发挥什么作用。

设计师 是的，我同意。作为第一次使用 ViP 设计法则的人，你已经做得很好了。祝你好运！

>你将尝试理解我们熟知的产品背后的设计理由：

从习惯思考“是什么”变为思考“为什么”。<

也许你还不能立刻理解ViP设计法则的价值。接下来我们将带你体验ViP设计法则魅力，帮助你轻松运用ViP设计法则的视角观察世界。这个过程将充满乐趣，而且就像在家里一样自在。更重要的是，我们希望引导你理解和运用ViP设计法则背后的思维方式。

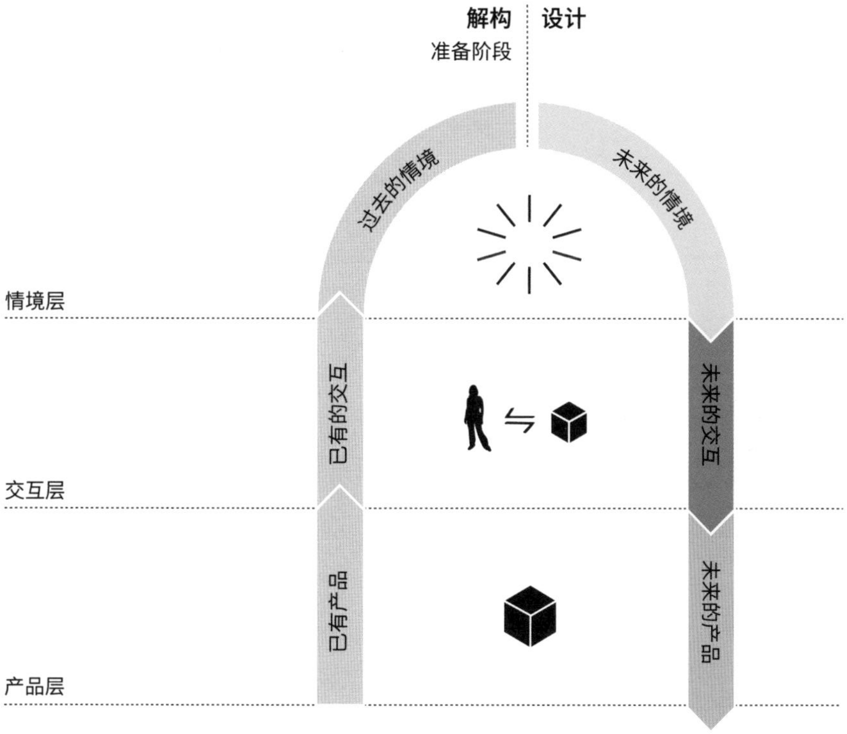

解构 | **设计**

准备阶段

过去的情境

未来的情境

情境层

已有的交互

未来的交互

交互层

已有产品

未来的产品

产品层

ViP设计法则的三层模型

ViP 设计法则的流程（以下简称 ViP 设计流程）基于以下三项基本原则[1]，我们称之为出发点：

❶ 设计师的职责是寻找可能性以及可能的未来，而不是简单地解决眼前的问题。

❷ 产品是实现或发展出交互（关系）的一种方式。是人与产品的交互赋予产品意义，因此我们认为 ViP 设计法则是以交互为中心的（interaction-centred）设计方法。

❸ 设计师对交互是否恰当的判断是由该交互所处的情境决定的。这些情境可以是今天的、明天的，甚至是未来许多年后的。未来的情境可能催生新的行为与体验，因此 ViP 设计法则又是情境驱动的(context-driven)设计方法。

本章将展示 ViP 设计法则的三层模型是如何反映这三个出发点的，以及它们对 ViP 设计流程的决定性作用。

三层模型描绘了 ViP 设计法则看待产品（及一切人造对象）的独特视角。倒 U 字形的左半边反映了目前的状态：此时世界的样子。从左半边底部往上到达模型顶端的过程称为解构阶段（或预习阶段）。在这个阶段，你将尝试理解我们熟知的产品背后的设计理由：从习惯思考“是什么”变为思考“为什么”。

产品层：为什么产品是现在这个样子

请做这样的尝试：带上纸笔，找一家咖啡馆坐下，点一杯饮料。观察四周，挑选一件产品（比如吧台上正在工作的咖啡机），尝试描述它。它长什么样？是什么颜色的？光是如何照在它表面的？它是什么材料做的？长期使用带来了什么样的损耗？它带有装饰吗？它看起来开心吗？它是如何工作的？它有多大？你可以自由发挥，提各种问题。

我们对身边的产品习以为常，但并不习惯研究它们。请仔细观察，甚至可以拍照。

继续观察和思考。这件产品的设计是从什么地方获得灵感的？有哪些产品长得像它？它符合什么样的使用习惯，提供了哪些便利？它的使用寿命有多久？它是如何演变成目前这样的？产品仍然在改进吗？

现在，你有了一份描述这件产品的清单。把清单拿给别人看，看他们能否猜到这是什么产品。然后从报纸杂志或网站上再挑选一件产品，重复上述过程。

这个练习的目的是告诉你产品是拥有特质的，其中一些属于设计特质，是设计师有意为之的。看看你的描述清单，找出哪些是设计特质，哪些不是。哪些特质来自产品本身，哪些是你赋予它的。

这里有一个 Agassiz 教授和鱼的故事。Agassiz 教授给学生看一条（死）鱼，他让这个学生描述这条鱼。“这太简单了，”学生回答，“这是一条翻车鱼。”“我知道，”教授说，“我是让你描述它。”于是学生查了资料，交来一份详细的描述，但 Agassiz 还不满意，他让学生回去，过阵子再来见他。学生又访问了几位鱼类学家，几天后交来修改后的描述。教授仍然不满意。就这样三个星期过去了，学生不断带来更详细的描述，最后教授提醒学生再去看看那条鱼。鱼已经腐烂、臭气熏天，学生才发现自己之前都没注意到它是死的。

这是一个关于观察，然后带着理解再次观察的故事。ViP 设计法则的解构阶段就是观察、思考，然后再次观察的过程。刚开始你会觉得困难，但经过反复练习，这种检视产品的方式就会变成一种习惯。

现在你已经描述了一些产品，你能说出哪些你了解的方面和你不了解的方面呢？记住这里的产品是广义的:服务、游戏，甚至策略。任何人造对象都可以解构。

交互层：产品无法脱离人而存在

你已经描述了产品的静态特质（或者说特征)，就像它们陈列在博物馆里一样。然而产品的真正意义产生于人与产品发生交互（人们拿起或使用产品）的过程中。ViP 设计法则致力于探索和设计交互过程，所以你必须先在已有产品中感知人与产品的交互。

首先，找到一个正在与产品交互的人，比如正在用手机通话，正在阅读报纸，或者正在开车门的人。走近仔细观察交互过程，可以拍照，然后列出交互过程的特质。不要将使用者和产品分开进行描述，应该将他们视为一个整体，就像剪影一样。这样才能确保你描述的是人与产品的交互。

现在，试着用大约五个词汇形容交互特质。如果你觉得困难，可以像这样表述：交互的特质可以用 X 来形容（X 就是你要找的词汇)。比如，人与 a、b、c 三张椅子的交互特质可以用以下词汇进行描述：ⓐ 接受、和谐；ⓑ分离、紧绷；ⓒ坚定、顺从。

你不一定要用字典里的词，比如，你可以说“像无形状的一摊东西（blob-bish)”“像模糊虚化一般（blur-like)”“像植物一般（plant-ness)”“像电脑一样（computer-ness)”。用“像……一样”“像……一般”“带有……感觉”“具有……状态”常常可以有效地描述交互特质，只要你自己理解其中的含义。

飞行员 Walter Vincenti 曾在 1993 年描写他与飞机之间的交互。当时的航空工程师热衷解决技术问题，却不重视交互设计。而复杂的机械（如飞机）往往具有十分特殊的特质，飞行员作为飞机的驾驶者能够非常准确地描述这种交互特质。当你驾驶汽车或者骑自行车时，你与它们的交互特质是什么样的？

现在你应该明白了如何从交互层面去观察产品和发现交互特质，我们往下看。

情境层：推理世界观

再看看你挑选的产品。问问自己：为什么设计师要设计这件产品？他们的世界观是什么样的？他们是怎样理解人们的需求和动机的？

举个例子，1959 年 Mini Cooper 汽车的诞生可能是以下因素促成的：首先是全球石油危机导致英国油价飞涨，人们产生了省油的需求；其次是年轻人对独立的渴望，以及对紧凑型轿车的需求。我们还能想到其他一些原因：也许人们对探索新环境感到兴奋，或者迫切希望共同享受这种乐趣，也许低坐姿更容易体验速度带来的快感。另外，上世纪 60 年代开始提倡性别平等，这款无论男女都能舒适驾驶的车应运而生也在情理之中，不是吗？

这是从交互层面自然而然地往上推理。请注意，不必完全还原设计师当时的想法，毕竟这是不可能的。我们只需要推理出合情合理的原因（这通常是可以做到的）。

你应该从情境层面上发问：我描述的产品特质和交互特质在什么样的情境下是合理的？什么样的视角能让交互变得有意义？这里没有对错之分。这样做的目的是让你开始留意产品，进而发现产品的交互都是在完整设定的情境中创造出来的，梳理情境能够帮助你理解为什么这件产品会存在。实际上，这正是我们想知道的：为什么这件产品会存在？为什么它是这个样子？

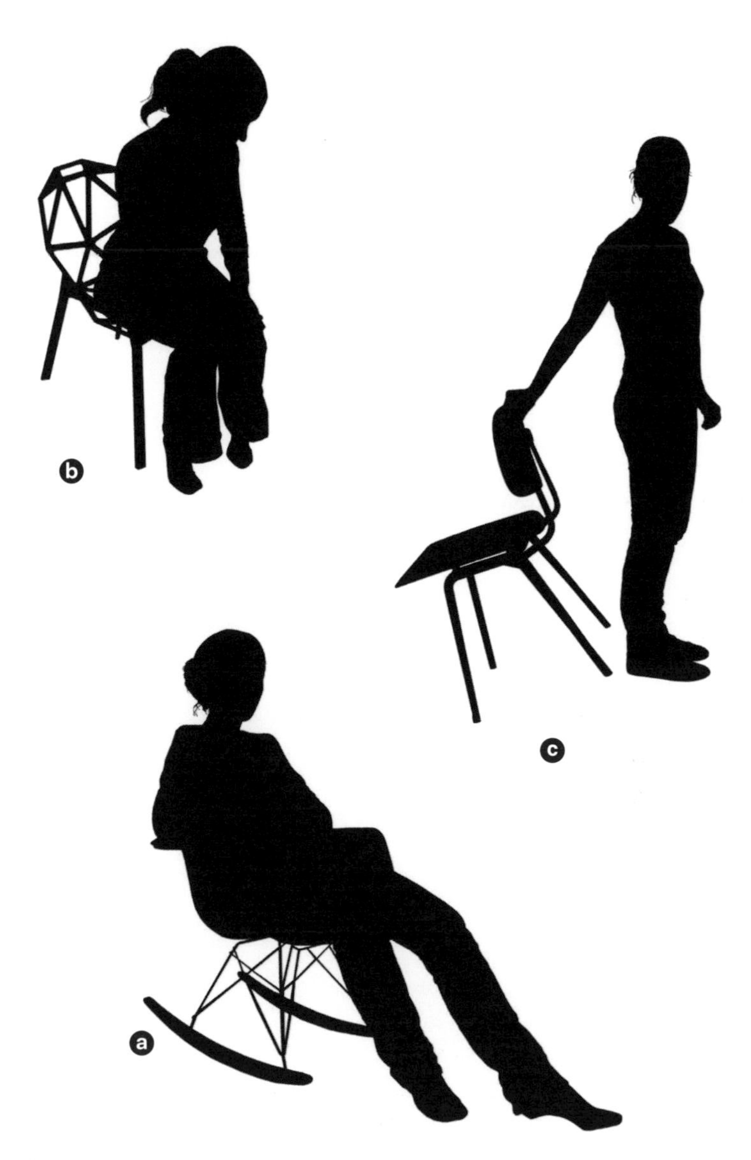

人与椅子的交互

现在回顾你描述的交互特质。能否找出让这些交互特质变得有意义的理由？例如，你从中发现了“舒适”的交互特质，那么你可以联想到一项心理学原理“人们需要安定感”。你可以接着推理，为什么人们需要安定感？什么情况下我们会感到不安定？我们喜欢家的感觉吗？通过不断设问，你能推理出越来越多的基本原理 / 原则。

以 ViP 设计法则的方式**观察**

只要坚持练习，你就能迅速地、下意识地进行类似的解构。往后，你只要一看到产品或人与产品的交互，就会推测产品设计师的思考过程。你将从习惯思考“是什么”变为思考“为什么”。

用 ViP 设计法则**设计**

简单地说，ViP 设计流程就是反过来的解构过程。当你明白产品总是一些观点和想法的映射时，你就很容易想到设计产品首先要形成作为基础的观点和想法。这就是 ViP 设计流程：从情境推理出产品。这个过程就是 ViP 三层模型的右半部分。

注释

1 请注意这三项基本原则与我们在概述中的表述稍有不同，但内容一致。这些基本原则作为“出发点”直接影响 ViP 设计法则不同阶段呈现的形式和顺序。有关各个设计阶段的介绍可以参考下一章 ViP 设计流程。

Mini Cooper汽车(1959)

>ViP设计法则允许感觉和直觉发挥作用(就像艺术院校的教育一样),但同时要求学生做到有理有据,

能够对每一个设计决策做出解释（证明其合理性）。也就是说要了解决策背后的原因及其可能产生的结果。<

本章将逐步解释设计一款新产品的流程和步骤。我们会详细介绍运用ViP设计流程时可能遇到的问题，以及一系列的评估标准。这里首先对ViP设计流程的各个阶段做简单的介绍，作为后续小节的学习指南。

客户提出的设计任务往往五花八门，比如一款新马鞍、给青少年用的冷饮杯、刺激持续消费的金融服务，等等。这些设计任务通常都带有一系列的要求。这些任务和要求都是从哪里来的呢？它们通常都是基于该公司对现有产品的体验、对社会潮流的预测，以及对竞争对手的观察。然后它们就被简单地转换成一个个设计任务和设计要求，并被寄予厚望。作为设计师，你可以选择根据客户的要求设计马鞍和水杯。你也可以用创新的材料，做出新颖的造型，或者想出一个好点子，总之能让客户满意。这样做设计并没有错。只不过，如果你习惯这样的设计流程，那么 ViP 设计法则可能不适合你。

请记住，设计首要的出发点是定义你想创造的愿景——对未来世界的合理预见。设计不仅仅是为了应付需求而创造东西。换句话说，设计的出发点是建立根基——让最终设计拥有存在的理由。ViP 设计法则只适合那些重视并愿意承担这一责任的设计师。

ViP 设计流程可以用上一节介绍的三层模型描述。在做具体解释之前，我们首先从初学者的角度来看看它的流程和步骤。

初次运用 ViP 设计法则的人最好按照模型描述的流程开展设计。等你熟悉整个流程后，可以更灵活地运用它，比如跳过某个步骤或者添加一个步骤。ViP 设计流程的主要目标是理解和实现设计出发点——本书概述中定义的基本原则和价值。设计步骤是在这些原则和价值的指导下完成的。你完全可以在不考虑 ViP 核心价值（自由、责任、真实）的情况下运用 ViP 设计法则。这样做也许能取悦客户和市场经理，但是决不会给你带来那种作为设计师和个人的成就感，而这种成就感本来是运用 ViP 设计法则可以带来的。ViP 设计流程是为了帮助你最大限度地发挥核心价值的作用，而不是忽略它们。

三层模型展示了 ViP 设计法则最基本、最典型的三个层面：情境、交互、产品。三层模型表明任何产品设计方案都是人与产品交互的映射，或者说体现在交互之中。同时，产品和交互又反映了设计情境。交互处于情境与产品之间，是至关重要的中间层。只有在交互中产品才能获得生命。

理解了这些联系，我们就能很容易地从过去（对应三层模型左半部分）和未来（对应三层模型右半部分）的角度来看待产品及其所处的情境。三层模型的左半部分代表过去和现在。在动手设计之前，很有必要参考已有的产品，这个过程

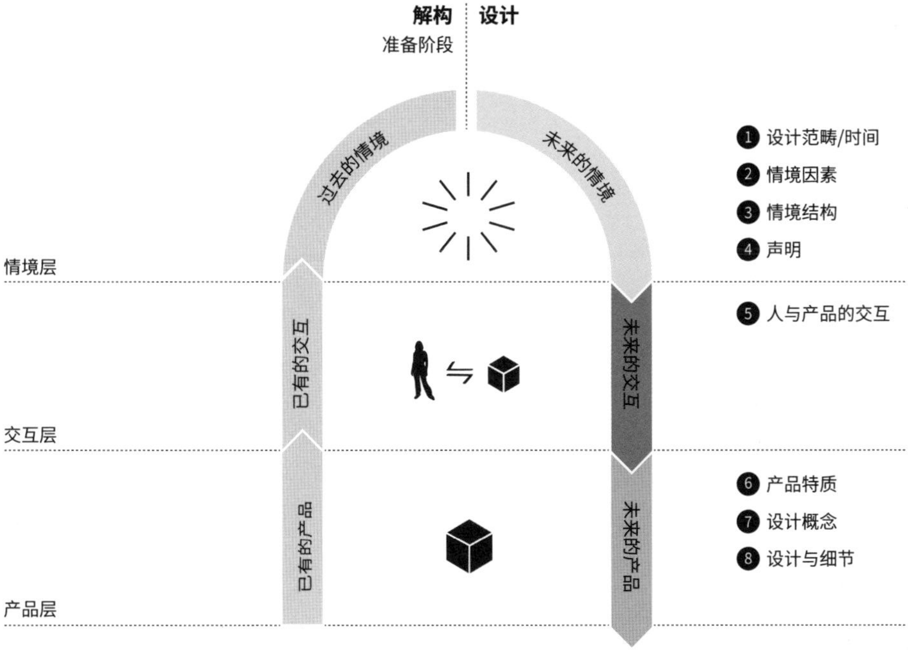

解构 **设计**

准备阶段

过去的情境

未来的情境

情境层

已有的交互

未来的交互

交互层

已有的产品

未来的产品

产品层

❶ 设计范畴/时间

❷ 情境因素

❸ 情境结构

❹ 声明

❺ 人与产品的交互

❻ 产品特质

❼ 设计概念

❽ 设计与细节

ViP三层模型包含的8个步骤

称为解构。我们将在下一节详细介绍。

三层模型的右半部分对应的是实际设计过程，也就是从情境推理出设计方案的过程。首先，设计师预想一个新的情境，然后考虑什么样的交互适合这个情境，最后设计产品来实现这些交互。

多年来，我们在三层模型的基础上逐渐增加了一系列中间步骤。这些步骤能够协助你完成从情境到交互，再到设计的过渡。整个设计过程可分为 8 个简单的步骤。在详细介绍每个步骤之前，我们先看模型的左半部分，了解在开始设计之前，你需要准备些什么。我们将在下一节详细介绍。

准备阶段：解构

面对设计任务时（无论是自己的项目，还是客户的项目），你脑海中必定会闪现一些设计想法。如果客户请你设计洗碗的刷子，或者某种洗碗的工具，你多半会想到（客户也会想到）洗碗刷、刷锅的钢丝绒和其他已有的用于清洁碗碟的产品。即使设计任务没有明确定义设计结果，比如设计能帮助人们找到喜欢的音乐的产品，你脑海中也会闪现一些已有的产品，比如杂志上的流行音乐排行榜、last.fm 一类的网站，或者播放热门音乐的电台。在动手设计（定义设计范畴）之前，我们建议先对这些熟悉的、已有的产品进行解构。

解构是分析已有产品，然后问自己为什么会有这样的设计。

要回答这个问题，首先要从产品层面描述已有产品，包括产品的硬件特征（比如侧面有按钮，是塑料材质的），以及它展现的内在特质（比如温暖、结实、温和、友善、复杂、亲切、可靠等）。产品展现的特质，不仅是指它的使用方式、用途、使用提示，也是指它的喻义，比如它能唤起什么样的联想，它看起来有什么样的“个性”，等等。这些特质很重要，因为它们从很大程度上决定了人们使用产品的交互和体验[1]。

充分理解产品传达的信息后，就可以从交互层面进行解构了。

交互层面的解构不再孤立地看待产品，而是将其使用场景图像化：用户是如何与产品交互的？是使用它、把玩它，还是仅仅握着它？描述交互并不容易，需要多加练习（参考上一章“ViP 设计法则导论”）。多加练习，你就能自如地描绘人们使用产品的交互画面:平稳顺利、断断续续、像玩一样、端庄稳重、无拘无束、热情洋溢、安全可靠、专心致志、符合直觉……

我们的语言在描述交互时显得格外贫乏。必要时，你可以创造一些词汇，比如把交互描述为“像果冻一样的质感”或者“有绵绵不绝的感觉”,是不是很形象呢?

一旦你完成了从产品层面和交互层面描述已有产品，你就可以进入解构的最后阶段了：设计师设计这个产品时面临的情境是什么？请试着找出那些引导设计师如此这般设计的因素。

设计师当时是怎么考虑的？他是怎样看待这个世界和产品的设计范畴的？他有什么样的标准、观点、价值观？你认为他是如何看待用户及其需求和愿望的？这里强调“你认为”是因为我们只能尝试重构设计师当时可能的想法。由于这些想法和理由很少记录在案，我们只能借助细心的分析和推理进行重构。

这样做是为了找出产品为什么会具有这样的交互特性，是哪些因素引发了这样的设计。你的答案没有对错之分。将解构作为设计的准备阶段有很多优点。首先，从分析已有的、熟悉的产品开始是比较轻松的,总比一开始就跳进陌生的领域要好。解构是热身，它能让你愉快地进入设计范畴。

其次，解构能将你的思维从先入为主的预判和成见中解放出来，而这些成见可能会不知不觉地影响你的设计。通过复原已有产品的情境，你也许会到达一种境界：不再想 X 类的产品应该有 Y 这样的属性。在情境层面，你思考的不再是产品和属性，而是有关人、生命、文化、自然、社会、科技的各种想法、概念、观点。当你看到这些潜在因素后，你将感受到并最终发现各种新的可能性。

产品以往所处的情境以及由此产生的设想可能已经过时。这些设想在当时也许是有效的，现在却不合适了。这也许是因为世界发生了改变，也许是因为我们看待世界的方式发生了改变。

以复印机为例，最初设计复印机时，设计师可能考虑的是复印效率和职业化，认为“用户只对结果感兴趣，不在乎过程”。然而在 21 世纪的今天，我们也许对办公室生活和办公设备有了不同的要求 [2]。

再举一个例子，20 世纪 90 年代初设计婴儿推车时普遍的考虑是人们喜欢便宜的产品、人们需要带孩子出门、人们希望简单易用。因此，当时市面上出售的婴儿推车都是便宜的、可折叠的、易于收纳的“运输工具”。荷兰设计师 Max

Barenbrug 是一位自发的 ViP 设计师，他重新审视当下的情境，发现时代已经变了。越来越多的父母双方都要工作，因此他们陪孩子的时间越来越少。作为补偿，父母都想给孩子最好的东西。此外，城市环境越来越拥挤，这对婴儿推车的灵活性和通过性提出了更高的要求。根据新的情境，Max 设计了奢华的 Bugaboo 婴儿推车。它为婴儿提供更舒适的空间、更安全的保护，也更方便家长使用。尽管 Bugaboo 的价格是普通婴儿推车的五倍，它还是成为全球热销产品，甚至还登上了电视连续剧《欲望都市》。

从情境层面思考问题能让你发现新的机遇和可能性，从而激发新的设计灵感。

现在你已经准备好进入 ViP 设计法则的第一步了：定义设计范畴。

接下来逐一介绍 ViP 设计法则的 8 个步骤。每一步都会提示你应该做什么，需要做出什么样的决定，以便进入下一步。我们不会告诉你必须做什么，而是帮助你在正确的时间提出合适的问题。这里也没有明确的标准用于评估每一步何时完成。只能根据下一步的内容以及对全局的审视来判断是否继续。反复运用 ViP 设计流程后，你自然会找到感觉：何时可以进入下一步。

第❶步：定义设计范畴

为了评估你运用 ViP 设计法则时的所见所思（我们称之为因素），首先需要定义一个设计范畴。所有 ViP 设计过程必须从定义设计范畴（你希望有所贡献的领域或范围）开始。

有些设计范畴是用产品类型描述的，比如帮助父母带婴儿出门的产品、将数码照片分类的设备等。通常，设计范畴的定义应该尽可能宽泛，避免像前面这样提到具体的产品功能和用户。较宽泛的设计范畴可以是厨房用品（对应更广的产品类别）、下厨（对应一类活动）、社会凝聚力（对应社会现象），它们一样可以引导你设计出想要的产品。设计范畴就像透镜，你通过它去看这个世界。很明显，设计范畴定义得越宽泛，要观察和考虑的因素就越多。以社会凝聚力为例，各种各样的社会发展趋势和社会文化原理 / 原则都会对它造成影响，一切能增强凝聚力的因素都应该考虑进来。

Bugaboo婴儿推车

客户通常会以设计目标或问题的形式给定设计范畴，这些目标和问题已经预设了解决问题的方向，但这个方向很可能是基于有限的信息和先入为主的概念。遇到这种情况，应该争取将目标和问题定义得更宽松一些，从而得到更宽泛的设计范畴。记住，设计是探索未来的可能性，而不是仅仅解决今天的问题。为了扩大探索范围，必须争取更开放的设计范畴。如果客户要求设计一款满足当下消费者需求的新电视机，你可以试着与对方协商拓宽设计范畴，比如可以收看电视节目的装置，甚至新的家庭娱乐方式。设计范畴不应该是一个现成的、定义含糊的解决方案，而应该像地图一样引导你探索情境以及情境中的各种因素。

再举一个例子，假设宝马公司请你设计一款像雷诺 Espace 那样的 MPV（多用途汽车）。这样的设计任务几乎没留下任何可以探索的余地。如果你能争取将设计范畴定义为一辆为家庭设计的、方便出行且能让家庭关系更融洽的汽车，那么你就有机会研究大众的家庭生活，以及当下和未来的家庭形态的发展和变迁。当然，设计范畴定义得越宽泛，用于探索因素的时间也就越长。

此外，设计范畴的定义必须与客户的设计目标或任务一致。以设计 MPV 为例，重新将设计范畴定义为“家庭出行方式”可能会带来更好的设计结果，但也可能带来与汽车厂商无关的解决方案（比如帮助交管部门解决交通问题），而这必定无法让汽车厂商满意。我们的经验是在客户允许的前提下，尽量拓宽（抽象）设计范畴，同时别忘了项目的期限。

前面已经提到，设计任务最好不要预设目标用户，除非设计范畴内的用户群体有着明确的特征，比如婴儿推车的用户群。（除了家长还有谁会用这种推车呢？）然而在大多数情况下，预设目标用户是没有意义的，这样做会给设计增加不必要的障碍[3]。

再举个例子，假设客户要求为大学生设计一款新笔记本电脑。我们就不禁要问为什么要把大学生作为目标用户呢？这个群体有什么特别的属性，以至于要为他们单独设计笔记本电脑？是因为他们经济拮据吗？手头不宽裕的并非只有大学生啊。难道是因为他们丢三落四，不珍惜东西？大多数人都是这样呀。如果没有合适的理由，也就是说用户群没有独特的属性，以至于要为他们单独设计解决方案，那么最好不要预设用户群。稍后我们会谈到，更可取的办法是让情境因素来决定为谁设计，为谁的需求、习惯、能力设计。

最后，在定义设计范畴的同时，还要估计设计期限。一款计划明年推出的产品与一款计划十年后推出的产品，两者要考虑的因素大相径庭。因此，一定要了解客户的产品上市期限。此外，还会有各种社会、科技、文化方面的因素迫使你缩短设计时间，否则就无法帮助客户完成目标。进入第❷步后，对设计期限的估计会变得更加明确。

第❷步：收集情境因素

定义情境从收集和制作“积木”开始。“积木”也就是我们所说的各种因素，包括我们的观察、想法、意见、理论、定律、信仰等。因素的来源很广，既可能来自你和朋友的想法，同事和专家的意见，也可能来自报纸、网络、图书、电影、杂志等任何渠道。因素可以是大多数人承认的事实，也可以是极具争议的现象。因素并不直接说明最终产品是什么样子或具备什么功能（在这个阶段，我们对产品还毫无概念），但它们在不同程度上指向（可能的）解决方案，比如“种有植物的环境有助于减压”。因素是对你看到的现象的中立描述，它们不应包含道德上的评判，也不涉及你认为世界应该是什么样的立场。尽管如此，稍后我们会看到你对因素的选取在很大程度上仍然受到你个人的价值观影响。情境定义好后，你将决定如何回应它（请看第❹步）。

接下来我们以下厨为例，看看这个设计范畴内的因素。一个有趣的因素是：现今发达国家的人每周都要花宝贵的时间下一次厨房。这个趋势显然与下厨有关，而且很可能会持续下去。你是否看到（或感受到）这个趋势会给人们下厨的方式带来什么影响？如果人们一周只下一次厨，这必定会极大地影响他们做饭或准备食材的方式。你还可以更深入地考虑是否还有其他相关的因素。

来看一个因素：1 千克肉所能产生的二氧化碳相当于汽车行驶 50 公里排放的二氧化碳。虽然汽车越来越节能了，但这个原理大致还是适用的。这个因素跟设计范畴有关吗？理解它能帮助我们设计出不同的、与下厨有关的产品吗？你也许会发现其中有意思的联系。

再考虑另一个因素：人们越来越重视真诚和真实的感觉。这是一个有趣的趋势，它会对我们准备食物的方式产生巨大的影响。你认为呢？

以上这几个例子展示了不同种类的因素，以及衡量其影响和价值的标准。

因素可以是变化的，比如趋势和发展；也可以是稳定的，比如常态和原理/原则。因素可以是人们的思考、感受或行为（心理因素），也可以是人们交往的方式（社会因素）。因素也许会涉及经济、科技、生物、神学等各种领域。因素可以非常接近你所定义的范畴，比如“做饭次数”这个因素与下厨这个设计范畴很接近。因素也可以与设计范畴看似无关，比如肉和汽车的二氧化碳排放量的比较。因素还可以是社会心理学原理，比如在一些复杂的事情上，像买房，人们应该少依赖有意识的深思熟虑，而多凭感觉做决定[4]。这条原理看起来跟下厨毫不相关，它会影响最终设计吗？在这个阶段，我们还很难说不会。

有关因素的分类后面还会详细介绍。这里先介绍怎样收集和选择因素。

我们已经说过因素的来源很广，那怎样确定你找到的因素是“正确”的呢？首先，因素必须与设计范畴相关。

大多数时候，因素与设计范畴的相关性并不那么明显，但你可以凭借直觉确定一个因素是否能让你从新角度理解设计范畴。如果你有这样的直觉，请相信它！先把这个因素留下，之后再试着解释为什么你认为这个因素是相关的。往后，你可能还需要向客户解释为什么做这样的选择。

其次，你选择的因素必须是自己认为有意思的，能让你觉得激动的，让你觉得自己正在创造一些最前沿的东西。如果你对某个因素毫无兴趣，可以考虑先将它放在一边。以下厨这个设计范畴为例，虽然“人们不想受伤”是相关因素，但这样显而易见的因素能带来新视角吗？你选取的因素应该能让你感觉（或认为）它能将设计引向新的高度或有趣的方向。显然，做到这一点需要设计师有丰富的经验。

与其将“避免受伤”视为因素，不如把它看成一种要求或限制条件。类似这样的限制条件还包括各种法律法规、现有生产条件、人体工学结论等。大多数设计项目都必须遵守这些限制条件。最好在设计之初就把这些限制条件都列出来，然后安心地把它们放在一边。当你要做决定时，自然会想到这些限制条件。这样它们就能发挥应有的作用了。

最后，是否保留某个因素还要看它的原创性。ViP 设计法则高度重视原创性。原创性代表革新和对未来的探索。注重收集原创性的因素能极大地提升解决方案的创意。不过别忘了原创性不仅要求新颖，也要求合适。

因素所在领域 →

	文化	心理学	人口	社会学	经济学	生物学	进化学	科技	……
发展	3	-	4	-	2	-	-	1	
趋势	1	-	-	-	-	-	-	1	
常态	4	-	-	2	1	-	-	-	
原理	1	8	-	4	3	7	3	-	

用来统计情境因素的表格，数字代表满足条件的因素数量

生理

- 人体正面是最脆弱的（让孩子面朝自己，将其抱紧，更利于保护）（原理）
- 学会走路后儿童活动范围变大，这会刺激幼儿心理和运动技能的发展（原理）
- 两岁的孩子很难静坐超过 15 分钟（原理）
- 妈妈除了心理上的疲惫，更主要的是体力上的支出，如托、抱、爱抚孩子（原理）
- 孩子的世界从只有妈妈扩展到客厅，然后扩展到外面的世界（原理）
- 妈妈在怀孕的第二或第三个月就会表现出筑巢的本能（原理）
- 大脑与身体不断地交互，它们共同决定身体状况（原理）

进化

- 自己的孩子总是全世界最聪明最漂亮的（原理）
- 别人家孩子的体液比自家孩子的“脏”（原理）
- 幼儿的哭叫声能强烈地唤起父爱和母爱（原理）

心理

- 人面临的选择越多，做出选择的可能性就越低（原理）
- 儿童推车的一个重要功能是限制孩子的活动（原理）
- 父母都希望能做到随时响应孩子的需求（原理）
- 不可能做到对孩子毫无闪失的照顾（原理）
- 孩子成长的每一步都经历四个阶段：为别人做；跟别人一起做；在一旁羡慕；为自己做（原理）
- 光看别人开车，自己是学不会的（原理）
- 父母会强迫自己调节情绪（原理）
- 拥抱、安抚、洗澡、哺乳这些活动会强化“我是好母亲 / 父亲”的想法（原理）
- 人类能够迅速将物品变成自己的一部分（原理）
- 养育孩子的过程必然会出现冲突和争吵（原理）
- 父母与孩子相处的四成时间与“不听话”有关（原理）
- 年轻父母在婴儿出生的头几个月里是非常没有安全感的（原理）
- 父母养育孩子主要有五个方面：保护孩子安全；照顾孩子；不让孩子离开视线范围；给孩子提要求；给孩子设定限制（原理）

文化

- 孩子对父母自由行动的牵绊越来越小（发展）
- 儿童推车越来越多地成为个人身份的象征（趋势）
- 近十年来，父母陪孩子的时间增加了（发展）
- 对心理学语言的理解和运用已经渗透到我们的日常生活里（发展）
- 父母总是希望把最好的东西给孩子，也希望孩子做到最好（状态）
- 我们的文化传统是孩子的一切“不听话”行为都应该被纠正（正如发展心理学家提倡的）（状态）
- 我们的文化传统是养育孩子应当顺其自然（状态）
- 人们认为孩子的行为反映了家长的教育能力（状态）
- 专家和名人在推销产品时能发挥重大作用（原理）

统计

- 女性首次生育的年龄在不断推迟（发展）
- 人们当上祖父母的年龄也越来越大（发展）
- 每个家庭的孩子数量在减少（发展）
- 生育第一个和第二个孩子的时间间隔在变小（发展）

科技

- 体外授精（IVF）的广泛运用使双胞胎数量出现增长（发展）
- 儿童推车配备的附加组件越来越多（如杯架、GPS 导航）（趋势）

社会学

- 父母热衷于与其他父母分享育儿经验（状态）
- 口碑的建立主要依靠的是易于描述的理由（原理）
- 父母和祖父母喜欢自己孩子引人瞩目的感觉（原理）
- 养育一个孩子需要许多人共同付出（原理）
- 孩子的不当行为能引起父母的反思（状态）
- 养育孩子需要：健康的社会；良好的人际关系；自我反省的能力；作为“好父母”的经历（原理）

经济

- 儿童推车通常是在妈妈怀孕五个月后购买的（状态）
- 儿童推车通常是父母双方共同商议购买的，这增加了理性购物的倾向（原理）
- 人们在决策过程中往往会用语言描述理由，但一些难以用语言表述的、潜意识的理由同样也很重要（原理）
- 随着知识经济的繁荣，工作已经更多地成为一种脑力劳动，而不是体力劳动（发展）
- 人们害怕做出错误的决定（原理）
- 劳动力市场对地域流动性提出了更高的要求，年轻家庭靠近祖父母居住的比例越来越低（发展）

未来父母养育孩子的情境
（KVD设计事务所为EasyWalker儿童推车收集的情境因素，简化版本）

一个因素具有新颖、独特、涵盖范围广的特点还不够，它还必须是合适的（合适的概念与前面提到的相关类似）。此外，判断原创性的标准是相对的，它与设计范畴有关。在游戏和运动领域，“人们想要挑战自己，展现自己的极限实力”这样的因素谈不上什么原创性。如果把这个因素运用到下厨，它就变得很新颖了（前提是你能看到其中的联系）。

通常，你脑海中最初浮现的因素不一定具有合适的形式，需要花时间调整和组织，才能让它完全表达你的想法。以下厨为例，假设你想到一个因素“人们有将不同的文化引入厨房的趋势”，这个因素就不够具体。为什么说不够具体呢？因为它没有说明引入的是其他文化准备食物的方式，还是使用的食材，还是指完全不同的菜系。要善于向自己提问（或者请别人向你提问），这样你才能把你想到的因素表达得更准确。

你还可以问自己是什么样的原因引发了这样的因素（发展或趋势）？为什么人们要把不同的文化引入厨房？是因为他们喜新厌旧，需要不断变换花样吗？还是好奇心驱使他们追求新奇的东西？还是想尝试新的、对身体健康有益的饮食方式？找出发展和趋势背后的原理 / 原则，这些原理 / 原则也许比趋势本身更有意义，更值得放到情境里。

我们想强调的是，不要不经判断就轻易对一个因素做出取舍。为了把因素最合适、最新颖、最具原创性的一面展示出来，你需要对它进行仔细的分析和定义。

在选择科技因素时尤其需要注意。首先，考虑该科技因素是否必须放到最终设计里。如果是，那么该科技因素就变成了要求或限制条件（将极大地限制最终设计方案）。在这种情况下，它应该作为限制条件（暂时放在一边），而不是作为情境因素加以考虑。

其次，你所考虑的科技因素有可能反映了某些有趣的原理 / 原则。如果是这样，最好将原理 / 原则本身作为情境因素。例如，你也许想把 GPS 技术放到情境里。GPS 可以精确定位，让人们随时知道自己（或物品）在哪里。GPS 流行是因为它满足了人们的需求，解决了人们的顾虑。这种需求和顾虑本身可以作为情境因素，而最终的设计是否采用 GPS 技术，现在决定还为时尚早。

在进入下一步之前，你应该问自己几个问题。除了考虑因素的相关性、趣味性、原创性，你还应该检查收集的因素是否具有多样性。通常，设计范畴会诱导你在某些特定的领域内寻找因素（如心理学和生物学领域），从而让你忽略其他潜在领域。同时，我们自己的好恶也会影响对因素的选择，比如有些人更关注趋势类因素，而忽略可以带来新视角的其他类型的因素。

你还可以检查所选择的因素是不是既有直接跟设计范畴相关的，也有一些看起来不相关的。只选择与设计范畴直接有关的因素会导致情境变得很容易预测，同时那些看起来不相关的因素的潜在影响有可能被忽略。第一眼看上去跟设计范畴毫不相关的因素，也许最后会成为最具原创性和影响力的因素。

我们阐述了什么是因素，以及取舍因素的标准。最后我们谈谈何时停止收集因素。从理论上说，情境所包含的因素可以是几个、几十个，甚至几百个。情境包含的因素数量和因素类型都没有限制。收集多少因素完全取决于你能投入多少时间进行设计，你对穷尽所有可能性的愿望，以及你的灵感。也许最后的情境设定只包含几项发展和趋势，却有很多原理 / 原则（或者正相反），也许大部分因素都属于心理学或经济学领域，这些情况都是允许的。

收集完因素并不代表情境已经构建好了，这些因素必须组合起来才能构建情境。这正是下一步的目标。

第❸步：构建情境

有最好的食材并不代表能做好一道菜；十一位有实力的足球运动员不一定能组成一支默契的球队；一串音符与一首优美动听的曲子不是一回事。同样，收集到合适的因素并不一定能构建出你想要的情境。这些因素要有机地组合起来形成一个整体，才能发挥作用。

读者可能已经发现我们喜欢美学原理。美学原理不仅可以用来指导最终的产品设计，也能指导前期的、概念化的设计。我们认为一切美学原理之首是“多样化中的统一性”，意思是在允许多样化的同时保持协调和统一。一切人类的创造物（从平面设计到建筑设计，从穿衣打扮到装修客厅）都体现了这一原理。因此，美学上让人赏心悦目的情境既要容纳多种多样的因素，又要展示出这些因素之间的联系。ViP 设计流程的第❸步就是要实现这样连贯统一的结构。

探索世界

- 学会走路后儿童活动范围变大，这会刺激幼儿心理和运动技能的发展（原理）
- 孩子的世界从只有妈妈扩展到客厅，然后扩展到外面的世界（原理）
- 孩子成长的每一步都经历四个阶段：为别人做;跟别人一起做;在一旁羡慕;为自己做（原理）

生儿育女推迟

- 近十年来，父母陪孩子的时间增加了（发展）
- 女性首次生育的年龄在不断推迟（发展）
- 每个家庭的孩子数量在减少（发展）
- 生育第一个和第二个孩子的时间间隔在变小（发展）
- 体外授精（IVF）的广泛运用使双胞胎数量出现增长（发展）

文化传统

- 孩子的不当行为能引起父母的反思（状态）
- 父母总是希望把最好的东西给孩子，也希望孩子做到最好（状态）
- 我们的文化传统是养育孩子应当顺其自然（状态）
- 人们认为孩子的行为反映了家长的教育能力（状态）

思维方式

- 儿童推车通常是父母双方共同商议购买的，这增加了理性购物的倾向（原理）
- 随着知识经济的繁荣，工作已经更多地成为一种脑力劳动，而不是体力劳动（发展）
- 人们在决策过程中往往会用语言描述理由，但一些难以用语言表述的、潜意识的理由同样也很重要（原理）
- 口碑的建立主要依靠的是易于描述的理由（原理）
- 人面临的选择越多，做出选择的可能性就越低（原理）

经验

- 对心理学语言的理解和运用已经渗透到我们的日常生活里（发展）
- 妈妈除了心理上的疲惫，更主要的是体力上的支出，如托、抱、爱抚孩子（原理）
- 大脑与身体不断地交互，它们共同决定身体状况（原理）
- 人体正面是最脆弱的（让孩子面朝自己，将其抱紧，更利于保护）（原理）
- 人类能够迅速将物品变成自己的一部分（原理）

追求享乐

- 儿童推车越来越多地成为个人身份的象征（趋势）
- 孩子对父母自由行动的牵绊越来越小（发展）
- 儿童推车配备的附加组件越来越多（如杯架、GPS 导航）（趋势）
- 专家和名人在推销产品时能发挥重大作用（原理）

养育孩子需要许多人共同付出

- 人们当上祖父母的年龄也越来越大（发展）
- 养育孩子需要：健康的社会；良好的人际关系；自我反省的能力；作为“好父母”的经历（原理）
- 劳动力市场对地域流动性提出了更高的要求，年轻家庭靠近祖父母居住的比例越来越低（发展）
- 养育一个孩子需要许多人共同付出（原理）

亲子间的对抗

- 父母会强迫自己调节情绪（原理）
- 养育孩子的过程必然会出现冲突和争吵（原理）
- 我们的文化传统是孩子的一切“不听话”行为都应该被纠正（正如发展心理学家提倡的）（状态）
- 儿童推车的一个重要功能是限制孩子的活动（原理）
- 两岁的孩子很难静坐超过 15 分钟（原理）
- 父母与孩子相处的四成时间与“不听话”有关（原理）

进化与行为

- 自己的孩子总是全世界最聪明最漂亮的（原理）
- 年轻父母在婴儿出生的头几个月里是非常没有安全感的（原理）
- 父母和祖父母喜欢自己孩子引人瞩目的感觉（原理）
- 别人家孩子的体液比自家孩子的“脏”（原理）
- 幼儿的哭叫声能强烈地唤起父爱和母爱（原理）

责任

- 不可能做到对孩子毫无闪失的照顾（原理）
- 父母都希望能做到随时响应孩子的需求（原理）
- 妈妈在怀孕的第二或第三个月就会表现出筑巢的本能（原理）
- 儿童推车通常是在妈妈怀孕五个月后购买的（状态）

在体验中学习

- 父母热衷于与其他父母分享育儿经验（状态）
- 父母养育孩子主要有五个方面：保护孩子安全；照顾孩子；不让孩子离开视线范围；给孩子提要求；给孩子设定限制（原理）
- 光看别人开车，自己是学不会的（原理）
- 拥抱、安抚、洗澡、哺乳这些活动会强化“我是好母亲 / 父亲”的想法（原理）
- 人们害怕做出错误的决定（原理）

未来父母养育孩子情境因素的分类

首先，考虑是否可以对因素进行分类。如果因素的数量超过 10 个（普通的设计项目很容易达到这个数量），就需要化简多样性（复杂性）以便从整体上把握情境。这有点像统计学的因子分析或主成分分析。

从定性分析角度来看，对因素分类做的是相同的事。因素之间可能呈正相关或者负相关，还可以从其他角度对它们进行分类。通常，我们把因素分为两类：

- 普通类：指向同一方向的因素，能共同形成一个大因素。例如，你在某个设计范畴内找到了如下因素：人们去健身中心更频繁了；市场对维生素的需求增大；许多人想购买有机食品。你可以将这些因素合并成一个大因素：人们希望改善自己的健康状况。
- 新兴类：看似不相关的因素，放在一起却能让一个全新的因素浮现出来，而且这个新因素是无法从单个因素推导出来的。例如：青少年每天花两小时玩游戏；员工的加班时间越来越长。这两个因素可以合并为一个新因素：家庭生活逐渐瓦解。

对因素进行分类是必要且有价值的，但也存在风险。你对单个因素的细致定义在合并的过程中似乎丢失了。这种丢失当然不是我们希望看到的。我们的目标是既保留这些独立的因素（珍惜它们带来的多样性），同时也发现它们形成或指向的新因素，这才符合“多样化中的统一性”。统一不应该牺牲多样化，而应该充分发挥多样化的作用。

在分类的过程中，你可能会发现有些因素跟其他因素毫不相关，你可以选择放弃这些因素，也可以把它们归为一个独立的类别（前提是你觉得它们有价值）。你还会发现有些因素看起来更重要、更显著，这样的因素可以作为某个分类的核心因素。

请注意，尽管我们可以把因素划分成各种普通类和新兴类，但不应该就此忽略组成每个类的基本因素，它们在接下来的步骤中可能还会发挥重要的作用。

在划分多少个类合适的问题上，我们没有明确的要求。总的指导原则是通过分类减少因素的数量，同时又不能丢失因素的多样性和差异性。每个分类（大因素）

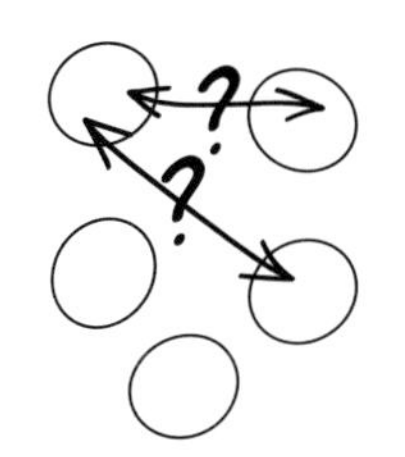

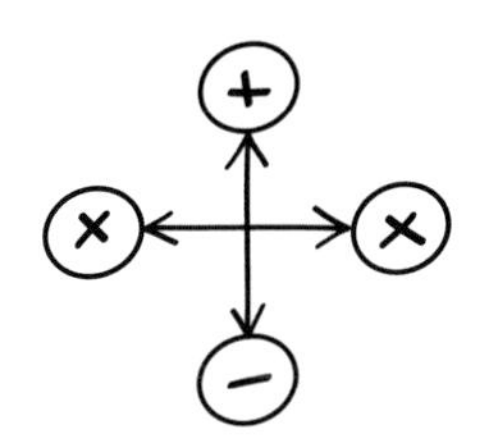

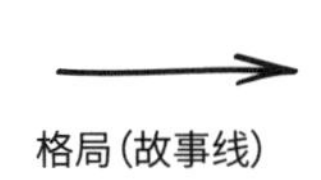

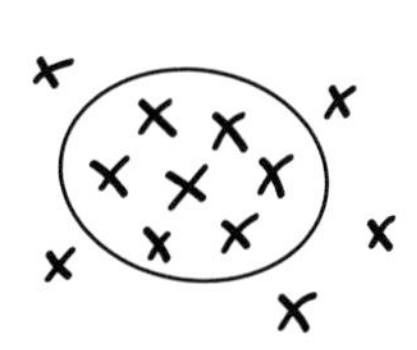

因素/大因素的组合方式

应该能够清晰地代表你将要构建的部分情境。同时，每个分类（大因素）也应该像基本因素一样具备原创性、相关性、趣味性。

分类完成后开始探究分类（大因素）之间的联系。如果收集的因素少，那么每个因素就是一个独立的分类。分类可能会指向同一方向，也可能相互冲突。有些分类可能还会形成因果关系。像基本因素一样，大因素也可以进一步进行组合，这里介绍两种最常见的组合方式：

- 格局（故事线）：从全局的角度看大因素也许会发现一些格局（故事线），它们将某些大因素连成一个故事。这些故事也许最终会形成主题，就像电影和歌曲那样，有一条贯穿的主旋律。
- 维度：如果某两个大因素之间存在冲突和对立，可以将它们作为一个维度的两极，代表两种不同的未来方向。有时，也许需要两个以上的维度才能安置所有的大因素，但我们建议，为了便于展示和解释，两个维度通常是最好的选择[5]。

我们介绍了几种降低因素多样性和复杂性的方法，以便发现其中的格局，找到统一的结构描述要构建的情境[6]。如果进展顺利，你将看到一个清晰、连贯的未来世界，而且你很可能已经从中发现改变世界的机会和突破口。到目前为止，我们一直在压制这种想要改变事情的愿望。进入下一步后，你终于可以决定如何对新的情境做出回应了。

第❹步：定义声明

设计师不可避免地会在设计中加入自己的立场，完全客观中立的设计师是不存在的。有太多事实（或因素）要考虑，有太多决定要做。设计师个人的价值观、信仰、道德观念在很大程度上决定了做什么和不做什么。ViP 设计法则的一个关键目的是让设计师明确自己的价值观和信仰，让设计师意识到自己为什么要选择某一立场，并且认识到该立场会对设计带来什么影响。

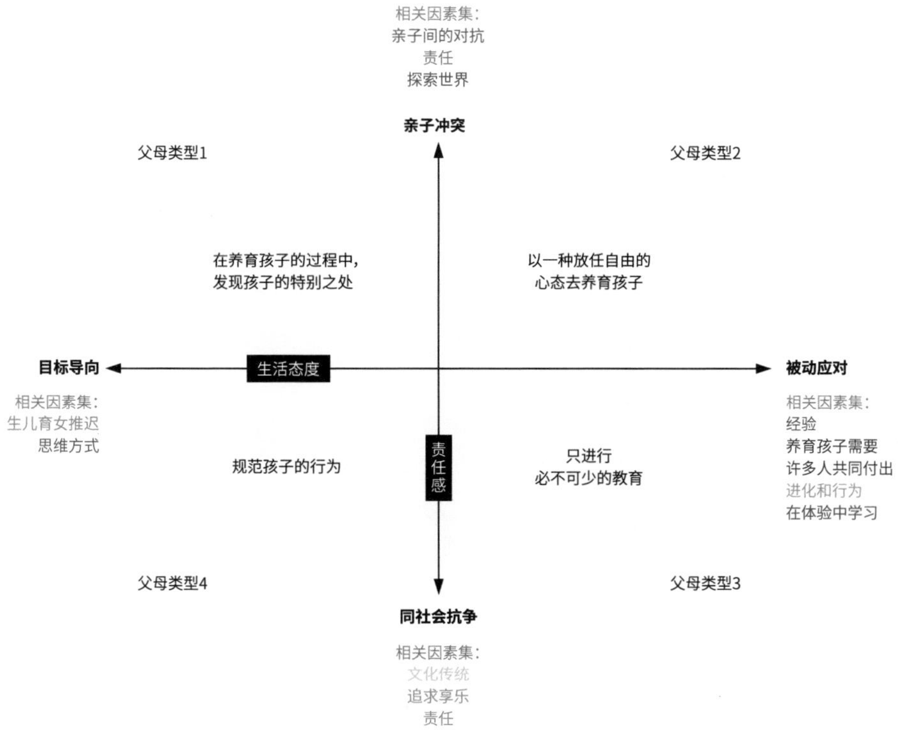

相关因素集：
亲子间的对抗
责任
探索世界

亲子冲突

父母类型1

父母类型2

在养育孩子的过程中，
发现孩子的特别之处

以一种放任自由的
心态去养育孩子

目标导向

生活态度

被动应对

相关因素集：
生儿育女推迟
思维方式

相关因素集：
经验
养育孩子需要
许多人共同付出
进化和行为
在体验中学习

规范孩子的行为

责任感

只进行
必不可少的教育

父母类型4

父母类型3

同社会抗争

相关因素集：
文化传统
追求享乐
责任

未来父母养育孩子的情境结构

在收集、生成情境因素的过程中，你已经做了很多个人的、体现自身立场的决定，比如保留一些因素，舍弃另一些因素。你还决定了怎样对因素分类，从中找出维度和格局（故事线）。这些决定其实都体现了你的看法和立场，尽管你一直尽最大努力把个人的道德立场放在一边。现在是时候表明立场了，你要决定如何对你构建的世界做出回应。你支持这个情境世界吗？还是想“对抗”你所描绘的这个世界？怎样表明你的立场和回应，是支持还是反对？这就需要在你的声明中表述出来。

因为我们都是为他人设计产品，所以声明通常要说明你想在构建的情境中给人们带来什么。声明可以用这样的形式呈现：我（设计师）或我们（公司）希望人们（通过 A 或 B）感受到（看到、表达、体验、了解、做到）X 或 Y。以“做家务”的设计范畴为例，声明可以是，我希望人们在做日常家务时能够充分地展现、表达自己的个性。显然，普通的吸尘器和熨斗做不到这一点。

除了要从情境出发，好的声明应该指出新的机遇。在未确定产品具体形态和功能的情况下，指出设计方向和最终目标。声明是你第一次（以最基本的形式）定义你想往哪个方向前进，因此它是你的预见最初的组成部分。

声明既不能太宽泛，也不能太具体。比如，上面提到的声明就有点宽泛了，你可以通过解释“以什么样的方式展示个性”做进一步的说明。如果声明太宽泛，你会发现可能性太多，让人不知所措。如果声明太具体，你会觉得束缚了手脚。因此，声明往往需要反复修改。多加实践，你自然会明白什么样的声明是合适的——既不过于具体，也不过于宽泛。

当然，声明还应该是可以实现的。如果你的目标过于宏伟，最后无法实现，那也是让人沮丧的。

最后，要确保声明和声明的目标符合客户公司的策略。最妥当的做法是让客户参与定义声明。让客户了解你构建的情境，你们就可以一起决定如何对情境做出回应，这是保证设计成功的第一步，这样最终的设计更容易被客户理解和接受。最重要的是，声明应该能够激发你设计出与其相符的方案。不过在设计出那样的方案之前，还需要一些步骤。

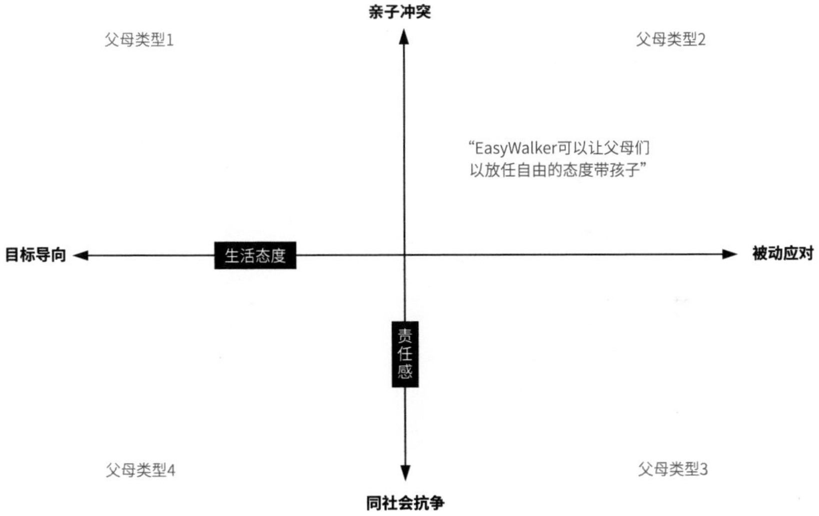

亲子冲突

父母类型1

父母类型2

"EasyWalker可以让父母们
以放任自由的态度带孩子"

目标导向

生活态度

被动应对

责任感

父母类型4

父母类型3

同社会抗争

根据家长的类型定义设计声明

ViP 设计过程的核心在于理解什么样的交互与关系适合我们的情境。

这是 ViP 设计流程最难的一步：选定一种交互方式，使之满足声明中提出的理想设计目标。你要在不考虑产品最终形态的前提下，想象用户与产品间的交互与关系。因为产品的意义只能从用户与产品的互动中产生。

这种关系是连接情境与产品的纽带。只有阐明交互方式，你才能弄清楚最终的设计如何与情境匹配（交互方式将两者联系在一起）。交互方式同时体现了用户的关注点、需求、期望，以及与之匹配的产品特质。交互方式定义了产品的使用方式和使用体验，以及用户与产品的关系所体现出的价值和意义。我们可以把用户与产品间的关系想象成“观察到的态度”[7]。理解情境、交互方式、产品之间的因果关系，对设计优秀的产品有莫大的帮助。

直接设计解决方案的风险在于结果很可能只是表面上满足声明的目标。假设声明是“我希望人们过上可持续发展的生活”，你很可能会在设计方案中加入你认为符合条件的属性、功能、规格（如选择可再生的、低能耗的材料等），但这样的产品并不一定能给人们带去可持续的生活方式。这些特质只是来自我们已经熟知的环保设计。以 Philippe Starck 在 1994 年设计的 Jim Nature 便携电视为例，这款电视跟普通电视的唯一区别在于外壳采用了环保材料，但仅仅是外壳的变化并不能让人们用可持续发展的态度看电视。

我们希望人们通过使用产品（独有的特质）来实现声明中的目标。产品仅仅是设计师实现这种愿望的工具。如果你认为用户与产品的这种关系是以“承诺”为特征的，那说明你已经想明白人们如何体验你的产品。这种体验只要符合设定的目标，就能帮助你弄清楚最终要通过哪些设计元素满足目标。

话说回来，该如何设计或定义合适的交互关系呢？交互的形式可以通过文字、图像、电影、手绘等多种方式表达。假设你选定的交互特质是“平静”。为了满足声明的目标，你可以进一步问自己是哪一种形式的“平静”。是被迫的平静、感觉上的平静，还是思维上的平静？如果这个特质不合理（不满足目标），就要尝试从其他方向来发掘理想的交互特质。

在定义交互方式的内容时，一开始你只需要跟着直觉走。让自己沉浸在情境中，同时注意保持情境与设计声明的一致性，潜意识自然会发挥作用。你只需要有意识地审视你的潜意识，捕捉脑海中的想法，然后检查是否合理。如果合理，尝试将其完善，作为对交互方式的定义。

另一种方式是在其他领域寻找类似的情形。类比可以帮助你从新鲜的视角定义交互方式。假设你的声明是“我希望养老院的老人感觉自己有价值”，你可以寻找人们感受到个人价值的其他情境（作为类比情形），然后挖掘其中哪些关系或联系有助于人们获得价值感。类比情形可以是人与产品（人造物品）的互动，也可以是人与人之间的互动。你要寻找能够将无价值的、熟悉的、不便利的特质（这些多少是老龄人的特点）转化为有意义的、有特别价值的特质的情形。

我们不妨来试一试。生日宴会、圣诞晚餐、开斋盛宴，这些可以作为类比情形吗？这几种场合下宾客的表现是什么样的？是“兴奋的”，还是“仪式化的”？这些情形适合作为类比吗？不一定！因为这些场合产生的价值感只能持续很短时间。我们不难想象，如果一个人每天都参加这样的宴会，他很快就会变得麻木，然后产生厌倦感。

我们的声明要求从一种状态（感到无价值）转化为另一种状态（感到有价值），而且能持续较长的时间。因此在类比情形的选择上，除了捕捉状态转换的特点外，还应该注意长效性。记住，类比只是帮你定义理想交互特质的“跳板”，备选的“跳板”很可能不止一种，而我们要选取最适合情境的那一种。别忘了，情境是你理解、判断、选择交互方式的基础。

让我们再想想。“翻新自家的房子”也许是合适的类比。人们通过翻新房子重新恢复它的价值，大家常常要下很大的决心，投入较多的时间和精力做这件事。从这个类比中，我们可以找到需要的交互特质：参与感、付出、成就、持续时间长。具备这些特质的交互过程更符合我们的声明。

运用直觉和寻找类比可以帮你找到最有效和最有意义的交互方式。然而一般来说，最常用的捕捉和表达交互方式的工具还是语言。用语言定义交互过程往往像一场文字游戏，不过别担心，语言和文字仅仅是对你要达成的交互过程的一种表达方式。

假设我们选定的设计范畴是“健康护理”。我们的声明是，我希望病人重新听到自己身体发出的“声音”。有些人也许会将“照顾”作为交互特质。但是将“照顾”作为产品与病人之间的关系，能够实现让病人重新感受自己身体的目标吗？看起来不行！我们要寻找的关系是让病人通过与产品的互动相信身体发出的信号。“服从”（surrender）也许是更合适的特质。如果病人要学着重新信任身体发出的信号，他必须在某种程度上做到服从。

如果你对交互特质还不满意，可以做进一步的细化，比如增加一两个词。在上面这个例子里，也许“令人抚慰的服从”（soothing surrender）更合适。它增加了舒服和放松的感觉，同时强调产品不能给病人带来压迫和紧张的体验。

最后，用来描述交互方式的特质也许不止一种，比如同时出现控制、脆弱、热情三种特质。如果你无法顾及所有元素，可以挑一个最具概括性的特质。

还是以“健康护理”为例。假设同时出现了令人抚慰的服从、全心全意的服从、受控制的服从三种特质，它们存在细微的差别，那么你必须从中选择最合适的一个。你应该能说出选择的理由，而且理由应该建立在情境因素、情境结构、设计声明的基础之上。

优化交互关系的过程就像反复地做实验和做游戏——搜索那些在项目之初就已经存在于你脑海中，却一时无法用言语和画面清楚表达的感觉（也许话已经到了嘴边，就是说不上来）。所有能引导你找到交互关系和解决方案的元素早已“存在于你心里”。当你强迫自己搜索这些语言和画面时，你会发现它们最终将准确地引导你找到合适的交互方式，因此你不必担心自己使用了奇怪的语言。唯一的判断标准是这些交互特质是否适当。

交互特质没有善恶好坏之分。你只要能解释交互关系为什么能实现声明的目标就行。ViP 设计流程的关键就是找到这种适当的交互关系。如果你得出了一些“负面”的交互描述（有时交互关系会引导人们感受“负面”的东西），也不必担心。千万不要从你个人的价值观或社会价值观出发排斥这些“负面”的交互描述（除非这种价值观是声明的一部分）。打个比方，如果你找到的适当的交互特质是“自私自利”，那么只管接受它。尽管作为一名设计师，你有创造“完美世界”的抱负（许多人这样认为），你也必须诚实地面对自己的声明。

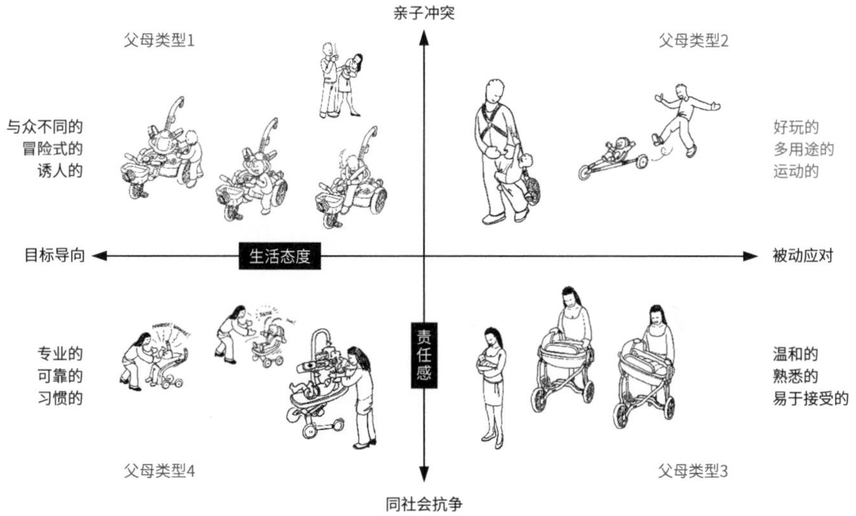

亲子冲突

父母类型1

父母类型2

与众不同的
冒险式的
诱人的

好玩的
多用途的
运动的

目标导向

生活态度

被动应对

责任感

专业的
可靠的
习惯的

温和的
熟悉的
易于接受的

父母类型4

父母类型3

同社会抗争

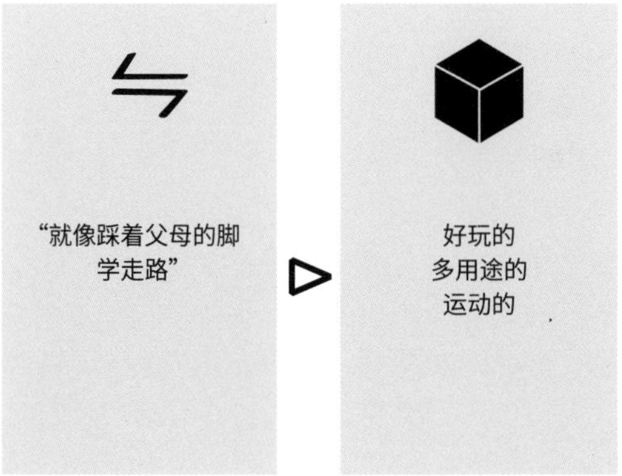

“就像踩着父母的脚学走路”

好玩的
多用途的
运动的

上图 未来父母养育孩子的情境:想象产品交互方式与产品特质

下图 从预见的交互特质到产品特质的转化

读到这里，你也许会觉得 ViP 设计流程难度不小。请相信经过反复练习，你会逐渐掌握它。当然，你必须有耐心。首先要理解 ViP 设计流程，从简单明确的声明开始，一步步往下走。掌握整个流程后，你就可以运用它设计具有创新性的产品了。记住在定义交互关系之前，首先要明白什么是合适的交互。

你的声明说明产品会给人们带来什么，而你对交互的描述说明如何实现。两者间接地决定了产品的受众。定义声明和交互的基础是一系列的见解，这些见解来自对人们的需求、愿望、困惑、苦恼的观察。这些见解也决定了哪些人是目标用户，哪些人不是。因此，在这个阶段你可以说："我的目标用户就是被我的设计目标和交互方式吸引的人。"为了实现这样的交互，产品必须具备一系列特质。如何定义这些特质正是下一步的主题。

第❻步：定义产品特质

我们在上一步说明了设计师的核心任务是定义产品与用户之间的交互关系。为了满足这种交互关系，产品必须具有一定的属性（ViP 设计法则称为产品特质）。具备这些特质的产品，才能让用户以你预想的方式体验 / 使用产品（也就是与产品交互）。因此，定义产品特质是连接交互与产品的重要一环，同时也是预见中（除声明、交互外）的最后一个元素。

判断产品特质是否适合交互关系的第一原则是，永远不要孤立地理解交互关系。你必须始终从全局出发，考虑情境因素、情境结构、声明（它们决定了理想的交互方式）。不过为简便起见，在接下来解释什么是产品特质的案例中，我们暂时忽略这条原则，否则会占用过多的篇幅。

让我们从另一个角度看产品特质，请把交互关系想象成人与人之间的关系。假设把你和伙伴的"交互特质"形容为包容的（tolerant），这样的交互特质也许是因为你的伙伴具有以下性格（或者说特质），如谅解（forgiving）、开放（open）、通融（flexible）。你的伙伴就好比是产品，为了实现合适的交互，他必须具备上述这些特质。

完成这一步后，我们依然不清楚会设计出什么样的产品。目前我们只需要定性地理解产品（不涉及产品的具体特征和性能）。

产品特质分为两类：一类是产品自身的特性，另一类描述产品的使用和操作。产品特性是产品的“性格”或者给人的印象（就像上面的例子提到的）。我们可以使用形容人的词汇形容产品特性，比如开放、倔强、内疚、闭塞、轻巧、有力等。但是请注意，这些词形容的是产品在整体上给人的印象和特点，而不是产品的具体物理属性。

假设对交互过程的描述是“强势不妥协”（brutal intolerance），你也许会联想到权威、权力、势不可挡等词汇。这些词形容了产品的“性格”，并将最终决定产品的具体属性。如果你需要进一步挑出最合适的产品“性格”，可以再使用类比的办法。以“强势不妥协”为例，你可以用市政管理部门与违章占地者之间的关系做类比。类比可以将交互过程具体化，从而帮助你决定哪些产品特性最合适。市政管理部门的特点是什么？是暴力、不近人情、有责任感，还是欺软怕硬？也许这样的类比能帮助你找到合适的比喻：我的产品就像市政管理部门对付违章占地者一样不近人情、欺软怕硬。类比反过来也能帮助你挖掘产品的潜在特性。

除了产品特性，你还可以思考产品会引起什么样的行为和操作[8]。产品不仅能吸引用户与之交互，还能暗示用户如何使用它。还是以“强势不妥协”的交互为例，如果产品特性可以用权威、权力、势不可挡形容，那么产品的使用特质也许可以用严格、不可动摇形容。同理，如果产品特性定义为“可推动的”（pushable），就说明它“邀请”用户推动它；如果定义为“可触摸的”（touchable），那说明它希望被用户触摸。这类与动作相关的意图会引发一系列按顺序发生的动作。比如，酒馆的门的特质既是“可推动的”，也是“难以移动的”和“需要用全力的”。所以你必须先牢牢握住门把手，然后将身体压在门上，用尽全力才能推开它。

这两种产品特质是相互关联的、共同发挥作用的。一扇“可推动的”又“温顺的”门与另一扇“可推动的”却“坚固的”门传达的信息显然不同。两种产品特质共同营造了产品体验：用户是将它们作为一个整体看待的。如果产品特质之间存在太多冲突，也许会让用户感到困惑。当然，这样的困惑也可以是设计的目标。

如果你得出的产品特质与已有产品的特质一模一样，那就要当心了！也许你是很认真地定义和选择产品特质的，但仍然在无意中参考了以前见过的产品！这些产品及其特质在你未察觉的情况下影响了你的思路。如果你描述的情境（在设计范畴中）是原创的，交互过程也是原创的，那么产品特质也应该是原创的。你应该经常做“原创性检查”。如果你认为新产品需要一种与已有产品相似的特质，这并没有什么错，但你最好确认是否真的需要这样做！理论上存在这样的可能性：你严格遵守了 ViP 设计流程，却发现你定义的产品与已有产品的意义完全一样。然而，我们运用 ViP 设计法则 15 年来还从未遇到这样的事。

产品特质不能凭空发挥作用，它们需要借助某种方式传达出来。将产品特质转化为产品的物理特征正是下一步的主题，这一步将把产品特质转化为设计概念。

第7步：概念设计

在这一步，我们要把定性特征转化为具备物理特征的对象。概念设计是一个翻译过程：将你的预见（声明、交互、产品特质）转化为一系列产品特征，这些特征能够被用户精准地感知、使用和体验。注意，上一步定义的产品特质并没有规定什么样的产品能够满足设计目标。只有在概念设计阶段才需要决定最终的解决方案是什么——是实物产品、多媒体应用程序、服务、政策，还是其他解决方案。无论最终解决方案是什么，它对你的预见来说都必须是合适的。

像其他设计流程一样，这一步我们从生成概念开始。你要构思一个与你的预见相吻合的概念。这个概念决定了你要设计哪种产品，以及产品能做什么（来实现你的目标)。概念的形式并不固定。有时，概念会很自然地从你的预见中产生出来，而有时你需要花大量的时间和精力寻找与预见相匹配的概念。不过，你辛苦建立的预见终于可以发挥作用了——现在你很清楚自己要的是什么！你不是在盲目地尝试一堆设计方案，而是在向着一个（或几个）很可能有效的概念推进。你也许还是要考虑多个选项，但你能马上判断它们是否合适。因为在建立预见时，你已经为生成和评估概念打下了坚实的基础。

让我们举例说明这一步该怎么做。这个案例不是虚构的，它是几年前一位学生与宝洁公司合作的真实项目。项目的任务是“通过设计增添洗衣的乐趣”。

这个项目是由学生 Joost 完成的，下面将简要回顾他的设计过程。Joost 根据他建立的情境提出了如下声明：我希望给人们自由发挥的空间，从而让他们对生活充满热情。以声明为目标，他将交互特性定义为“易于尝试的”(explorative)、“强烈的”(intense)、“有表现力的”(expressive)，然后将产品特质定义为“刺激感官的”（sensory-stimulating）、“开放的”（open）、“灵活的”（flexible）。接下来，Joost 要根据预见构思产品概念。在这个阶段，他既不知道这将是一件什么产品，也不清楚产品会用在洗衣的哪一步。由于这是宝洁公司的项目，Joost 主要是在快销产品领域寻找解决方案。“刺激感官的”产品特质也符合快销这一方向。值得注意的是，另外两个产品特质“开放的”和“灵活的”也可以通过其他的设计实现，比如服务或网页应用。Joost 最后提出的方案叫 Pep Up（提神香料），它是一种可以随意与洗涤剂混合的芳香剂，就像人们进餐时可以根据口味随意添加的调料。

那他的概念是从何而来的呢？当合适的概念从脑海中蹦出来时，它看起来既轻松又显而易见。实际上，大脑在你意识不到的情况下完成了这样的工作。请参见注释[9]，大脑的潜意识很适合用来解决问题和做出决定。也许你正在做一件完全不相关的事情——事实上我们也建议你这样做——然后突然就想到了合适的主意。这就是我们常说的灵光一现、洞识、直觉。但是，只有在大脑做好了充分准备的情况下——你已经仔细地考虑过预见的各个方面——它才能发挥这样的作用。

为了让概念的生成变得更容易，你可以寻找具有相似交互特质和产品特质的事物（活动）做类比。以 Joost 为例，他找到的类比是“给食物添加调料”。他认为使用调料的举动具有他在预见中描述的大部分特质。添加调料是一种“易于尝试”和“有表现力”的行为；而调料的选择是“刺激感官的”和“开放的”。只要找到与预见相匹配的类比，就很容易将它背后的原理运用到你的设计范畴里来。因此，类比可以说是生成概念的便捷跳板[10]。

如果你觉得生成概念还是有困难，不妨试着把目前掌握的内容都画出来。你需要的概念很可能就在图中某个空白的地方。这张图应该包含所有内容：交互特质、产品使用者、使用者的体验状态及活动、基于情境的使用环境，等等，唯独不包括概念本身。合适的概念往往会自然地“浮现出来”。

如果你擅长手绘，那当然最好了。如果你不擅长画画，也可以采用其他方式，比如临摹杂志里的插图，或者拍照，还可以请人表演交互过程，然后用摄像机拍摄下来。

我们前面介绍过荷兰铁路零售店的项目，让我们再以它为例，看看概念的生成过程。（下一步，我们还将用这个案例讲解如何将概念转化为实际的设计。）

首先简单回顾该项目的背景。荷兰铁路公司邀请 Mattijs 的设计咨询公司 KVD（现更名为 REFRAMING STUDIO）为铁路站台上的零售店设计“全新的零售体验”。过去站台上的零售店只是一个售卖商品的小窗口，销售量一直在下滑。荷兰铁路公司认为是时候设计新的零售服务了。

KVD 分析情境后发现，在半公共的环境（semi-public environment）下，人们在不同的时间有着不同的行为——扮演着不同的角色。有结伴出行的（相互娱乐）；也有独自出行的（与周围环境和人保持着距离，比如玩电子游戏）；有的人认可社会公认的行为（或角色），他们乐于展示自己与外界的联系，比如表现出不同于常人的环保健康的生活风格；还有人只是在效仿他人（随大流），例如在早上喝一杯咖啡，在晚上买一瓶啤酒，或者享受无所事事的纯粹放松。KVD 认为人们渴望获得帮助来完成自己在半公共的环境下的角色，站台应该为他们提供这样的便利。

根据对情境的分析，KVD 提出如下声明：荷兰铁路公司希望站台上的旅客随时都能找到最合适他们的状态，即在结伴出行、独自出行、角色扮演、随大流这四类行为中找到最适合自己的一种。KVD 提出了两个交互类比，一个是像拳击教练与学员在训练之中互相挑战的关系，另一个是像餐厅经理与顾客的关系。这两个类比结合起来，可以很好地反映声明的效果。零售店与旅客之间的交互特质是“让人放松的角色选择”（comforting, role-emphasizing conditionality）。而相应的产品特质是“不言而喻的”（self-evident）、“吸引人的”（provocative）、“专业的”（professional）、“无顾虑的”（worry-free）、“充满关爱的”（affectionate）。

零售店将出售四大类商品（分别针对结伴出行、独自出行、角色扮演、随大流四种人群）。新的设计概念必须让旅客轻松找到符合他们需求的商品。因此，既要体现出四大类商品的区别，又要尽可能降低旅客接触商品的难度。新的零售体验设计应该把握住旅客潜意识里的感觉。于是 KVD 提出了三个不同的设计概念，分别为：

❶ 舞台：为旅客提供一个展示自己的舞台（就像罗马著名的阶梯广场）；

❷ 踏脚石：让旅客舒缓地、自然而然地进入自己希望的状态（就像拜谒寺庙）；

让人放松的角色选择

不言而喻的
吸引人的
专业的
无顾虑的
充满关爱的

为新零售店设计的交互特质和产品特质

❸ 飞行员：让零售店成为一部精密的机器，能够最佳地满足旅客的需求（就像飞行员借助驾驶舱中设备和反馈的信息完成飞行）。

也许你会发现能完美匹配预见的概念不止一种。如果出现这种情况，你应该与客户一起决定哪一个方案更符合公司的商业战略。KVD 最终决定将“舞台”和“踏脚石”两个方案合并起来。两者的综合更接近声明的效果。我们给合并后的概念取名为“角色扮演导师”。

稍后，我们会解释如何将“角色扮演导师”的概念转化为设计方案。

现在让我们回到 Joost 的产品上来。提神香料的概念还不是实际的产品。为了将概念实体化，Joost 需要在维持预见方向（以及关键的评估手段）不变的情况下，设计多个备选方案。其中一个方案是将香料做成一个个“茶包”，每个“茶包”具有不同的“口味”。

用户根据当天的心情可以将一个或多个这样的香料包放入洗衣机。随着概念的具体化，产品的外形（盒装“茶包”）和用法也逐步成形了。遗憾的是，“茶包”的概念并不十分符合 Joost 的预见。首先，“茶包”不够灵活，它限制了香料的混合。其次，用户与茶包的交互方式也不符合“有表现力”这一交互特质。为了实现既定的交互特质和产品特质，还需要设计更多的交互动作（比如混合或挤压）。因此，Joost 的最终方案是由若干个装有不同芬芳洗衣液的橡胶球组成的。挤压橡胶球时，洗衣液通过喷嘴喷到衣服上，同时释放香气。用户可以根据气味决定添加洗衣液的种类和用量。

设计概念虽然还不是产品的最终呈现，但它从以下几个方面决定了：产品如何发挥作用？它包含哪些主要的部件或元素？用户如何使用、携带、操作产品？产品具有哪些可感知的特性（声音、形状、颜色、味道、手感等）？以及这些元素最后是如何整合和组织在一起的？这些问题大多数都既能用物理方案解决，也能用非物理的方案解决，但是有些问题也许只能用特定的方案解决。例如，如果是设计网页应用，你就需要问自己：用户首先会看到什么，然后会看到什么？如何引导用户浏览网站？网页的视觉效果如何？这些问题共同反映了交互特质和产品特质。不同的问题组合决定了用户将如何与产品互动，以及哪些特性和整合方式可以让用户有意识（或无意识）地明白产品的价值。

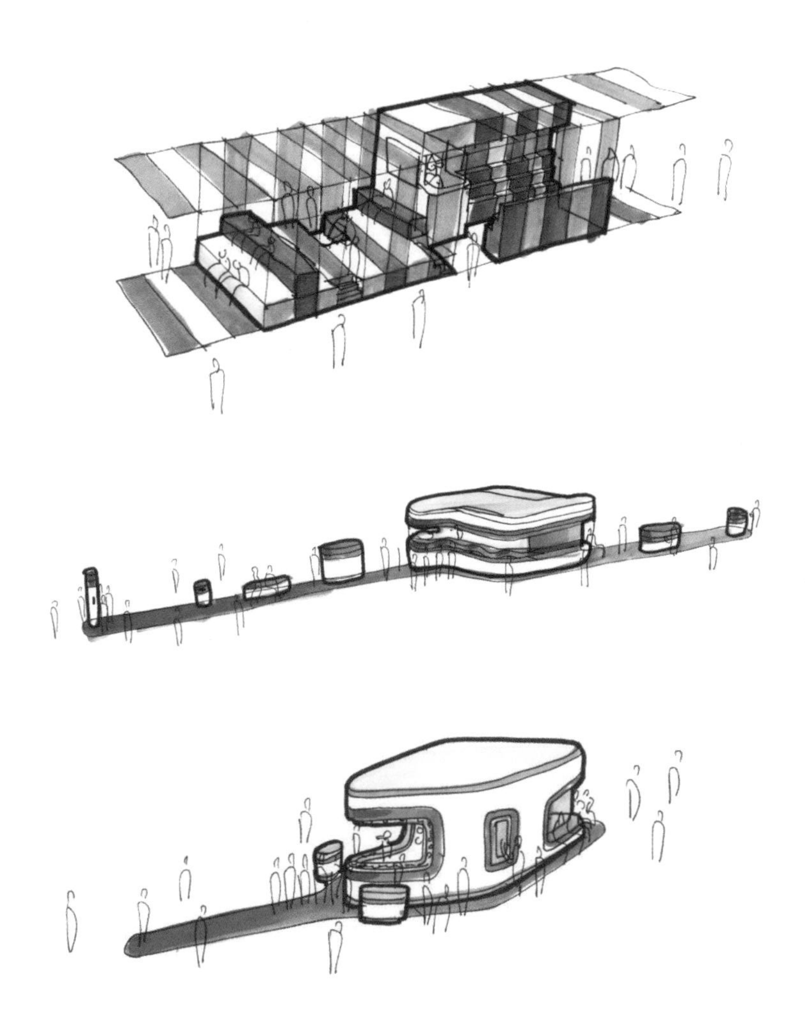

零售店的三个不同设计方案:舞台、踏脚石、飞行员

再强调一次，你的预见既可以将设计概念引向实物对象，也可以引向某种服务。假如设计任务需要，你可以设计出新的交通工具和交通服务的综合体。你甚至可以为政府设计新的交通政策（只要它是最合适的解决方案）。这就要求设计师具备多样化的设计能力：在不局限于方案的类型（或者说“渠道”）的前提下构想设计概念的能力，以及将设计概念转换为不同范畴的解决方案，并赋予它们独有特征的能力。设计师不应该局限于单一的设计范畴或解决方案类型。

我们再看看预见与产品范畴 / 类别的联系。有时候产品范畴 / 类别是敲定的，例如设计 2020 年使用的家用汽车。在零售店案例中，解决方案已经被预先定义为零售商店。但在宝洁的案例中，Joost 开始时并不确定最终设计方案是什么样的。

假设设计范畴是“2020 年家庭出行方式”，那么就可以在更广泛的领域和范畴里考虑产品概念。你可以考虑汽车、自行车、交通服务、公共汽车、飞行器，甚至全新的产品（比如真空管道列车）和服务。赛格威（Segway）就属于个人出行领域的全新产品；iTunes 则是音乐行业里的创新服务。ViP 设计流程的优势在于，你对未来的预见总是优先于对产品类型的选择。ViP 设计法则能让你从僵化的产品类型中摆脱出来。

有许多策略可以帮助你根据产品特质构思设计概念。这里我们介绍两种最常见的策略。第一种策略是直接构思设计概念，就像 Joost 做的那样。这种策略要求设计师综合运用知识、感觉、直觉，以及对设计范畴的理解得到合适的概念。你可以画草图，制作简单的产品原型，或者直接写下产品能够做些什么和怎么做，但必须牢牢记住声明的目标，并且检查设计概念能否表现既定的交互特质和产品特质。如果达不到要求，就必须调整设计。如果这种调整还不奏效，那就放弃这个设计，再尝试其他概念，直到找到匹配预见的方案。所有产品特性都应该符合你的预见。

第二种策略则是反其道而行之。设计师首先需要考虑的是，在既定的设计范畴里，所有能够表现理想产品特质的特征。这些特征将决定采用哪些主要部件。例如，如果产品特性包含“零尾气排放”，那么很可能要采用燃料电池驱动的发动机。最后，通过组合所有的产品特征，以及相应的制约因素，设计出最经得起推敲的概念。由于所有特征都是从相同的产品特质中衍生出来的，因此它们有可能组合成一个协调的概念。

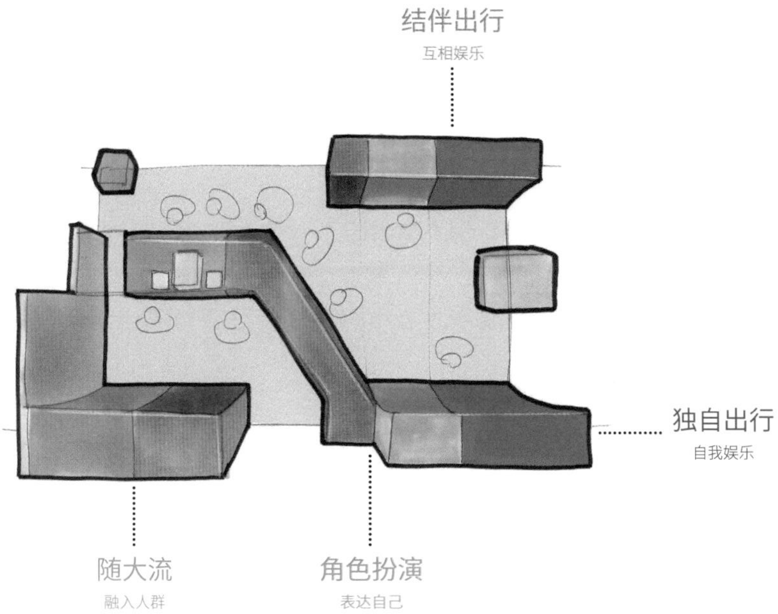

结伴出行

互相娱乐

独自出行

自我娱乐

随大流

融入人群

角色扮演

表达自己

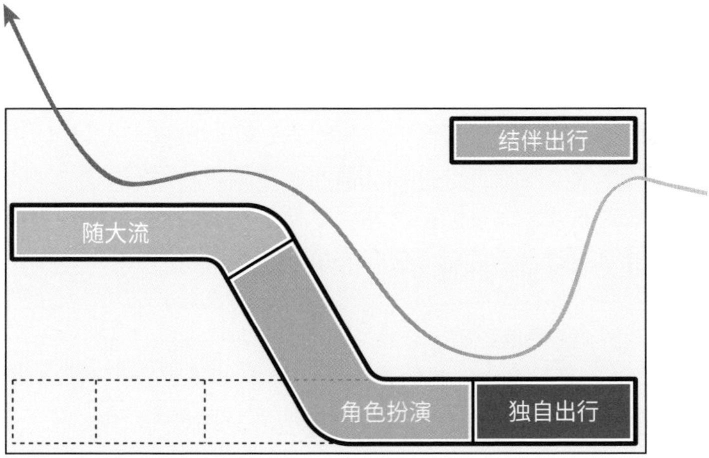

结伴出行

随大流

角色扮演

独自出行

上图 零售店的平面概念布局

下图 零售店的动线设计

设计铁路零售店的概念时，我们运用了第二种策略，先构思出各种产品特征：购物动线、整体视觉、建筑结构。综合这些特征后，我们得出了在购物通道两侧的墙面上展示商品的概念。通道的尽头是收银台。墙上的商品依照前文讨论过的各种顾客状态分类摆放。这个设计符合“不言而喻的”和“无顾虑的”两种产品特质。另外三种产品特质（“吸引人的”“专业的”“充满关爱的”）则需要店员辅助实现。店员就像一位“角色扮演导师”，在店员的统筹下，便利店及商品组成了一个整体。零售店的服务动线设计既能满足顾客自行购物的需求，也能让他们随时找到店员。便利店周边的设施则发挥“踏脚石”的作用——将旅客引向站台上的便利店入口。

自然法则能帮助设计师将概念具化为切实可行的设计方案[11]。自然法则既要求设计概念能依据物理定律运作，同时也赋予我们一双慧眼来识别在概念生成阶段需要考虑的种种限制。

例如，如果一辆车的产品特质包含“反应灵敏的”（responsible），那么它就应该具备优秀的空气动力特征。为此，你可以减少车正面的受风面积，降低风阻系数。这类特征是由你的预见衍生而来的，它们与之前讨论的限制条件是两回事（参见第❷步）。

此前，我们一直将现实世界的各种限制条件放在一边，这样做是为了避免它们影响概念的生成。这些限制条件可能是客户的喜好和要求，或者是生产方式的限制，还有可能来自针对竞争对手的分析报告。我们已经不止一次提到应该尽量将这些限制条件放在后面来考虑，现在是时候考虑这些限制条件了。假如客户公司只能焊接钢管，那么你设计的桌子就只能使用钢管制作。当然，概念仍然要表现理想的产品特质。概念设计就是综合考虑预见驱动（vision-driven）的特征和现实世界的限制条件，构思出协调且可行的产品的过程。你可以通过以下问题检验自己是否找到了“正确的”概念：

- 这个概念能匹配预见中所有的元素吗？
- 这个概念是用最少的设计特征完成了声明的目标吗？（这一美学原理十分有用。如果设计符合这一原理，你会立即感觉到。）
- 这个概念符合逻辑吗？它会被人们接受（甚至喜爱）吗？

你还可以请其他人帮你做检验。要做这种检验并不容易，因为概念必须匹配情境，而情境往往处在未来。假如某个情境是在 20 年后，那么概念就要匹配这个未来世界。产品很可能具备某些当下还不存在的特征，在这种情况下，说服他人的唯一办法是营造接近未来的情境：让人们尽可能去感受和了解与产品匹配的未来情境[12]。你应该确保做判断的人理解你的预见和声明，否则他们将缺少判断的参考和依据[13]。

假如经过两轮检验，你已经有了充分的信心，那么就可以进入最后一步了。

第8步：设计和细化

这一步的核心任务是将设计概念转化为最终的经过细化的设计方案。论述这个转换过程的文献很多，ViP 设计法则与它们并没有很大的区别。一般来说，这一步需要你用到所有的设计能力和制作能力。唯一的区别在于：ViP 设计法则强调预见在设计和细化中的决定性作用。你要将概念用最纯粹、最完整的方式表达出来。设计和细化的关键任务是将概念转化为明确和实用的方案。此前放在一旁的限制条件（除了上一步已经考虑过的）都必须在细化过程中加以考虑。

我们用站台零售店的案例说明这一步的细节。

特殊技术的运用增加了这个项目的复杂度。比如，我们需要把冷藏商品和常温商品陈列在同一个橱窗里，因此必须采用全新的冷冻技术。

运用 ViP 设计法则的优点之一在于：预见决定了实现设计所需的技术。假如这项技术还不存在，那么你必须想办法自己发明它（或者寻找合适的技术供应商发明它）。与尝试将已有的技术应用在设计上（技术驱动创新）的思维不同，预见可以很清楚地告诉你，是否需要发明一项新技术去实现某项设计特征（设计驱动创新）。

设计零售店方案与设计单一的产品（如椅子、保险产品、国家安全政策）有一个明显的区别。这个区别在上一步就表现得很明显了。设计零售店需要考虑许多不一样但又相关联的内容。

零售店的设计主要解决如何售卖商品。第一步，决定出售哪些商品，制作商品目录。想一想超市的商品目录，有生鲜食品（水果、蔬菜），有奶制品（牛奶、酸奶、黄油），还有罐装食品，等等。

接下来的设计都要以这套商品目录为基础。第二步，决定采用哪种服务方式（是自助服务，还是由店员提供服务）最能让顾客感受到你希望带给他们的购物体验。第三步，设计零售店的动线——预先设想的顾客移动路线。动线设计的目的是让顾客按照一定顺序浏览各种商品。最后一步，决定添置哪些设施（冷柜、货架、结账设备等）来摆放、陈列、出售商品;同时要考虑什么样的建筑结构最适合、最协调。服务方式、动线设计、店内设施、建筑结构共同组成零售店方案。

站台零售店的设计概念来自“角色扮演导师”这一特质。将设计概念转化为可行的方案需要综合考虑商品目录和各种限制条件。下面列出了一些值得考虑的问题：

- 零售店要展示多少种商品？各种商品的尺寸如何？
- 需要多大的货物存储空间？
- 哪些商品需要特殊的保存方式？（哪些商品需要冷冻保存？哪些需要加热？）
- 如有需要，如何在店内创造卫生条件以便出售熟食？
- 如何打造轻松愉快的工作环境，让店员乐于在此工作？（需要哪种照明方式？如何让工作区域达到人机工程学要求，比如收银台高度，从而保护店员健康？）
- 零售店每平方米的平均造价是多少，多久收回投资成本[14]？

一定要先回答完这些问题，再决定采购哪些店内设施：收银台、冷柜、货架、烤箱、咖啡机、各种尺寸的门以及设备配件（冷凝器、电路保险开关等）。再强调一次，在开始设计前，零售店的设计师必对商品目录进行定量分析，考虑如何在店内容纳所有商品。在定量分析商品目录时，别忘了商品要表达出预见定义的特质。还是以站台零售店为例，商品目录要满足旅客进入各种状态的需求。所有商品都应该是站台环境下的“布局”或“道具”。有些商品可以拉近旅客间距离，如六罐包装的软饮料和大包薯片，而有些商品可以帮助人们“独处”，如报刊和时尚杂志。商品的展示数量受店面大小的限制，而店面大小又受站台安全规定的限制。

站台零售店的设计还受到另一方面的限制。荷兰铁路公司要求站台上的所有设施都符合已有规范。为了保证安全和质量，以及树立品牌形象，荷兰铁路公司制定了站台的整体设计规范（包括设施的高度、门的宽度等）。零售店的设计考虑了已有规范。我们设计了透明的店面，充分利用了可用空间，保证了站台的安全性和视线通透性。

依据预见和概念制定设计决策时可能出现额外的设计要求。这些要求也应该添加到限制列表里。通常，随着项目的推进，这份限制列表会变得越来越长。这是因为随着设计的深入，整个方案的复杂性与各种限制的联系会逐渐显现出来。

零售店的设计必须决定哪些设施对实现预见的特质起到决定性作用，比如货架和柜台；而哪些设施不会对购物体验产生影响（因此可以采购现成的设备）。这是一项非常重要的决定。不少项目因为所有设备和附件都是定制的而严重超支。这时预见的优势就再一次体现出来了，因为你能够借助预见决定哪些是必不可少的，哪些不是必需的。换言之，你很容易决定哪些设备必须定制。为了让顾客方便地浏览和取出各类商品，我们决定为站台零售店开发能同时存放冷藏商品和常温商品的特殊货架和柜台。我们的设计应该让顾客轻松找到在哪里自取商品，在哪个位置将商品交由店员结账，否则顾客就无法感受到零售店在店员的"掌握之中"，"角色扮演导师"的特质也就无从谈起了。

设计的最终目标是实现声明所要求的效果。我们的零售店设计只是到达这个目标的众多方式中的一种。世上没有完美的方案。设计师应该从完美主义中解脱出来。如果设计过分追求外观的美感，那么你的工作会变得尤其困难，因为你将很难接受不完美的设计。如果不让步，你就必须争分夺秒地处理所有细节（微细的配色差别、无瑕疵的曲面等）。如果设计是以满足某种体验作为目标，那么这些细微的差异往往不会对人们的使用体验造成影响。ViP 设计法则不同意"细节就是一切"（God is in the details）的说法。那些追求完美细节的设计往往都付出了高昂的代价。如果你的设计目标是满足整体体验，那么最重要的"细节"应该是产品的整体造型、比例、尺寸。这些与格式塔心理学（Gestalt）相关的特征更容易被感知和接受，从而决定了用户的整体体验[15]。

再看零售店的设计，首先从整体上设计铺面（室内和外立面）。然后根据顾客在店内的可能活动范围和移动轨迹，以及摆放商品需要的空间决定室内的动线。动线的设计必须满足“不言而喻的”和“无顾虑的”两种产品特质。一方面，要让顾客轻松从货架上取得商品；另一方面，应该尽量避免顾客较多时造成的拥堵。

接下来，外立面的设计也要为理想的店内购物体验服务。之前提到过，外立面要“支持”店内商品的展示，除此以外，更重要的是外立面要透明，让站台上的顾客很容易看见店内的店员。因此我们选用了两扇透明的滑动门，在指引室内动线方向的同时，也实现了“吸引人的”产品特质。入口和出口分别作为通道的起点和终点。我们将设计概念画成效果图，然后从整体的角度出发选定了零售店的建材和配色方案。外立面的用色非常保守，这是为了突出显示店内的商品（强调它们作为旅客扮演各种角色的道具），以及“吸引人的”“专业的”“充满关爱的”店员。

将设计对象分类可以降低任务的复杂性，比如分为货架、收银台、建筑构件（天花板、地板等）。然后，综合考虑美学、人机工程学、科技应用等方面，对每个类别进行深化设计。我们向客户展示了每个类别的备选设计方案，然后一起选择了最后的方案。以建筑构件为例，其中包含两个钢结构的门框，门框的钢管尺寸和厚度必须满足一定的刚性和强度要求。我们对构件做了简单的计算，确保其性能符合要求。零售商上方的空间用来安装各种设备（空调、冷凝器等）。能同时存放冷藏商品和常温商品的货架设计也不能过于抢眼，这是为了避免削弱商品本身“吸引人的”特质。

在做以上这些决策时，应该始终考虑各个分类的设计结合在一起能否带来理想的格式塔效应，以及它们对店面单位造价的影响。使用 ViP 设计法则的第三个（也许是最重要的）优势在于，你不需要构思大量的备选方案。因为预见已经清晰地指出要设计什么。在预见的引导下，每个类别下的每个部件都要列出来，并逐一进行设计。每一个类别的特征和细节都会详细地描述出来。最后要将这些设计类别整合起来，展现出“角色扮演导师”的产品特质。

新零售店开张一年后，发生了一段小插曲：荷兰铁路公司修改了站台的整体设计规范！我们不得不根据新规范调整设计，同时尽量维持原有的设计特征。由于有预见的指引，调整设计并没有花太多工夫。这体现了 ViP 设计法则的另一个优势：适应性。

A
A
INTERIEUR 3360
3x bakblik
koffiemachine
magnetron
spoelbak-close
in boiler
B
B
1150
490
400
490
500
C
D
E
1886
1583
C
D
E
tijdschriften
kassa
sigarettenlift
kassa
F
2085
939
blindhoek spiegel
F
celband
en afkitten

零售店的平面图

零售店的例子说明了如何从概念设计向实体方案转化。如果你设计的是金融服务，要处理的细节、特征、限制条件显然会不一样，但是预见同样会发挥强有力的引导作用。ViP 设计法则的四个优势也同样有效。准确定义的预见不仅决定了概念的生成，同时也会对设计对象的整体设计和局部设计产生重要的影响。

虽然在将想法转化为设计概念，再转化为设计细节的过程中，预见发挥了很大的作用，但是 ViP 设计法则的主要价值并不在于这个转化过程。最重要的理念恰恰在于为设计任务建立合适的预见。

设计流程结束语：关于用户参与

既然我们强调 ViP 设计法则是以人为本的，你也许会好奇为什么设计流程中看不到用户的身影。我们认为，以人为本的设计并不等于要开展用户行为和需求调研，也不一定要让用户参与设计流程。

ViP 设计师的任务在于（充分地）理解人——理解他们的目标和关注点，他们的期望和动机，还有他们所处的世界。这种理解包含在声明中，例如“我希望人们体验 / 明白 / 能够……”。设计师应该对自己的声明负责。我们鼓励任何能帮助设计师加深这种理解的活动。设计师在这类活动中收集的任何信息——包括专业和非专业的——都是有益的（比如可以帮助设计师生成情境因素）。你可以让用户参与评估最终设计方案，但是考虑到 ViP 设计应对的是全新的情境，参与评估的人必须先“进入”这些情境。

我们认为，一些设计机构将以人为本的设计等同于观察和拜访用户，甚至让用户参与设计，是一种短视的做法。这种做法的症结不在于用户的参与，而在于设计师获得的信息往往局限于用户当时的所处的环境和生活状态。用户的工作和生活方式是由环境决定。用户擅长根据眼前的东西做判断，但不擅长设想其他的可能性，他们的判断依据是当下，而不是未来。在这种情况下，收集到的信息也许能帮助设计师改进已有的设计，却难以产生颠覆性的思考、重构、创新[16]。

ViP 设计法则就是要展现出改变世界的勇气……

站台零售店的室内设计

注释

1 本书提到的产品不仅是指实物产品，同样包括无形的解决方案，比如服务设计和网页应用设计。对于这些无形的产品，我们同样可以讨论它们所表现的特质、沟通方式、个性。

2 参见 Hekkert,Mostert and Stompff (2003)。

3 往往是公司的市场部针对细分的用户群提出新产品的设想。他们的提案基于市场调研，例如目标群没有接触过这类产品，或者他们在不远的将来也许需要这类产品。这种分析也许合理，但是这样的提议是不合适的。首先，这种细分用户群的依据是值得怀疑的。其次，就算这种细分没有错，只关注某些特定的用户特征，很可能得出只适合这类用户而对其他人无意义的设计方案。这种做法无疑是在人为地限制产品的潜在市场占有率和成功率，并不能提高销量。

4 参见 Dijksterhuis, Bos,Nordgren & van Baaren (2006)。

5 如果大因素构成了不同的维度，情境看起来就很像通过“情景规划”得到的结果。在这里，两个独立的维度代表了未来的不同发展方向。有关“情景规划”与“情境构建”的区别与相似性，请参考专题探讨“情境设计”。

6 一名学生曾提出另一种方式：“我想象自己在一间空荡的房间里，让每个因素 / 大因素逐一进入房间。这样，我预见的未来世界就逐渐成形了，我就能开始思考如何做出回应（提出声明）。”

7 从举止态度（manner）的角度来讨论交互联系在荷兰语里更容易理解。manner 在荷兰语里叫 omgangsvormen（意为你对待别人的方式）。

8 这类特质通常被称为“可供性”（affordance）和“使用暗示”（use cue）。经 Norman (1988) 引用后，它们成为人机学（human factor）领域广泛争论的话题。争论的焦点是产品能在多大程度上引导用户以设定的方式使用它们，以及在赋予产品意义时，用户与产品的交互与使用时的情境发挥了什么样的作用（参见 Boess & Kanis (2008); Krippendorff & Butter (2008) 和专题探讨“产品的意义”）。

9 参见专题探讨“感受与思考”。

10 这里有一个借助类比生成概念的例子（Gentner et al, 2001）。一位医生尝试用放射线杀死恶性肿瘤。能够直接杀死肿瘤的放射线剂量也会破坏周围正常的人体组织。如何解决这个问题呢?中世纪的军队攻击要塞时，士兵们不会集中进攻要塞的一端，因为那样对方防御起来会很容易。士兵会分成许多小队，从要塞不同的方向同时发起攻击。这个策略效率更高。借助这个类比，这位医生找到了在避免伤害健康组织的情况下对恶性肿瘤进行放射线治疗的方法。

11 自然法则指的是所有的物理、技术、机械原理。虽然其中一些原理已经是你的情境中的“原理 / 原则”因素，但它们一般在这个设计阶段才被采用。

12 已有多种技术手段帮助人们评价在未来环境下的设计概念，例如信息加速（Information Acceleration） 创造出虚拟的情境来模拟用户在未来环境中的消费选择方式（Urban et al, 1997）。还有虚拟现实环境和模拟新闻简报，通常用来模拟虚拟的广告和口碑效应。

13 美国通用汽车公司 1994 年研发的电动汽车 GM Impact 就遇到了这样的情况。通用汽车甚至推出了一系列新颖的服务，譬如租赁使用。虽然他们尽力尝试实现这些概念，但最后还是失败了。在当时的情境下，消费者没有接受这种新型汽车的迫切需求。比起环保、高效率的电动车，人们更喜爱熟悉的大排量汽车。

14 每平方米的平均造价是常见的零售业参数。以平方米为单位，将零售店总造价平均分摊到店址平面面积上，即每平方米的平均造价。

15 最近的一篇论文（Lindgaard and colleagues, 2006）表明，人对网页的持久印象产生于第一次看到界面的 1/20 秒内。在这一瞬间大脑能逐一分析多少细节呢?

16 为了证明我们的观点，这里举一个生物界的例子。虽然海豚长得像鱼，而且只能在海洋中生活（搁浅后很快窒息），但它拥有一切陆地哺乳类动物的组织。海豚用肺而不是腮呼吸，如果无法浮出海面换气一样会窒息。经过进化，它的呼吸系统已经适应了海洋世界。与陆地上的哺乳类动物通过一对鼻孔呼吸不同，海豚使用头顶的独孔在浮出海面时换气，这个呼吸孔的水密瓣状结构可以阻止海水进入，宽大的孔口允许在短时间内完成换气。海豚的呼吸孔解决了它在海洋中用肺呼吸的首要问题。呼吸孔进化到头顶后，会产生一系列后续问题，呼吸孔的结构可以看成应对这些后续问题的解决方案。真正的设计师一开始就会将呼吸孔设计在头顶。（Dawkins, 2009, p. 340/341）。

>观察、思考、再观察，是ViP设计法则解构阶段至关重要的环节。

最开始，你可能会觉得有困难，但只要多加练习，用这种方式“看”产品就会变得很自然。<

观察、解读、定义交互是ViP设计流程至关重要的环节。接下来，我们讨论几个现实生活中人与产品的交互场景。

参加讨论的是三位设计专家（A、B、C）。他们尝试描述用户遇到有设计特质的产品时发生了什么。为了透彻地描述交互，他们会反复琢磨用户目的和（可见的）产品特质。任何交互都是用户目的与产品特质相互作用的结果，因此只有了解两者在交互中起到的作用，才能“正确地”描述交互。

巴塞罗那椅子

A 我们从这张巴塞罗那椅子开始吧。
C 这是复制品吧?
A 没错，这是复制品。

B 很明显，这个交互不对劲。
A 这里实际上有两个交互，不是吗?用户与手机的交互，以及用户与椅子的交互，有意思……
C 是这样吗?我不这样看。我只看到一个交互。
A 只有手机上的交互吗?
C 不是，是照片里所有元素加在一起的交互。用户与手机的交互，是因为椅子的存在，反之亦然。

A 你是说因为这张椅子他才有这样的姿态，是吗?但是，他坐在椅子上似乎并不舒服，不是吗?
C 确实不舒服!简直可以说是抗拒。
A 抗拒?你怎么看出来的?
C 因为他在抗争：他在跟自己的身体抗争，也在跟椅子抗争。

A 那么他与手机的交互呢?
B 我有一种很强烈的感觉，怎么形容呢……
A 孤独?难受?
B 是的，难受……他穿着外套，不自然地坐在椅子里。他本应该感觉到舒适，但他拿着那么小的手机，急切地想发送似乎很重要的短信。看起来完全不合比例。
A 那个手机真是太小了。
B 不全是手机的问题。这人真可怜。坐在巴塞罗那椅子上怎么可能愉快地发短信呢?
A 哈哈。

C 没错，而且这椅子与周围的环境格格不入。
A 为什么?
C 这种椅子是让人靠在上面放松的，但是在这样的环境里……
B 这是在办公室吗?
A 不，这里是卖场。
C 在这样的环境里，这张椅子太矮了。这男人想坐直，但找不到借力点，所以他的身体很紧张。他随时准备起身离开，所以才会坐直，但这椅子的设计是让人靠着的。
A 是的，这个交互是临时的。他没有脱外套，看上去不像要在那里长坐。很明显，他坐在那里一点也不享受。

C 这椅子跟 Marcel Breuer 椅子，还有 Wassily 椅子差不多：靠背的仰角很大，人只能躺上去，或者半躺上去。
B 这意味着你应该在上面多坐一会儿?
C 是的，就像黏在椅子里一样。就这么半躺着坐着，充分休息。

A 没错，我看到了这个交互的尴尬之处。
C 这就是我说的抗拒。椅子努力想把他拉到靠背上，但他并不想靠着。
A 还有手机，跟这人比起来，这手机真是小得可怜，就像你说的。
B 看起来是挺难受的。他坐在不舒服的椅子上，还要用那么小的手机发短信。这手机用来打电话还行，但用来发短信实在是……
[沉默]

A 这真叫人难受，不是吗?
C 我觉得更奇怪的是，如果仔细观察人与产品的交互，你会发现大部分（80%~90%）都是这样。作为设计师，我们真应该感到羞愧!看看公交车和火车上的人，都是如此不舒服。这究竟是怎么了!

自动取款机 I

A 我们看下一张照片吧。这是一台自动取款机，一位女士正在取钱。

C 我会说这个交互是封闭的、受保护的。

A 也许此时她并没有跟机器交互。我看她已经拿到现金了，不是吗？

C 是的，但是她跟那面墙有交互。

A 她在跟那整面墙交互。

C 有意思，她想尽量靠近那堵墙，但修建这堵墙的目的并不是为了庇护她……

A 你能看到她的表情吗？我觉得表情也能反映交互特质，但从照片上看不出来。

C 有意思，这里蕴含了很多交互特质，却很难表述出来。我一下想不起那个词了，就是指几个人在一起谋划什么——一定发生了些什么，但不允许外人参与。

B 阴谋？你看她紧紧贴近墙里的机器，看上去是想尽量将自己与机器的交互同旁人分开。

C 阻止？

B 排外，拒人于千里之外。我喜欢这张照片，尽管这里面有很多交互特质没有表现出来。我们既看不到这位女士的表情，也看不到这台机器。

A 我们看下一张照片吧。

C 我喜欢这种在毫无准备的情况下拍的照片，这位女士没有发现有人拍照，但我现在正在看它。

WOOLWICH

点烟

B 我在这个交互里看到了友善和亲密。小小的打火机把两个人联系在一起，促使她与他的接触。我也喜欢那个塑料袋！虽然塑料袋不是什么重要的东西，但是你能看到她与塑料袋的关系——塑料袋在她手中，是有重量的。

C 我不认为他们的关系很亲密，虽然他们站得很近。

B 哦？

C 你看他们并不是因为亲密才接触对方，肢体接触没有带来特别的感觉。

A 只是为了点烟才发生肢体接触。

C 他们的注意力都在点烟这件事上。

B 我觉得这个交互也是短暂的。男士嘴里也叼着烟，他不可能一直这样叼着烟不换气，下一秒他就会把烟从嘴里拿出来，点烟的交互也就结束了。

C 我觉得他俩并不认识。

B 我也这么想，他们只是在路上偶然相遇。你看他们身体的朝向。

A 啊，你们是说她想找人借火，碰到对面来的人，就说："你有打火机吗？"他说："有，这里。"于是她凑上去，用手护住火苗。

C 但是这里的交互不仅仅只是点烟。

B 他们后面有一辆货车。

A 他们与货车并没有交互，对吧？

C 有交互！

A 有吗？

C 有呀，他们知道后面有货车，所以他们才会以这样的姿势站在那里。

A 那么他们与货车的交互特质是什么呢？

B 嗯，小心翼翼。

A 距离感。

C 差不多就是这种感觉。

B 漠不关心的感觉！

[笑]

A 但我看他俩的交互中是有亲密感的，这种亲密感也存在于他们与手里的东西之间。这位男士很享受地叼着烟，不是吗？

B 那是一种习惯、一件每天都要做的事……

A 借火这件事本来就很自然，不是吗？

B 确实是的。我发现我们在观察交互时运用了自己的经验，就像前面那个取款机的例子一样。如果你处在那个位置，你知道自己会有怎样的行为。我们将自己的经验用到了我们观察的事物上。我自己也有这样的经历：在街上散步，停下帮别人点支烟，然后继续往前走。

C 有意思，人们跟打火机的交互也各不相同……

H. v.D. BRUG
TEL.FAX 050-5710522

自动取款机II

A 好吧，看下一张照片！

B 这是什么？

C 一个高个男人蹲着。

B 这台机器也太低了。看看旁边的女孩，你就知道这台机器有多低。

A 是的，但我猜这跟这栋建筑的结构有关。这看起来很滑稽……为什么设计师会把取款机装在这么低的位置上？几乎所有人都必须蹲下去才能取款。

B 你看右边那个栏杆……这会不会是特别为残障人士设计的取款机？

A 哦，可能是的。

C 你在这个交互中看到了什么呢？

A 我可以看到一些约定俗成的交互特质，他很熟悉这个交互的过程：插卡，输密码……

B 有一种顺从感，他接受这台机器比正常机器低的事实。

A 是的，他想的很可能是："只有这样才能取到钱。"

B 他并不抗拒这么做："蹲一分钟没关系。"

A 他真的蹲得很低，差不多跟机器一样高了，不是吗？照说他只需要站着弯下腰就行。我能看到一点平等性：人与机器处在同一高度。

C 同意。

C 但是，这个平等性有点奇怪。有意思的是，他完全放低了姿态，没有意识到自己的姿势很可笑。这台机器、取款的过程、整个交互都很强势，他完全屈服了。

B 他与取款机的交互，比之前那位女士与取款机的交互亲密得多。

C 不过这是一种负面的亲密……

B 服从？

C 有一种恳求，或者被控制的感觉……

B 他不得不屈服，让机器接受他，就像向神父祈求宽恕一样。

A 赦免。

C 赦免！你是第一个用赦免来描述交互的人。不过确实如此！

A 他看起来的确像是在祈祷。如果钱从机器里出来，就证明万事顺利，他的经济状况良好。然后他就不用担心了，直到下一次取款。这种交互就像宗教仪式一样不断重复。

B 我参加过天主教的仪式。我记得，仪式的最后是领圣餐，我们必须走到神父面前，伸出手掌，等神父把圣餐发给我们。我看这张照片就有这样的感觉。

C 没错，他别无选择，这是程序。

B 他除了蹲下或弯腰，没有别的选择。这台机器有一种支配感："我会让你屈服的。"我记得在神父面前也有这种感觉。

C 来自机器的力量。

B 那是金钱的力量！

A 这个交互里有一种霸权，你必须这么做。

C 是的！用赦免和霸权来形容再合适不过了。

听CD机的男孩

A 来看这一张照片。
B 他给人一种内向的感觉。戴耳机的人都是这种状态。他们的眼睛在看东西，但是又好像什么都没看见。
C 你说的是你跟这个男孩的交互。他与 CD 机的交互呢？
B 你说的没错。

C 他看起来有点飘飘然，肢体语言和态度都很强势，CD 机帮助他成为了他心目中的形象。可以用辅助来形容吗？
A 但这还是你的观点。
C 是的，但是耳机和 CD 机的确在帮助他拥有一种形象——他渴望的强大形象。CD 机和耳机至少帮助他进入了相似的状态。

B 这些设备是怎么做到的呢？
C 他进入了某种心理状态……
B 这些设备是怎么做到的？不仅是设备，还有音乐，但我们不知道是什么音乐。

A 还有，他只是随意地握着 CD 机，感觉有点冷漠，也许是因为 CD 机太大了，他并不喜欢拿着它到处走动。
C 这种冷漠是因为他想表现出力量并不是来自于音乐，而是来自于他自身。这是一种对这个交互的否定感。
B 对 CD 机的否定？
C 是的，CD 机帮助了他，但他不愿意承认这一点。他想表现出自己的强大跟 CD 机无关。虽然他十分需要 CD 机，但又想否认这一点……
B 他不愿意承认是 CD 机给他带来了力量。
C 或者说是 CD 机里的音乐。
B 一旦关掉 CD 机，或者 CD 机没电了……

A 你们觉得他在听什么音乐？
B 嘻哈！
C 穿着 Jack Daniel 的 T 恤听嘻哈？也许吧，我觉得他在听锐舞（raver），电子音乐（Techno）！

B Jack Daniel 的 T 恤！ 穿 Jack Daniel 文化衫的年轻人会听什么音乐？
A 重金属？
B 注意他的裤子和红鞋子。
A 我觉得他在听舞曲。但他看起来并不开心，不是吗？仿佛他没有心思听音乐，只是在消磨时间。
C 既依赖又抗拒！

A 这照片让我想起在医院打点滴的情形。如果你要走动，必须带着吊瓶一起走。你需要这些东西维持生命，走到哪儿都拽着它。
B 病人不愿意承认自己离不开吊瓶！是的，男孩与 CD 机的交互中有类似的东西。他的存在感完全依赖于他听到的音乐，但他不愿意承认。似乎有一点可怜……
C 你看他的步伐，至少比其他人快三倍。
B 可以说是大步流星……

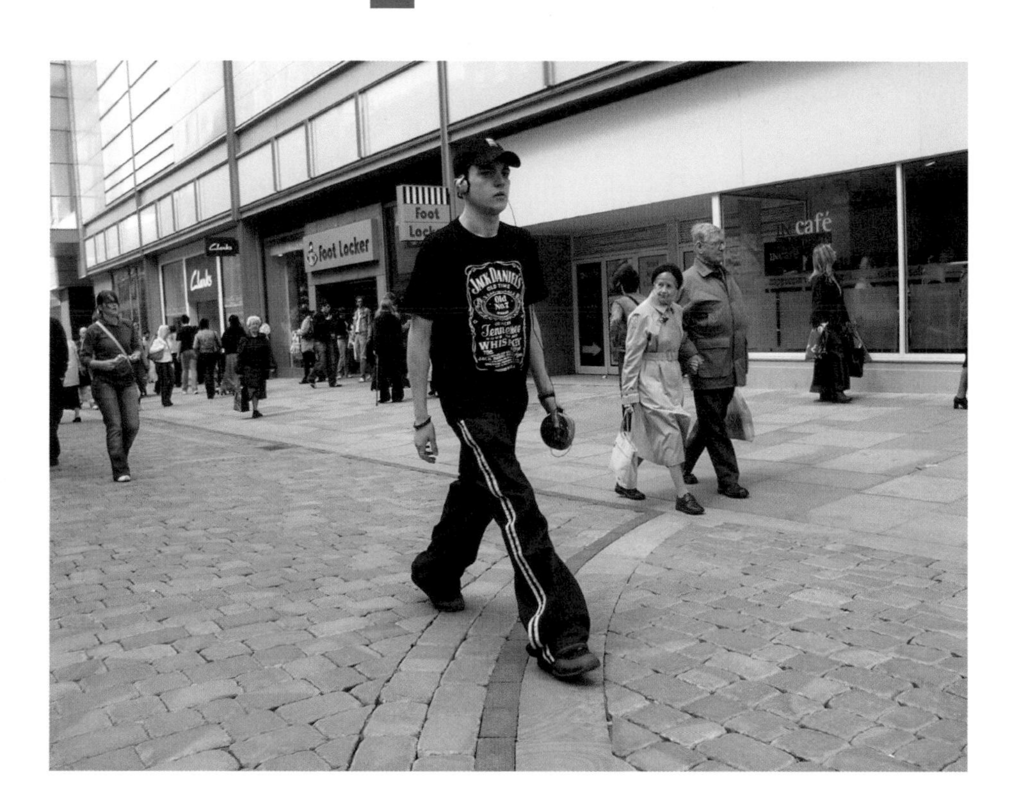
Foot Locker
Foot Locker
Clarks
café
JACK DANIEL'S
Old No.7
Tennessee
WHISKEY

为了解释ViP设计法则的重点和难点，本书采用了多种阐述方式，包括对话、访谈、小组讨论等形式。虽然形式不同，但它们的核心都是交谈。

采用交谈的形式有多种好处。首先，要讨论的问题是不确定的、开放的，读者很容易设想自己也在参与讨论。其次，这种形式反映了 ViP 设计法则内在的哲学：设计行为本身是一场交谈，是通过对话构建出的故事，是通过观察、交谈和传播带来意义的活动。接下来是 Peter Lloyd 对本书两位作者 Paul、Matthijs 的访谈，主题为：(1) 情境中的价值选择；(2) ViP 设计法则中的“原理”是指什么？(3) ViP 设计情境中的交互。Paul 主要负责回答问题并解释相关概念，Matthijs 则从实际设计经验的角度做补充。

Peter 旧情境与新情境之间是什么关系？

Peter 旧情境是已有产品背后的设计理由，可以通过解构把握。新情境是设计师为新设计搭建的基础。两种情境可以有重叠的部分，也可以没有。这完全取决于设计师的判断——旧情境中有多少因素在未来的情境中仍然有效（相关）。

Matthijs 如果你解构的对象是 5 年前设计的咖啡杯，而新设计的是给未来 15 年用的，那么新情境与旧情境很可能不同。

Peter 这个新情境是你相信会发生的情况？哪怕你并不希望它发生？

Matthijs 是的！这时我们应该尽量保持客观，尽管这非常难做到。设计师建立情境之后才能选择立场。在构建情境时，只挑选合适的、真实的，以及（从设计的角度看）有趣的因素。挑选的标准不是“我希望什么”，而是“什么跟未来情境相关”。

Paul 无论是客观因素还是主观因素都要真实。如果我（作为设计师）选择“人们对自己的政治立场常常感到困惑”作为构建情境的因素之一，这个因素对我而言必须是真实的：我确实看到身边许多人不知道应该持什么样的政治立场。当然，这是我个人对客观事物的解读，有些人同意我的这个看法，有些人不同意。从这个意义上说，这个因素是带有主观性的……

Paul 我必须强调要避免使用“应该”这类字眼！情境中可以出现像“地球的生态环境正在恶化”“环境被污染了”“二氧化碳的浓度在上升”这类描述。情境是你看到的情况，是你相信的事实，是你所看到的世界的真实面貌。

Matthijs 你通常会同时看到事物的好坏两个方面，它们都是你构建情境的考虑因素。

Peter 现在看到的和预见是两码事，不是吗？我能看到其他人不太在意的事，比如，我注意到有不少浪费的空间。但是预见是我希望未来发生的事（或不希望发生的事）。比如，我现在看到许多浪费现象，而我无法接受未来 10 年会发生更多的浪费。

Paul 如果你有充分的理由和依据，相信未来不会再出现浪费，那么你可以把它作为情境因素。但是你有充足的理由和依据吗？构建情境并不是你希望发生什么，而是你预测会发生什么！

Peter 好比说现在有战争爆发，因此我可以预测 10 年后还会有战争？

Matthijs 没错。战争属于原理 / 原则类因素。因为战争一直存在，所以可以预测 10 年后还会有战争。

Peter 这样看来战争是一项很稳定的因素？

Matthijs 是的，战争是一项无法回避的因素。它可能与你的设计范畴相关，也可能不相关。

Peter 我还是不太明白。也就是说“这是我现在看到的情况，而我认为它不会发生改变”。

Paul 别急着下结论。你将某个因素纳入新的情境后，还必须考虑如何回应。如何回应就是你的个人选择了。当然，你也可以忽略这个因素，不把它纳入情境。记住，只要选择“战争”作为因素，你就有机会在之后的声明中做出回应。

Peter 好吧，现在我明白负面因素的意义了，比如“战争会更频繁”“战争会打到家门口”“恐怖主义抬头”，“10 年后，身边的人都可能成为自杀式袭击者”。我可以对这些情境因素做出回应。

Matthijs 有意思，你认为“恐怖主义抬头”本身是一个发展类因素，还是导致恐怖袭击发生的原因（背后的原理 / 原则）更适合作为情境因素？我认为导致恐怖主义产生的原因更值得关注。某些人因为惧怕其他文化的价值观，害怕丧失自己的权力，从而对其他文化持排斥态度才是恐怖主义产生的原因。如果情境因素只描述行为，设计师很可能只想改变这种行为，却不理解行为的根源。

Peter 好吧，但是我想说的是“会出现更多的恐怖分子”，因此我们需要能够保护自己的产品……

Matthijs 你跳得太快了！想想背后的原因。为什么会出现恐怖主义？为什么人们害怕恐怖主义？我们需要了解原因和根源，比如，也许是因为人们对彼此文化的漠不关心才导致了恐怖主义抬头。

Peter 是指文化漠视吗？

Matthijs 文化漠视变得越来越严重。现在是全球化的时代，全球化除了带来好处，也让所有文化都竖起无形的围墙，排斥强势文化的渗入，就像在居民区四周修围墙让居民觉得安全。这是新的格局，你可以说“未来很可能出现这样的情况”，然后你有两种选择：设计加固围墙的工具，或者创造打破围墙的工具。做出选择后，你要在声明中阐明你的个人立场。

Peter 就是说，设计师先思考未来可能会发生什么，然后问自己：我是打算顺应它，还是打算改变它？

Matthijs 没错，但是我们这里讨论的情况只有一个因素，而这个世界的运转绝不会只取决于一个因素，生活不可能这么简单。某些设计有这样的问题：它们只是对单一因素做出的回应。虽然这很容易让人明白设计产品的原因，但这样的产品很容易失去意义。单一的因素无法构成情境，情境总是由许多不同的因素构成的。

Paul 这就是 ViP 设计法则的情境不同于情景规划（scenario planning）的地方。在情景规划里，设计师一般在特定范畴中寻找驱动因素……

Peter 他们在寻找趋势，不是吗？

Paul 是的，他们寻找的是正在发展，变化的事物。设计师根据“未来可能发生什么？”来规划情景。他们通常会得出两个宽泛的驱动因素，例如个人主义与集体主义，或者全球威胁与全球和平。然后，根据不同的组合建立情景，例如，把个人主义与全球和平组合起来得出假设：未来是和平的个人主义世界。他们建立情景并不是为了推动产品的设计，或者为产品研发提供方向，而是为自己做好几手准备。他们是在罗列所有未来的可能性。因此情景规划只适合让壳牌公司的董事会决定是否采购某座石油平台……

Peter 他们先描绘未来，然后找寻各种迹象，用以说明世界会朝着某个理想的情景（而不是其他情景）发展。

Paul 这就是最大的不同之处。ViP 设计法则不仅要描绘一个可能的世界，而且要求设计师描绘的这个未来世界是有依据和理由的。它是设计师看到的未来，无论其他人是否认同。设计师必须为它付出精力，为它辩护，并且对它负责。

Peter 设计师看到的未来？

Paul 是的，但是这个未来世界包含设计师的主观愿望，这主要体现在对情境因素的选择上。设计师在情境构建时，会选择自己感兴趣且与设计范畴相关的因素。这些因素虽然经过深思熟虑，但仍然是个人选择。

Peter 这就是我想弄明白的地方：情境的构建是完全客观的，还是包含价值选择？

Paul 从来就不存在完全客观的状态！我举一个我喜欢的趋势类因素：人们变得越来越相互理解。我可以用这个趋势描述中东的巴以冲突问题：冲突双方变得越来越相互理解了。这个描述是存在争议的，但我个人从中看到了这个趋势。而我看到这个趋势是因为我希望看到它出现，我希望看到人性积极的一面，这些都反映在我的观察里。你永远无法把客观地看到的与你希望看到的区分开。

Matthijs 没错。

Paul 我看事物的方式反映了我个人的价值观和道德标准，所以我才会得出上述观点……你明白了吗?

Peter 前面曾提到“人们不愿意了解其他文化”助长了恐怖主义……可这并不是我希望看到的。

Matthijs 你必须做到真实。你不能对你不想看到的东西视而不见。

Paul 你刚才说的也是一种价值选择。回避不希望看到的东西，并不等于客观。

Matthijs 很多情境因素是与你对世界的看法相左的，但你仍然要选择它们。

Paul 你选择的因素和你描述它们的方式都包含了你的价值选择。

Matthijs 所以设计师应该多向其他人解释情境，这样做多少能削弱设计师的主观影响，让情境变得更客观。

Peter 我觉得与其说预见是看到，不如说是想象？你只能看到此时此地……

Paul 设计师需要预见一些事物，或者说预测未来。有些因素是不变的，此时此地就能看到，我们称之为原理 / 原则类因素。还有些因素是变化的，需要我们预测，我们称之为趋势 / 发展类因素。

Peter 你能举一个例子说明怎样才算是好的情境吗?

Matthijs 这可不容易，但我们不妨一试。好的情境首先是真实的，是设计师收集分析各类因素后，确切看到的未来世界。这一点我们已经讨论到。其次，这个情境应该是具有启发意义的，它能给你带来灵感。好的情境必须有吸引你深入下去进行设计的魅力。最后，它应该满足一系列评价标准,这些因素相关（合适）吗?是否具有足够的多样性？有没有遗漏最明显的因素？有理由放弃某些明显的因素吗？所有相关主题都考虑到了吗？只要能理解构建情境的意图，就很容易推断情境的好坏。

访谈
ViP设计法则中的“原理”是指什么?

Peter ViP 设计法则中的“原理”具体指什么?

Paul 原理（或原则）是一类情境因素。它是 ViP 设计法则创建的情境与其他方法（如情景规划）设计的情境的最大不同之处。

Peter 其他方法有什么不妥吗?

Paul 其他方法通常只关注变化的东西（如潮流和趋势)。关注变化的东西并没有什么不妥，ViP 设计法则也会这样做。但是，如果只关注变化的因素，那就不合理了。

Peter 为什么不合理呢?

Paul 只关注变化的因素就会忽略情境中更基本的因素。当你预测未来的变化时，还应该考虑哪些因素不会随时间发生变化。ViP 设计法则把不变的因素分为两类：常态和原理。

Peter 先说原理吧。原理是指科学理论中的原理吗? 就像相对论那样?

Paul 是的，原理可以是自然界的规律、定律，或者人类的一般行为模式。

Peter 这些原理是怎么运用到设计里的呢?

Paul 以汽车设计为例，这个领域有许多常用的原理/原则,例如“人都有求生的欲望”“运动物体始终会受到摩擦力的作用”“人们总是想躲进安全的庇护空间”“男性喜欢向女性炫耀阳刚之气”等。可以说，每一辆车都包含这样的设计原理/原则。

Peter 我明白了。像“人们喜欢速度和大马力”这样的原则也可以运用到汽车设计上?

Paul 是的，这个例子很恰当。

Peter“人们喜欢玩耍”可以算是原理/原则吗?

Paul 当然可以！这是一条很新颖的汽车设计原理/原则,如果采用,一定会产生奇妙的结果。选择什么样的原理/原则反映了你的价值观和信仰。设计师有权选择他认为有价值或有趣的原理/原则，同时也要为这种选择可能带来的后果负责。

Peter 那么该怎样给原理/原则下定义呢?

Paul 原理/原则是一种稳定的现象，过去有，将来还会存在。这些现象不一定经过科学验证，只要设计师能观察到就足够了。

Matthijs 有些原理/原则是介于科学与感觉之间的。比如“运动的人更难看到其他运动”这条原理，既可以说是科学,也可以说是感觉。

Paul 所以，原理/原则有很多类型：物理的、自然的、生物的、心理的、社会学的……甚至是个人的感受和看待世界的方式。

Peter 我明白了，就像世界观一样。我们多少都同意科学描述的世界，但我同时也可以有自己的世界观。

Paul 没错。比方说，“人们喜欢追求错误的目标”就是一条非常主观的原理/原则。你也许不同意，但这是我的观点，对我来说是真实的。只要对设计师来说是真实的，就是有效的因素。

Matthijs 我同意 Paul 说的，你可以通过观察世界提出原理/原则。不过，我认为科学原理也很重要。我将自己的观察提炼成原理/原则后，总是希望在已有的研究结论里找到验证。

Peter 观察世界是设计的关键环节，这个观点很有意思！你们认为所有原理/原则都是平等的吗，还是有明显的主次之分?

Paul 设计师可以在人类科学中找到丰富的原理/原则。从设计的角度看，几乎所有的心理学原理都很有意思。唐纳德·诺曼对“糟糕设计”的批评都是基于心理学原理，比如“人们追求连贯性”“人们希望马上收到反馈”。

Peter 我想试试我是否已经理解什么是原理/原则了。举个例子，我观察到科技进步削弱了人们的记忆力。没有人再记电话号码了，因为号码都存在手机通讯录里。所以，我可以提出一条原理 / 原则“人们正在逐渐丧失记忆能力”，是这样吗？

Paul 不对，这不是一条原理 / 原则！它是随时间变化的，我们称为发展类因素。技术进步是人们健忘的原因。

Peter 明白了。发展是变化的，而原理 / 原则是稳定的？

Matthijs 没错。我的设计都把原理 / 原则作为核心。这些原理 / 原则构成用户与产品交互的骨架，而趋势和发展则为骨架增加外观和色彩。所以，在我的设计里，原理 / 原则是最重要的因素，它们能够帮助我发现洞识。设计师往往假定了一些原理 / 原则，而没有充分加以思考。

Paul 我想补充一点。原理 / 原则通常是隐形的，而趋势和发展却很明显——变化的东西更容易引起注意。往往是事情出现变化时，我们才会留意到它们。就像动物遇到天敌会保持原地不动，这样捕猎者就不易发现它们。我常说有一条原理 / 原则几乎对所有设计都有效：人们想要尽可能简单易用的东西。它提醒我们一定要设计简单易用的产品。

Matthijs Bruno Ninaber van Eyben 说过：“我们不是心理学家，我们是设计师”。但我不同意他的说法。如果用户与产品的交互中蕴含多条心理学原则，设计师就必须理解这些原理 / 原则之间的关系。从这个角度看，设计师就是心理学家。

Peter 我们来讨论几条具体的原理 / 原则吧。“今天的小孩要求越来越高了”是原理 / 原则吗？

Paul 不是，你知道为什么吗？

Peter 因为它是变化的，所以属于发展类因素？

Matthijs 没错。

Peter 那么“人体结构不适合久坐”是原理 / 原则吗？

Matthijs 是的。

Peter“人们变得越来越自私了”是发展类因素吗？

Paul 是的，但它似乎介于趋势类因素和发展类因素之间。一般来说，发展是指科技、社会、经济的变化，也包括人们的态度和价值观的变化。趋势则特指人类行为的变化。所以我认为它属于发展类因素，而不是趋势类因素。

Peter 你能举个趋势的例子吗？

Matthijs 比如“人们看电视的时间越来越多”，这是行为的变化，属于趋势。“人们越来越重视私人空间”则是态度和价值观的变化，属于发展。还有我经常提到的一个趋势是“人们出门下馆子的次数越来越多”。这个趋势背后的发展类因素可能是“人们能自己下厨的时间越来越少”。同一个发展类因素可能会引发完全不同的趋势。比如“人们能自己下厨的时间越来越少”还可能引发“叫外卖的次数越来越多”的趋势。虽然这种差异很微妙，但能产生完全不同的结果。

Peter“依赖容易让人沮丧”呢？

Paul 这应该是一条原理 / 原则，但我觉得它不够具体，太抽象了。

Matthijs 我倒认为这是一条很好的原理 / 原则。它指出了一个有趣的方向……

Peter 好吧，我大概明白这几类因素的区别与联系了。如果设计师能将原理 / 原则作为设计起点，他就不会盲目地追赶潮流和猎奇。设计师变成了临时的科学家、社会学家。我喜欢设计与科学的这种互动关系，以及科学能给设计带来的可能性。你们真的很喜欢原理 / 原则，不是吗？

Paul 我们可以再聊上几个小时！

>交互是产品特性与用户的想法、

情感之间的相互作用。<

访谈

ViP设计情境中的交互

Peter 交互是 ViP 设计法则的核心内容，你们甚至提出了交互层次这样的概念。尽管交互在当下是一个很常用的词，我还是想知道，ViP 设计法则中的交互具体指什么？

Matthijs 它是对用户与产品之间关系的一种定性描述。

Paul 描述人与产品之间关系的方式有很多种。这种关系有时是被动的，比如欣赏一件产品，或者在街上看一辆汽车。但是更常见的是主动关系——用户使用产品。我们可以从交互中观察到多种多样的特质和属性。

Peter 观察交互本身吗？

Paul 是的。以这部手机为例，我跟它的交互在很大程度上是由手机的特性决定的。同时，交互也受我的意图和情绪的影响。因为它体积小，我可以很容易地护着它，这也许就是我想要，我很看重这一点。所以，我与这部手机的交互特质可以用保护来形容。现在我要用它来发短信。我这么做时，你看到了什么？

Peter 你的注意力很集中。

Paul 是的。

Peter 你双手做着小动作，并且注意力集中。

Paul 是的，我只盯着眼前的手机。

Matthijs 你从这些小动作里看到了什么？小动作本身不算是对交互的描述。

Peter 我是想说 Paul 的动作看起来有点比例失调。他的手和大拇指那么大，却用这么小的手机。

Matthijs 就是说存在障碍。这个交互可以用障碍或阻碍来形容吗？

Paul 也许用“不方便”形容更贴切！

Peter 你觉得呢，Matthijs？

Matthijs 我想到的是“开放性”。我认为可以把 Paul 和手机看成一个整体，对交互进行整体的描述，那么就可以用“开放性”来形容交互特质。因为 Paul 的意图是与其他人联系，而这个产品为 Paul 提供了便利。

Peter 手机就像是 Paul 身体的延伸？

Matthijs 没错！

Paul 我们现在的这种讨论方式实际上正是我们在解构阶段讨论交互的方式：试着弄清楚人们是怎样与一款产品交互的。描述交互特质并不容易，我们的语言在这方面往往显得捉襟见肘。有时你看到了很多交互特质，却很难用语言表达出来。你们有这种感觉吗？

Peter 是的。交互表面上是显而易见的，但它实际上包含很多无形的东西。你是这个意思吗？

Paul 对我而言，我与手机交互最独特的地方是触觉，这一点旁观者很难觉察到。

Peter 我听到了你按手机键盘的声音。你是指这个吗？

Paul 不是，不仅仅是按键声音。我喜欢按键时那种特别的触感。按下去那种“咔嗒”的感觉、按键的形状，还有按键后的反馈，一切都恰到好处，这都是我喜欢这部手机的原因。有些手机的按键太软了，有些又太硬。我觉得这部手机做到了软硬的平衡。它很适合我。

Peter 你说的是手机键盘的触感，这是对交互的描述吗？

Paul 我明白你的疑惑，但我想说明的是，我喜欢按键的特质。交互是由两个方面的共同作用形成的：第一个方面是用户（我）的喜好，在这里是“喜欢”；第二个方面是产品的按键给用户提供的反馈。

坐在椅子上的Paul

Matthijs 交互是产品特性与用户的想法、情感之间的相互作用。

Peter 啊！所以说交互是一种相互关系？

Matthijs 是的。

Paul 把交互看成一种相互关系很重要，因为它同时描述用户的角色和产品的角色。它描述了用户的感受、体验、意图等，同时也描述了产品的特性。

Peter 我明白了！就像人际关系可以用语言描述一样，交互也可以这样描述，对吗？

Paul 我们有时会建议把交互想象成人与人之间的关系，这样描述起来容易一些。

Matthijs 比如在派对上，观察人们的交谈方式就能了解他们的关系。这就是我们所寻找的描述方式。

Peter 没错，人们的地位尊卑一眼就能看出来……

Matthijs 同样，合适的描述可以让我们判断是什么样的交互。自行车运动员骑车的情形与普通人骑车是不同的，对交互的描述应该反映出其中的区别。

Peter 那什么样的词汇适合描述交互特质呢？比方说，用什么词汇描述 Paul 与椅子的交互呢？

Matthijs 首先，你需要在这个层面上进行思考。

Peter 这些词汇有固定的形式么？比如都是以 -ing 结尾的？（译注：英文动词后面可以加上 -ing，表示这个动作正在进行，它可以用作名词或形容词。）

Matthijs 我们有固定的句式描述交互，例如，“这个交互特质可以用 X 形容”。

Paul 这就像填空，X 就是你要找的词汇。

Matthijs 比如，你可以说某个交互特质可以用柔软、温和、亲密形容。

Paul 甚至可以用“有侵略性”这样的词来形容。

Peter 交互特质都是以 -ness 结尾的名词？（译注：英文以 -ness 结尾的词通常是名词）。

Paul 交互特质也可以用形容词或名词来表达。你可以用你想象得到的任何形式来形容它。设计师通常会自己发明一些词汇。如果他们找不到合适的词汇形容一个交互特质，他们就会创造词汇。

Peter 接着说椅子吧，它看上去很古老，有一种永恒感和坚硬感……

Matthijs 我觉得这把椅子提升了 Paul 的地位和身份感。你看他坐得直挺挺的。

Peter 让人觉得他是一个重要人物？

Paul 没错，我自己也有这种感觉，当然，这也跟情境有关系。这把椅子彰显的价值是“资深的”，放在这个环境里也很合适。

Peter 是的，这里有一种永恒的东西，好像这把椅子在这里已经用了很久。现在你坐在上面，也成了这种永恒的一部分。所以你跟椅子的交互也许可以用万古常新来形容。

Matthijs 椅子决定了 Paul 的坐姿，所以交互中有一种“控制感”。这椅子有一种正面的力量。

Paul 我坐的这把椅子和 Matthijs 坐的椅子有一点不同。我的椅子有扶手，Matthijs 的没有。我坐得比他稳。你看他几乎要从椅子上滑下去了！因为有扶手，我坐得更稳，而 Matthijs 坐得更随意。

Peter 是的，你的坐姿……如果现在有人走进这间屋子，他马上就能发现谁的地位更高。

Paul 它给人一种“权力感”。

Matthijs 你知道吗？我们和学生一起分析案例时，也会遇到和学生一样的问题。虽然我们是有

经验的 ViP 设计师，但我们做分析并不比学生快。我们仍然要仔细观察每个对象，重新审视我们与它的关系，就像第一次见到一样。就拿手机来说，我们分析过不下 300 次了，但我仍然不能确定我与手机的交互究竟是什么。因为交互不是显而易见的。

Peter 我看得出来，你们在描述交互时运用了很多抽象的词汇，以便让想法浮现出来……

Paul 就像 Matthijs 说过的，这些词汇描述的是一个整体，既包含用户的价值观和需求，也包括产品的属性。当你同时考虑用户和产品时，哪怕在这个抽象的阶段，你已经为用户与产品的关系打下了良好的基础。

Peter 所以一切都是以用户为中心的，对吗？

Matthijs 不全对，这里的关键是交互。如果你直接从情境层次进入产品层次，那你就跳过了交互层次，也就把用户给忽略了。我们称之为“建筑错误”——从情境直接跳到产品。

Paul 你可以这样做，只要你不在意人与产品的交互，就像很多建筑师一样。所以我们称其为建筑错误。

Peter 我明白解构阶段的交互层次了。那么在设计阶段，交互特质与你建立的情境是如何联系起来的呢？

Paul 通常这时情境已经成形。在这个基础上，我们会提出设计声明。

Matthijs 设计师要在声明中表明自己的立场。

Paul 设计声明要确定最终的设计目标。设计声明通常可以这样表达：“我希望人们理解 / 感受 / 看到……”然后，设计师要思考交互应该具有什么样的特质，才能完成声明的目标。这通常是比较困难的一步。

Peter 交互特质或多或少都要与设计声明有关，对吗？

Paul 是的。如果设计的交互发挥了应有的作用，那么声明的目标也就达成了。声明描述的是你希望人们从设计中获得什么；交互描述的是如何实现这个目标。情境中各种丰富的因素能在交互中体现出来。如何实现设计目标，在情境中已经有很多线索了。

Matthijs 这个过程很复杂，因为产品类型还不确定，你对用户的需求和意图只有一些模糊的想法（由情境定义）。所以你要把用户和产品看成一个整体，就像格式塔心理学那样，从整体上看。

Peter 用你们做过的项目给我举个例子吧。

Matthijs 我们为比利时家居品牌 Durlet 做过一个叫 Link 的项目。这个项目从另一个角度诠释了“坐”的意义。如果把它跟 Paul 与椅子的交互做个对比，会很有意思。

Peter Durlet 公司请你们设计的是什么？

Matthijs 这个项目是 1999 年开始的。Durlet 公司希望在新千年到来之际，研发一些面向未来的产品。他们请我们设计一些概念产品。这个项目很适合运用 ViP 设计法则。以往，我们都要花大量的精力跟客户就设计任务进行沟通。但这一次 Durlet 公司给了我们很大的自由度！他们请我们设计一款全新的产品，没有提出任何限制。

Peter 他们真是最理想的客户。那么你们构建了什么样的情境呢？

Matthijs 我长话短说。我们首先确定了设计范畴和产品的适用时间:2010 年公共场所的坐具。然后，我们建立了三大类情境因素。第一类是发展类因素：未来一个人身份和地位将更多地由他的人际关系决定，而不是银行里的存款。人际关系一直在人的身份和地位中发挥着重要作用，而且这种作用会越来越大。第二类是趋势类因素：未来的人普遍认为应该更自由地、更真实地展示自己的感受。浮夸的穿着打扮将不再受人待见。第三类是原理 / 原则类因素：人们不习惯在公共场所与陌生人交流。

Peter 这就是你们构建的情境吧？那它如何引出新的交互呢？

Matthijs 首先我们要根据情境提出声明。我们的声明是“希望人们主动与他人进行交流”以及“引导人们展示自己的感受”。为了实现这个目标，我们定义的交互特质是“相互发现”“慷慨大方”“自然不做作”。

Peter 怎样理解“相互发现”和“慷慨大方”这两个交互特质呢？我觉得很难琢磨。你能再解释一下吗？

Matthijs“相互发现”是指让人们敞开心扉，降低人与人交流的门槛。

Peter 我明白“发现”在实现设计目标上的作用，但怎么样才能把“发现”放到交互里呢？我想象不出来。

Matthijs“发现”可以想象成狗用嗅觉试探环境，确定自己的角色。“慷慨大方”代表的是一种愉悦的、高质量的交互，仿佛在享受周到的餐厅服务。我们希望人们乐于接近坐在坐具上的人。这两个交互特质的共同效果是让用户毫无顾虑地使用这款新产品。

Peter 这听起来很有趣，但我还是没想通……

Matthijs 我直接介绍最后的设计是如何实现上述交互特质的吧。我们决定设计一款多用途的、吸引人的、能缓解压力的产品。Link 最后的造型很简单，它由三个水滴状的部分连接而成。三个部分的间距设计得比陌生人之间的“舒适距离”要小，因此每个人坐在上面能获得的个人空间比正常情况要小。水滴状的设计不会限制人的坐姿和朝向，你可以很容易地找到舒适的坐法。它的有机造型带有一种很自然的吸引力。如果 Link 上已经坐了一个人，新来的人就无法回避第一个人，这是由 Link 的造型决定的。然后，有什么样的反应就由用户自己决定了：是与对方保持距离，主动交流，还是视而不见。

Peter 我明白了。如果一个人走进屋子，发现另一个人已经坐在 Link 上，新来的人就要决定是坐到同一个水滴上，还是坐到另一个水滴上，是面朝中央，还是看向别处，是吗？这个交互需要做出很多决定。这就是你们的设计目标吗？

Matthijs 这些都发生在无意识的情况下……由于人际关系变得越来越有价值，你很可能在无意识的状态下就决定坐下去面对第一个人了。

Peter 我懂了，你把这些交互特质赋予了这款前所未有的家具……

Matthijs 没错！ Link 是一款非常成功的产品！

Paul 这个案例的美妙之处在于，它证明了通过改变交互可以赋予产品新的意义。Link 不仅仅是一款家具，它是社交的纽带。

为Durlet家具公司设计的Link

>运用ViP设计法则做设计如同开展科学研究：你无法预测结果。<

在运用ViP设计法则的项目中，客户的角色与一般的项目有很大的不同。在整个设计过程中，客户需要提供理想的条件，让设计师享有最大的自由度。

这意味着客户要善于聆听，并尽量保持开放的态度，尤其是在采用哪些设计元素方面。同时，设计师必须尝试让客户旁观每一个设计步骤。让客户见证由情境和预见生成最终设计的整个过程，客户才可能认可设计结果。客户必须理解并认同每个阶段的设计决策。如果有条件，甚至应该让客户参与设计，为设计出力。

接下来是 Paul 对 Matthijs 的访谈。Matthijs 介绍了自己在设计事务所与客户合作的一些经验。

Paul 你作为设计师肯定要直接面对客户。在开始项目之前需要全面地向客户介绍 ViP 设计法则吗？

Matthijs 需要。ViP 设计法则要求客户以完全不同于以往的态度参与项目。

Paul 具体需要什么样的态度？与以往的态度有哪些不同？

Matthijs 我们要求客户以新的方式思考和行动，这对他们来说并不轻松。

首先，客户必须检查自己公司的设计意图，诚实地审视公司在商业、社会、文化方面的战略位置。如果对方不愿意这样做，或者他们不打算从深层上做出改变，那么就没有必要开展 ViP 设计项目。继续合作只会浪费资金。

重要的是，客户必须相信 ViP 设计法则和设计结果。假如客户对产品或设计流程带有成见，那么项目就很难开展。运用 ViP 设计法则做设计如同开展科学研究：你无法预测结果。我们必须要求客户接受这些条件。

ViP 设计法则可能会建议客户公司做一些他们不习惯做的事。公司的各个部门也许会提出抗议。

Paul 这听起来一点都不轻松！有什么办法能让客户认同和接受 ViP 设计法则呢？

Matthijs 通常，客户认为他们是行业的专家（也确实如此），但是他们常犯一种错误：只盯着已经存在的解决方案，因此无从考虑未来的各种可能性。这种思维仅仅是对当下处境的反应，设计任务就定义在这样的基础上。客户提出的解决方案大多是基于已有产品的，而不是基于我们提倡的用户体验。客户交给我们的任务说明书通常是一堆要求，这些要求都来自客户已知的设计。按照这些要求当然无法开展创新设计，我们不禁会产生疑问：这些设计要求能否获得客户希望的效果。

关键是要让客户明白交互是设计的关键，而交互是由具体情境决定的。因此，客户必须放弃从他们习惯的做法，参与到完全不同的设计任务中来。

Paul 客户提出设计要求的依据是自己的产品在市场上的表现，还是竞争对手的产品表现？

Matthijs 两者都有，这取决于客户在市场上的位置。如果客户是行业的领头羊，那么新的设计任务通常是基于现有的产品线。如果业绩表现不佳，他们就会学习竞争对手的产品。这里“学习”指的是“尝试理解竞争对手的产品为什么会取得商业成功”。

Paul 这种思路会反映在新产品的任务说明书里。你能举一个这类设计要求的例子吗？

Matthijs 问得好。我已经做了 15 年的 ViP 设计了，现在我的客户都不再排斥 ViP 设计法则了，所以要举这样的例子还真不容易……

我们曾经做过一个超市的方案。那个客户之前请另一间设计事务所用两年时间做了一个全新的概念超市，与原来的方案完全不同。那是一个简洁的，大量运用明亮和偏冷色调装潢的设计。他们的目标是打造高效的购物体验。“高效”这一要求是基于超市的现状提出的。这家客户已经形成定位高端的品牌形象，目标群体是重视品质的顾客。原来的设计目标是打造适合家庭消费的超市，但是“高效”这一要求要迎合的不是这一类消费群体。最后，家庭消费者并不接受新的概念超市。所以客户决定找我们，换一种方式进行设计。他们提出的要求是让高效的概念超市变得更温暖，更易于被目标顾客及其家人识别。

Paul 你们接受了这个任务，还是说服对方用另一种途径解决？

Matthijs 我们向客户解释，如果在失败的方案上做调整，新方案很可能还会失败。我们建议客户针对“未来人们需要什么样的超市”开展全面的调研。

Paul 就是说要重新定义任务？

Matthijs 并不需要做什么额外的定义工作。我们首先要做的是确定客户希望让顾客获得什么样的购物体验。这是核心。ViP 设计师应该与客户共同定义项目范畴和设计方案的适用时间。剩下的任务则是执行 ViP 设计流程自然产生的。只要你运用 ViP 设计流程，设计的起点就自然地产生了。设计流程的每一步结果都为下一步做好了铺垫。随着时间推移，项目任务会逐渐丰富起来。可以说 ViP 设计任务就像一个会生长的活物。

Paul 你很快就说服对方了吗？也许客户会掏出市场报告说“温暖”和“识别度”是最合适未来超市的特点？

Matthijs 没那么简单，毕竟说服客户开展新的调研可不容易。他们以往给设计师的任务都是详细的要求。因为这样做可以从一开始就控制局面，所以他们觉得很舒服。现在，他们必须充分信任我，或者充分信任 ViP 设计流程……
客户不应该害怕他们不懂的东西。颠覆性的设计必然会产生新事物。要发现对企业和用户有意义的新洞识，你必须允许设计团队从无序中构建出有序。这绝不是一件轻松的事。创新是有代价的！客户要容忍设计团队在尝试理解情境时可能出现的判断失误。
最后我们给这个客户展示了一些成功的设计案例，好让他们相信我们。

Paul 他们也许觉得自己的调研已经做得很充分了，毕竟像这样的大企业肯定有专门的市场部门研究消费者行为……你们是怎样绕开对方的市场部门的？

Matthijs 我们没有绕开他们。实际上我们开展了密切的合作。我们很看重他们从顾客身上获得的调研数据，但是如何使用这些数据（为设计服务）则是设计师的责任。

Paul 你之前说过，在现有产品上做改进很难做出有价值的创新设计。如果这些调研数据都是基于已有的东西（比如对竞争对手的分析），你如何开展创新设计呢？你是迫不得已运用这些数据，还是真的需要它们？

Matthijs 问得好。我的答案是“坦诚地面对客户”。
这些信息中的确有分析现有市场的数据，但还有很多有用的内容，比如关于消费者行为的一些原理 / 原则。设计师如果能告诉客户哪些数据将用于构建未来情境，哪些没有太大的意义，将有助于客户理解整个设计流程。因此我们对待客户的数据非常严谨，我们会仔细挑选与未来有关的信息。

Paul 我明白了。你把对构建未来情境有价值的数据和仅仅分析市场状况的数据区分开了。假如客户理解 ViP 设计法则的思路，他们就会接受你的决策。最后你让他们将设计任务从温暖的、识别度高的超市换成了更宽松的设计范畴（比如“未来十年超市的购物体验”）。是这样吗？

Matthijs 是的。

Paul 但是这样做需要更多的时间。原来的任务只要几周就能完成，现在重新针对未来开展调研可能需要好几个月，客户有足够的耐心和充足的经费吗？

Matthijs 我总是告诉客户如果项目面向的是未来 5 年甚至更长时间（超市是 15 年），那么必须有足够的耐心。因为调研是整个设计流程的起点，如果这一步走偏了，接下来做的一切都是无用功。一定要向客户表明这个观点，同时还应该让客户知道设计流程和计划，而不是笼统地说“这会花很多时间和经费”。
ViP 设计法则的妙处在于，虽然设计师一开始不知道最后的设计结果，但他非常清楚结果将如何产生。基于情境、声明、交互的设计流程清晰地向客户展示了每个阶段的成果和预计完成时间，以及何时需要客户的参与，何时可以喊停。一般的客户都会给项目设定期限，设计事务所只能服从。由于 ViP 设计法则要解决的往往是企业的定位问题，所以我们总能接触到客户的高层领导。高层领导的介入给合理调整项目期限带来了可能性。

Paul 就是说在设计过程中你们经常被对方喊停？具体是在哪些节点呢？

Matthijs 客户希望在看不到方向时喊停，这样才能弥补 ViP 设计法则无法预先确定设计结果的不足。如果调研结果无法带来任何新的、有意义的见解，那么客户有权要求暂停。
关键的阶段性成果包括情境因素、情境连贯性、交互预见、概念设计。只有当客户认可某个阶段性成果后，我们才会进入下一步。这样客户看到新的阶段性成果后就不会说："这完全不是我们想要的东西。"他们只能说："我们对这一步的结果还不满意。"于是我们可以做进一步的沟通，或者调整设计。

Paul 你一般在什么时候以什么方法让客户参与内容调研呢？

Matthijs 一般从情境层次开始。客户公司的各个部门里往往蕴藏着宝贵的信息。我们邀请各个部门的员工讨论情境因素，每次都收获颇丰。思考情境因素不同于他们的日常工作内容，因此他们可以很容易地放下先入为主的概念。但是，假如我们邀请这些员工构思新的产品概念，那么得出的结果很可能与他们已有的产品大同小异。只要是客户提出的相关因素，设计师都应该予以考虑，不要自作主张忽略任何对方提到的因素。

Paul 只要对方提出相关的因素，你们就会采纳么？

Matthijs 当然不是。设计师必须认同这种相关性才会采纳。

Paul 就是说你把对方看成提供情境因素的领域专家？他们能够做到以全新的视角审视自己的工作内容么？

Matthijs 没问题。对我来说，看到客户各个部门的员工有如此丰富的知识和见解时，我总是会有一种愉悦的惊喜感。

Paul 还有其他设计步骤会邀请对方参与吗？

Matthijs 客户还需要提出设计声明。这是企业的责任，他们需要明确自己的定位。然后设计师根据设计声明开展设计。如果客户的设计声明站不住脚，那么就需要说服客户修改声明，否则只能终止合作。
我们会询问客户是否认可 ViP 设计流程每一步的成果。他们是否认同自己在新情境下的定位，情境因素覆盖是否全面，情境因素是否具有原创性，等等。如果对方的回答是肯定的，那么后续设计将以新的情境作为依据。此后，客户不能再将自己的经验、价值观、意见作为决策依据。所以，客户各个部门的员工都必须认同情境构建中每一步的结论。

Paul 但是，提出设计声明必须对情境有充分的理解。他们是怎么做到呢？毕竟是你构建了情境，对吧？

Matthijs 提出设计声明没有那么困难。客户可以根据情境把握未来的主要驱动力量，然后依据这些驱动力量提出设计声明。千万不要低估了客户的潜力！

Paul 你遇到过客户提出了你无法接受的设计声明，而不得不中止项目的情况吗？

Matthijs 没有。倒是有一个项目，从提出预见、声明到完成最终产品的整个过程非常顺利，客户完全没有异议。这反而让我感到不安，仿佛我们"操控"了客户。那个项目非常成功……所以这里出现了一种道德困境……我是否真的希望用它赚那么多钱？

Paul 但客户一定很开心！设计声明是他们提出的，还是你给出的？还是你们一起定义的？我想知道你如何将双方不同的意见整合成一致且合理的声明……你能接受你不完全认同的声明吗？

Matthijs 那个项目的声明是我们提出来的，客户接受了。根据企业的战略目标选择合适的设计声明并不难。设计师往往能根据客户的品牌和商业策略，在一定程度上"预测"需要什么样的设计声明。实际上，我们很少遇到难以接受的客户声明。即使偶尔遇到，我们也能够说服对方做出调整……
我们曾经接过荷兰某 guanco 企业的一个大项目。为了让这家企业继续经营下去，我们提出了具有挑战性的设计声明：彻底改变原来的经营方针。但是他们没有接受我们的提议。后来这家企业裁员数千人，现在连他们自己都不抱任何希望了。

Paul 什么是 guanco？

Matthijs 是指国企改革后形成的私营企业。

Paul 我懂了。他们是从一开始就不接受设计声明吗？你知道原因吗？

Matthijs 他们认为我们提出的声明行不通。但是坐以待毙同样行不通！

Paul 他们认为改革太过激进了？

Matthijs 是的，那个设计声明具有颠覆性。但那是因为他们已经有 30 年没有根据用户的需求改进过服务了。

Paul 你提到的这些情况，都是客户给定了一个非常具体的任务说明书，然后你通过沟通拓宽设计范畴，获得了更大的设计自由。你有没有遇到过客户给定的任务过于宽泛，你不得不缩小范畴的情况？

Matthijs 有的。有些客户希望你自由地发挥，甚至连设计范畴都不做限制。这时我会告诉客户我们需要设计范畴作为构建情境的依据，只有这样才能赋予设计价值。ViP 设计法则并不是无限制的异想天开。人人都喜欢天马行空的想法，但这里面有很大的风险，因为这种想法会因为缺乏情境依据而变得毫无价值。无限制的发散思维之所以带来欢乐，就是因为你不用考虑任何的框架和依据。

Paul 初次接触 ViP 设计法则的客户大多会觉得不适应。你能谈谈客户在项目完成后的感受吗？是惊喜、沮丧、不耐烦，还是觉得有趣？你有回头客吗，还是说合作过一次就再没见过面了？请照直说……

Matthijs 我直说。他们都很高兴！完成整个 ViP 设计流程后，我们才能体会到最大的乐趣。所有设计步骤之间的联系都美妙地呈现出来了，用户马上就能获得全新的体验了，方案的创新价值得以体现。当然在设计过程中客户常常会抱怨："我们的目标太难实现了，要创造的东西太复杂了。"我总是告诉他们，必须借助这种复杂的过程才能构思出创新的东西。创造新事物需要摸索和实践，它并不保证所有人都能马上理解。即使是设计师，也不确定 ViP 设计流程会带来什么样的结果。我们必须相信自己。只要遵守流程，一切都会变得清晰，收获只是迟早的问题。
ViP 设计法则不同于一般的设计方法。普通设计师完全依靠自己经验、能力、知识（有关材料、制造工艺等）开展设计。ViP 设计法则在构建情境阶段会花相当长的时间（因此我们必须设法缓解客户的抵触情绪），但是建立完整的预见能提高后续设计的效率。因此，ViP 设计流程后期的项目时间和项目成本反而会减少。设计师也不再需要在概念生成阶段构思多个备选方案，因为我们已经清楚要通过什么方式实现交互。对客户而言，使用 ViP 设计法则并不会增加成本（甚至会更经济），但是客户必须接受 ViP 设计流程这种头重脚轻的成本分配结构。一旦客户认识到这一点，他们就会认可 ViP 设计法则及其价值。我们自然就有回头客了。

“情境是要求产品以某种形式呈现的局部世界，任何提出这种要求的都属于情境。”（Alexander, 1964, p. 19）

2001 年 8 月 13 日，荷兰电视台播放了一部纪录片，讲述一位年轻的荷兰制片人 Maarten van Soest 拜访法国汽车设计师 Robert Opron，后者的设计作品包括雪铁龙 GS、雪铁龙 CX、雪铁龙 SM、雷诺 5、雷诺 Alpine 等。Maarten 希望与 Opron 合作设计一款理想的汽车。一开始，他们便列出了这辆车必须符合的“参数”。这些“参数”是他们所期望的产品属性和人车交互特质。比如，他们希望这辆车既好玩又顺从，它既对驾驶员有体能上的要求，同时又像女演员一样情绪化。驾驶员将与汽车难舍难分，就像跟爱人一样。不难看出，如果按照这些“参数”设计汽车，结果将与以往的汽车很不一样。遗憾的是，我们不知道这些“参数”从何而来。也就是说，我们不知道他们为什么选择这些“参数”。

答案应该可以在这两人的世界观里找到，比如对他俩而言，什么东西对汽车设计最重要。由于纪录片没有展示这方面的内容，我们只能推测，例如，他们可能有这样一种印象：艺术品已经变得越来越浅白，可诠释的空间越来越小。此外，他们似乎认为社会正变得越来越文明，但人们却越来越追求便利。最后，他们大概认为男性在社会中的统治地位正逐渐消失。基于这些（推测的）观点，Maarten 和 Opron 也许得出了结论：男性再也不能像以前那样为所欲为了（比如肆意勾引女性），为了补偿这一心理落差，他们开始用孩童般的顽皮行为抵制权威。汽车被视为重拾男子汉气概的工具，所以他们希望汽车变得既好玩又顺从，对他们有体能要求，同时又像女演员一样有小情绪。

虽然以上内容都是我的推测，但是设计师的确对生活的环境持有类似的观点。这些观点可能来自设计师自身的经验，也可能来自外界的影响（如舆论、媒体、广告、朋友的意见等）。它们可能很强烈，也可能像水滴一样微弱，它们可能在设计师的头脑中占有显要位置，也可能隐藏在潜意识里。无论设计师是否意识到，这些观点都是他们设计的框架和指导。这些观点和意见综合起来成为设计的骨架

(Gijsbers & Hekkert, 1996)。最终，任何的设计决策或者解决方案都是基于这个骨架（的某些部分）产生的。这个骨架就是我们所说的情境。我们坚信，一切设计都应当从构建这个骨架开始。

看完上面这段文字，你可能会将情境定义为设计师有意识或无意识持有的与设计相关的观点和意见。然而，ViP 设计法则强调构建情境是有意识的行为。构建情境实际上是 ViP 设计流程至关重要的第一阶段。合适的情境应该是设计师有意地针对设计任务选择的一系列“起点”及其组合。这一系列“起点”可以包含对环境的测量和观察，也可以是设计师的想法、理解、信念，甚至是执念。从这个角度来看，任何东西都可以作为“起点”——我们称为情境因素——包括个人或群体行为的变化趋势，社会、经济、文化的发展，以及人类需求、活动、思考的原理 / 原则。选择情境因素的标准是设计师认为它与设计任务相关并且有趣。

因此，ViP 设计法则的情境既不是建立在给定条件上的，也不能完全客观地定义和描述。ViP 设计法则的情境是设计师深思熟虑后，有意识地构建出来的[1]。

情境包含各种因素，这些因素（可能）影响人们对产品的感知、使用、体验、反应。情境因素是设计师观察到的状况或模式，它们可以从三个角度进行划分：类型、领域、层次。

从类型上看，情境因素可以分为四类。它们的区别在于稳定性。比较稳定的因素称为常态和原理 / 原则。变化的因素称为发展和趋势。稍后还会详细介绍这四类因素。

情境因素还可能来自不同的领域，比如生物、经济、政治、生态、社会等。而最重要的领域是心理学及其分支（发展心理学、社会心理学、文化心理学、进化心理学、感知心理学、精神物理学等）。心理学擅长解释人类的各种能力和局限，以及人的需求和行为方式，这些都将在产品交互中发挥决定性作用。

值得一提的还有科技领域。尽管科技创新催生了很多新产品，而且容易运用到任何情境里，但是我们应该将科技看成实现交互的一种手段，而不是决定交互的情境因素。

情境因素还可以从（抽象）层次上划分。它们可能很具体（比如驾驶员对其他驾驶员行为的预判），也可能很抽象，不局限于具体的设计范畴（比如人的求生欲望）。为了说明这种区别，我们应该先谈谈设计范畴。

设计范畴是设计师开展设计的重点范围。设计范畴可以是任何对象，比如通信、手机服务、公共空间、群体行为、医院导向系统、未来汽车等[2]。在工业设计领域，设计范畴通常是由设计任务说明书规定的。假设一家公司想生产一款新办公椅。显然，在这个例子里，最终设计已经规定好了，就是办公室使用的椅子。这个规定决定了设计范畴，也限定了可选的情境因素。

如果这家公司要设计的是一系列新的办公家具，那么设计范畴就更开放，设计结果可以是椅子，也可以是桌子、壁柜、推车。相应的情境也就更多样化。如果你能引导客户将关注点放在“工作”上，而不是“办公室”上，那么就有可能把设计任务重新定义为“一系列支持工作的产品”，这样设计范畴就变得更加宽泛了。

现在我们再来谈谈四类情境因素。如果你仔细观察，有一部分情境因素在过去几年里都没有发生变化，这些因素很可能在未来几年也不会出现大的改变。我们把这类情境因素叫做常态。常态是那些（看起来）相对稳定的因素，比如法律法规、人口出生率、教育系统、税收政策、城市的基础设施、交通工具等。也许再过几年会有新的交通工具的出现，或者颁布新的法律，但是通常来说，常态是相对稳定不变的。

还有一些因素，它们具有不变的本性，能够长时间保持。我们把这些因素称为原理 / 原则，包括人类的普遍属性和自然界的定律。例如，“人的大脑似乎只能同时处理 7±2 条信息”(Miller, 1956)；“我们喜欢蓝先绿后或者红先黄后的颜色顺序”(McManus, Jones & Cottrell, 1981)；“模因（Meme）有点像基因，它是文化进化领域的信息传递单位”(Dawkins, 1976)。

如果某个因素描述的是正在变化或即将变化的现象，我们称之为发展。发展可能出现在科技领域（如蓝牙技术的诞生）、社会领域（如双收入家庭逐渐增多）、经济领域（如利率上升）、人口统计领域（如人口老龄化）。

还有一类因素是描述人们的行为、价值观、喜好变化的。我们把这类因素称为趋势。比如，现在的青少年喜欢每周发送上百条短信；越来越多的家庭要么完全不下厨，要么完全相反（准备丰盛的晚餐，包括汤、开胃菜、沙拉、主菜、甜点）。

情景规划（scenario building）方法也会考虑发展类型因素 (Schwartz, 1991；Van der Heijden, 1996)。它试图根据一系列这样的因素判断未来的走向。为了达到这个目的，这些因素通常会被划分为指示不同方向的“维度”。再由“维度”

交叉组合出最有可能出现的情景。这些情景可以帮助决策者事先采取行动。尽管情景规划与 ViP 设计法则的情境有相似之处，但它们有一点最大的区别，情景规划是要判断未来最可能发生什么，而 ViP 设计法则是要构建一个有趣的未来情境。稍后我们会解释什么样的情境是有趣的。

从理论上说，上面讲到的任何一种因素都有可能影响用户与产品的关系。如果遇到比较宽泛的设计范畴，比如“十年后的机场设计”，我们轻易就能找到数百个相关因素。由于这些因素是相互关联的，我们的情境就会变成一个非常复杂的网络。在这种情况下，你几乎无法开展设计。所以，情境作为设计的起点总是由设计师个人构建的。为此，设计师必须做出一系列的决策。

首先，设计师要判断哪些因素与设计任务相关。这个判断很大程度上是由设计师对设计问题的定义决定的 (Schön, 1983)。例如，为残障儿童设计玩具时，设计师就不得不重新定义设计问题，同时考虑以前不曾考虑过的情境因素 (Gielen, Hekkert & Van Ooy, 1998)。设计问题的定义方式决定了情境因素在其中发挥作用的设计范畴，设计范畴又限定了寻找解决方案的空间。毕竟，“设计一款步行设备”与“设计 20XX 年使用的具有智能和情感的闹钟”是十分不同的。

设计目标的时效性对因素的选择也有重大的影响。你是为今天、明天、不远的将来，还是遥远的未来设计？

目标越遥远，因素发挥作用的不确定性就越大。未来本身就具有不可预测性，当下的趋势很可能在未来发生逆转。因此，我们建议设计目标越遥远，就越应该多考虑稳定的因素（常态、原理 / 原则）。

一旦设计范畴确定了，寻找相关因素的范围也就有了。以上述闹钟为例，设计师很可能会在情感计算（affective computing）领域寻找发展类型因素，或者选择与睡眠有关的趋势。

不过，设计师也可以选择那些第一眼看上去与设计范畴无关的因素。这可能仅仅是因为设计师认为某个原理很有趣，或者希望某个趋势能对设计造成影响。比如闹钟的设计师可以采用与梦有关的原理，甚至可以考虑人们越来越难准点吃饭这一趋势。事实证明，选择与设计范畴不明显相关的情境因素，能为解决方案注入原创性 (Snoek, Christiaans & Hekkert, 1999)。除了相关性，选择因素时还要考虑合理性。

不同的因素可能存在客观与否的区别，但这不能成为选择因素的标准。比如有些因素是基于具体数据的（如单身者的数量以每年 2% 的速度增长），而另一些因素则是基于设计师个人的解读（如当下有一种拒绝快节奏生活的趋势）。就算是人们普遍接受的原理 / 原则，也可能是基于某种假设（如模因的概念）或个人信仰（如死后转世）提出的。总之，因素既可以是无可置疑的事实，也可以是某种推论或个人观点。究竟选择哪些因素来构建情境，完全由设计师自己决定。选择“安全”的因素可以创建出更令人信服的情境；选择不明显相关的因素和个人化的因素，则可以创造出新颖的情境。重要的是，设计师应该清楚自己的选择会产生什么样的结果。

设计师除了选择因素，还会对因素的重要性进行排序。换句话说，设计师可以决定哪些因素更重要。选择和排序都会对最终设计产生影响，因此设计师应该对他的决策负责。他必须尽可能地根据因素的排序和相互关系创建出完整的、连贯的情境，然后开展设计。

最后，设计师如何看待和定义某个因素也会对设计结果产生很大影响。如果你选择了一条原理 / 原则，不妨问问自己这条原理 / 原则今天发挥着什么样的作用，在不久的将来又会带来什么样的变化。例如，你选择了一条原则“人们希望尽可能多地实现目标”，这条原则也可以表述为发展类因素“如今西方社会存在大量的机会，导致人们过着极度繁忙的生活”。如果你选择了一条趋势（有关人的行为和需求变化），不妨试着考虑引发这种趋势的原因是什么，支撑它的原理 / 原则是什么。找到隐藏在趋势之中的原理 / 原则会对你的预见产生至关重要的影响。比如“西方人愿意为孩子买昂贵的衣服和物品”这一趋势中隐藏的原则可能是“父母总是希望把最好的东西给孩子”以及“父母对应尽而未尽的责任感到内疚，试图做出补偿”。总之，你要找的是那些与设计范畴最相关、最吸引人的因素（以及对因素的解读）。

本文根据 Hekkert & Van Dijk (2001) 的论文修改而成。

注释

1 尽管 ViP 设计法则主要针对的是独立设计师，但是我们承认，如今大部分设计工作都是由团队完成的。团队工作对 ViP 设计流程的开展有着极大的影响。例如，选择相关和有趣的因素不能由一个人说了算，而必须由团队决定，由此需要展开大量的沟通和讨论。

2 这些设计范畴都是荷兰代尔夫特理工大学工业设计工程学院过去十年间运用 ViP 设计法则的硕士毕业设计项目中出现过的。

>只有当产品与我们发生联系时，我们才能说它带来了特定的感受、功能、便利。

只有当产品与人发生联系时，产品才有意义。<

孤立地看一件产品，你只能看到它的各种物理属性，如尺寸、材料、质感、颜色、声音、气味、生产方式、价格等。同样，如果你将人从环境中分离出来看，人不过是一具包含若干器官（如大脑），有着一些基本的本能和需求（如生存和繁殖）的有机体。

只有当人与环境发生联系时，人的器官和官能才能形成和发挥作用，我们才能发展出技能，获得专业知识，我们的感觉才会变丰富，我们的本能才能发展成目标、动机、需求、目的。我们的行为才能表现出独特的性格和气质。所有这些只有在人与环境发生联系时才会出现。我们的技能、敏感度、品位、脾气、动机、目标都是指向某些人和某些事的。人的这些属性只有跟环境发生联系时才有价值和意义。

同样，产品的“第二属性”也只有在与人发生联系时才有意义。只有当产品与我们发生联系时，我们才能说它带来了特定的感受、功能、便利。只有当产品与我们发生联系时，我们才能说产品是红色的、温暖的、吵闹的、灵活的，才能判断它是一台通信工具，还是一台移动设备；是用来坐的，还是用来扶的。只有当产品与人发生联系时，产品才有意义。

人与产品的交互会进一步丰富这种意义。我们可以说产品是粗糙的、倔强的、独立的；我们可以说产品很好用、反应灵敏；我们还可以用友好、娇弱、过时、炫酷、傲慢、聪明来形容它们。这些拟人化的比喻赋予了产品个性和表情。产品的这种意义是在与人的交互中形成的，而且会因人而异。因此，它们与产品的固有属性是不同的。

此外，产品的意义是由交互情境决定的。汽车在大多数时候是一种交通工具，但在某些特定的情况下，它也可以用作炫耀的工具，给驾驶者带来刺激，或者在你疲惫时用来休息，甚至成为秘密的欢乐花园。任何交互都是人与产品的相互作用，都受交互情境的影响。

使用产品和操作产品（如把玩）并不是讨论交互的必要条件 (Desmet & Hekkert, 2007)。人与产品发生联系才是关键。观察产品、谈论产品、在想象中

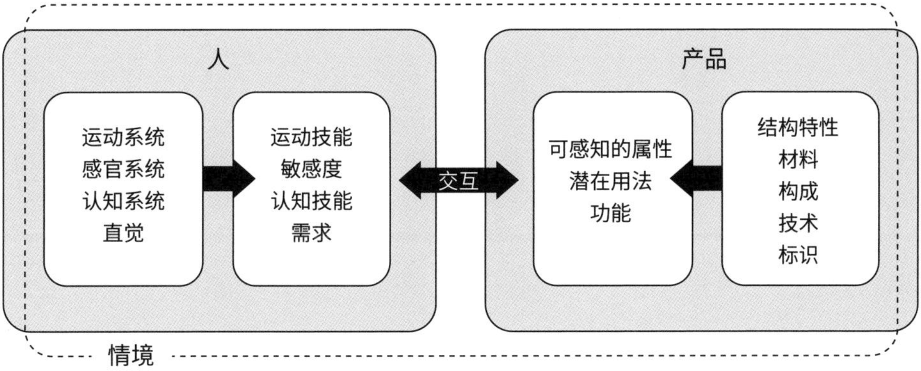

人与产品的交互模型(Hekkert & Schifferstein, 2008)

使用产品、梦到产品、把它记在心里、渴望拥有它，这些都是联系，都赋予了产品意义。

交互开始时，人的体验也就开始了。人的感官会对产品的特征形成美学印象，进而引发愉快或不满；人能理解产品的功能，并赋予产品外延的或隐含的意义，其中包含正面或负面的情绪；这种意义可能与我们的目的和需求相一致，也可能相冲突，进而引发一系列（通常是复杂的）情绪 (Hekkert, 2006)。这种体验源于交互，又会进一步指导和塑造交互。因此，我们可以说，交互与体验是完全交融的，不过体验只发生在人的大脑（或神经系统）里[1]。

想象一对认识的男女在街头偶遇。男子很高兴见到女子，他微笑着叫她，同时笨拙地扶着他那辆“超载”的自行车，希望与她攀谈一会。而她却赶着去赴约会。她本想打个招呼就扬长而去，可看到他如此热情，她不得不放慢了脚步。她不情愿地停下来，手指着前方示意要赶时间。她的答话也是简短而直接的，显得非常谨慎。

在旁观者看来，他们的交互清楚地反映了他俩的关系。这是一种不平等的关系。两人表现出一点点亲密，但很快就消失了。由于两人的心事不同，他们的偶遇是紧张的，甚至可以说是痛苦的。所有的这些特征（不平等、亲密、疏远、紧张、痛苦）既是他带来的，也是她带来的。交互过程中，他们的技能、需求、目的都得到了表现。他们的对话也反映了各自对偶遇的反应和体验。两个普通人在街头偶遇，简短的交互中包含丰富的意义。事后，你也许会想起这两个人，替他感到惋惜，也为她难过。毕竟，她不得不跟这个她明显不感兴趣的男人寒暄。

语言能够充分地描述当时两人的微妙关系吗？不一定。语言虽然是最重要的交流方式，但也有局限。我们并不习惯用语言描述交互和关系。我们可以很容易地描述正在发生的事，以及人物的行动，却不太容易描述行动和关系的特质，因为我们缺少这方面的训练。语言往往无法表达出我们看到的特质。

如果有人说：“这个交互可以用‘户外活动’和‘粉红’来形容。”他想表达的是什么意思呢？这些词“是人们在一瞬间想到的，而且理解起来几乎不费吹灰之力”(Pinker, 2007)。诗人 Cesare Pavese 曾说：“当我们将两个从未用在一起的形容词和名词组合在一起时，我们不仅要赞叹它的雅致和活力，以及诗人的才华，更要庆幸这个新的发现。”

玩耍般的探索

Pavese 举了几个这样的形容词与名词组合的例子：玩耍般的探索、有限制的共鸣、令人震惊的献身精神。这些新词组的确带来了新意义，以“玩耍般的探索”为例，用这个词组形容交互，它表达的内容远远比探索两个字多。这个探索不是小心翼翼的、优雅的、匆忙的、不确定的，而是玩耍般的，就像两个孩子在试探纸箱能装多少东西，甚至幻想纸箱可以变形成汽车。

我们描述一个交互，或者更准确地说，将一个交互概念化，也就定义了这个产品能提供什么以及怎样提供。因此，交互的概念化对你的声明、设计目标、最终设计都至关重要。产品能提供什么以及怎样提供必须完全融合在一起，并且相互促进[2]。只有当这两者为同一目标服务时，才能实现完整的产品体验：你能马上明白产品提供什么样的交互，它能带来什么，是怎样做到的。

人机交互领域的学者同样认识到了描述交互特质的重要性和价值。例如，有学者将用户与谷歌地球的交互形容为柔韧（pliability），并解释说：“这里的柔韧既不是谷歌地球的属性，也不是用户心理上和生理上的属性。柔韧只体现在用户使用谷歌地球的过程中”(Löwgren & Stolterman, 2004)。还有学者用疏离、冷漠、依赖、信任、困惑分别形容我们与售票机、自动提款机、手机、航空服务、任天堂 Wii 游戏机的交互 (Landin, 2009)。

交互特质不仅仅是人的体验，也不仅仅是产品的特质。交互特质指的是人与产品交互关系的特质，是“身体与环境交互的特质……这些特质既依赖环境，也依赖我们自身，它们是由身体结构与环境结构交织而成的，协调共生的。此外，这些特质也能被其他人体会到，因为他们有和我们一样的身体，跟我们居住在同样的物理环境里”(Johnson，2007)。说得真是太好了[3]。

如果直接描述交互特质有困难，还可以运用比喻。例如，前文提到的复印机案例（参考学生设计案例 7)，设计师除了用“共鸣”“亲密”“魅力”形容交互特质，还用了“邀请你跳一支舞”的比喻。由此设计出的复印机应该吸引人、使人愉悦，还有点神秘。这台设备有一个“手臂”，那是它的扫描装置。如果用户移动这“手臂”的动作太快或太唐突，会发现它是带阻力的，就像真的舞伴一样。

除了用语言描述交互特质，我们还可以使用其他方式，如草图、拼贴画，甚至舞蹈描述交互 (Klooster&Overbeeke, 2005)。后者发展成了交互舞蹈（choreography of interaction），可以帮助设计师探索和表现交互模型。

表现交互特质的其他方式

制作者：SietskeKlooster（上），Rick Porcelijn（下）

作为情境和产品的中间环节，交互（预见）的有效性应该与两者联系在一起进行检查。就情境而言，交互必须能够按照声明中的要求恰当地实现目标。就设计概念的形成而言，交互特质必须能够有效地被转换为产品特质。为此，交互的定义必须足够具体，这样设计师才能进一步确定产品要表现什么，有什么样的外形。最后，交互的定义不仅是必要的设计步骤（用于将情境转化为产品），而且能成为最有效的产品推广资源。交互描述的是产品与人的关系，而这种关系强调的是产品带给人的价值。因此，用来定义产品的交互特质和比喻也非常适合用来推广和传播产品价值。

注释

1 尽管意义是交互的结果，但我们通常把意义归于某个对象，就像是对象的属性一样。意义就像审美反应和情绪一样，都是交互的结果。

2 这里促进的方向就是声明里的目标。

3 多位学者 (Johnson, 2007; Gibbs, 2006 a; Lakoff & Johnson, 1980) 的研究已经表明，这种身体与环境的交互不仅塑造我们当下的体验，同时也是我们理解其他概念的基础。这也就是为什么我们可以理解语言背后的含义，比如“你必须克服（get over）你的悲伤”“他渴望（hungers）冒险”(Gibbs, 2006b)。

在最基本的层面上，我们可以把一件产品描述成由部件、形态、色彩和其他特征构成的对象。如果仅此而已，“它就无异于躺在地上的‘一件垃圾’”(Verbeek & Kockelkoren, 1998, p. 36)。任何产品，甚至这个世界上的任何“存在”，如人造物、动物、植物，甚至人自身，只有在与人发生联系的情况下才有价值 (Heidegger, 1997)。因此，一件“产品”只有在被人看见、使用、理解，与人发生交互的情况下，它才真正成为有意义的产品。

严格说来，我们不能用强壮、简洁或可靠描述某件产品。产品本身不具备任何意义，它的意义是人赋予的。此外，有些特质比其他的特质更容易赋予到产品上，比如，用温馨、舒适、吸引人来描述蛋椅（egg chair），相信不会有太多人提出异议。大多数人会同意，它的材料、颜色、交互性（旋转），还有宽裕的包裹感的确体现了这些产品特质。实际上，我们在一定程度上认同了，产品所延伸出来的这些特质似乎就是它的属性。因此，我们常常以“第二属性”来称呼这些特质。但严格来说，它们不是产品固有的属性。

这种混淆不仅出现在温暖、简洁这类“形象”的特质上。有时，我们也把产品的功能（在不同程度上）视为产品的属性。由于产品的功能常常是清晰具体的（如飞机用来飞行、灯用于照明、书用于阅读、笔用于书写），因此功能也常被视为产品的第二属性。然而，并不是所有的功能都是清晰具体的。例如，Dunne 和 Raby 在 2001 年的名为“安慰剂”（Placebo）的项目中展出过一件装置，你觉得它的功能是什么呢？[1]

ViP 设计法则对“产品特征”与“同用户行为相关联的产品意义”做了简单有效的区分。

产品特征指的是那些符号性的、表现性的、比喻性的特质，它们既可以用于描述产品，也可以用来描述人、对象或者生活中的任何现象。比如，人可以用友好的、灵活的、顽固的形容，这些词汇也能用来描述产品。服务可以是灵活的，天气和山也可以是友好的（比如要骑自行车翻越它）。这些特质并未具体说明这些“对象”能做什么或者如何使用，而是传达它们的表现和给人的印象。

Dunne和Raby在“安慰剂”项目中展出的装置，2001年

如果一个人伸出手，大多数人会认为他希望与自己握手。同样，产品也能传达使用和操作的信息。以锤子为例，锤柄适合抓握，锤头沉重，自然就适合挥动和敲击。抓握、挥动、敲击就成了锤子所包含的特质。产品特征以及与行为相关联的产品意义共同称为产品语义（product semantics）。产品语义的研究对象是产品形式特征的符号特质 (Krippendorff & Butter, 1984; Krippendorff, 2006; Vihma, 1997)。产品必须同时具备特征和意义，才能实现既定的交互。

在进一步探讨产品特征之前，让我们再看看“同行为相关联的意义”。1979 年，感知心理学家 James Gibson 提出了“可供性”(affordance) 的概念。可供性 (衍生自动词 afford) 是指在环境中与有机体相关联的固定属性的组合。Gibson 认为，我们对事物的感知取决于它们能提供什么——小刀可供切削、椅子可以让我们坐下。如果我们想在天花板上安装吸顶灯，椅子还可以提供一个站立的平台。同样是一块天花板，我们无法落脚，但是苍蝇却可以站在上面。产品的可供性属于（第二）属性，因为其意义只有在产品与具有特定身体特征和活动能力的有机体发生联系时才能体现。

唐纳德 • 诺曼 1988 年首次将“可供性”这个概念引入设计领域。对诺曼而言，可供性是指一件东西上所有影响使用者使用行为的特性，无论这些特性能否被感知到。诺曼认为按钮可供按压、把手可供推拉、履带轮可供滚动等。考虑到用户实际的使用行为常常是无法预测的，并且在很大程度上因交互环境而异，有些设计理论学者提出以“使用暗示”（use cue）的概念替代可供性：“使用暗示是指产品中那些人们用于（而不是可能用于）获得产品功能性意义的特征” (Boess & Kanis, 2008, p.322)。如果使用者不知道某个旋钮能够（也应该）被拧开，尽管这个旋钮可供拧开，但它对该使用者而言缺少拧开的使用暗示。使用暗示可以帮助你理解设计师期望的交互方式，但是它无法规定或者预测实际的交互方式。只有在实际使用过程中，才能验证使用暗示是否有效。

产品不仅仅是具有功能的机器，它们还有特征 (Janlert & Stolterman, 1997) 和个性 (Govers, 2004)。它们可以通过以下几个方面传播情感和文化信息。

- 功能，例如，常规航空公司提供的服务比廉价航空公司提供的更令人满意和吸引人；

- 形态，例如，高高直立的对象会显得更有气势、更威严 (Van Rompay et al., 2005)；

- 色彩，例如，青黄色给人偏冷的感觉，而红黄色让人感到暖意 (Arnheim, 1974)；

- 材质，例如，人们认为塑料比金属更廉价，更像玩具 (Karana et al., 2009)；

- 声音，例如，尖锐刺耳的声音往往用来发出警报，而风扇发出的嗡嗡声则让人平静 (Özcan, 2008)；

- 动作，例如，一扇能迅速开启的自动门让人觉得更体贴 (Ju & Takayama, 2009; Desmet et al., 2008)。

我们可以将上述表现特征视为产品的属性。这些特征只有在产品（包括产品的可供性或使用暗示）与人发生交互的情况下才会出现，并投射出产品的意义。

这些带有比喻性的特质我们是借助移情（empathy）、类比（metaphor）、习俗（learned convention）赋予对象的，这也称为体验投射（embodied projection）(Van Rompay, 2008)。体验投射是认知科学中的理论，是指用我们的身体对世界的理解和体验来描述我们创造的交互。人都怕冷，所以我们用温暖形容那些开放的、体贴的人或物。温度太高让人受不了，所以我们会用白热化形容过于激烈的辩论。类似的，我们用消沉（down）形容人情绪上的低落，用不稳定（unstable）形容人情绪失控。认知语言学（cognitive linguistics）和体验认知（embodied cognition）方面的研究 (Johnson, 2007; Lakoff & Johnson, 1980; Pinker, 2007) 表明，这类源于身体的体验随时随地影响着我们的日常用语和概念。同时，它们也能用于解释或设计产品的表现特征 (Van Rompay et al., 2005)。

设计师要设计产品的意义，意义是可以设计的。然而，意义的出现最终取决于用户与产品之间的交互，因此我们永远无法确定设计的意义能否被用户解读。

用户也许会用出乎意料的方式解读和诠释产品，甚至忽略一些细节。而这些细节是作为设计师的你从未想到会被忽略的。

如果意义没有按预期解读，那么设计师预见的交互方式就不可能发生。“对产品的体验，既包含用户带来的影响，也包含产品在其中起到的作用，二者缺一不可。从这个角度看，我们不可能设计体验本身。但是借助敏锐的感觉和技巧理解用户后，我们可以针对体验开展设计。”(Wright, McCarthy & Meekison, 2003, p.52) 类似的，我们也可以针对交互方式开展设计，针对产品意义开展设计。

注释

1 该装置名为 electro-draught exclud-er，它由导电泡沫制作，模仿了吸波材料的外形，能够屏蔽电磁信号。其功能是将个人私密的生活屏蔽在周围的电子产品之外。制作者希望“通过这个实验，将概念设计带入人们的日常生活。项目一共制作了八个装置，旨在探讨人们对家里电磁场的体验和态度……这些装置讲述了电子产品隐秘的故事（既有想象也有事实）。它们的造型采用了简约的设计，同时又给人似曾相识的感觉。”(Dunne & Raby, 2001)。

多年来，我们通过短期研讨、常规课程以及本科、研究生的毕业设计项目对众多学生开展了ViP设计法则的培训。我们从代尔夫特理工大学工业设计工程学院的ViP选修课中，挑选了10位学生的设计案例。这些案例从构建情境到生成设计概念，都是学生在7周时间内完成的。

开设这门课的主要目的是让学生熟悉 ViP 设计流程，因此设计结果并不是重点。每年，我们的客户会为学生选一个设计范畴。这些范畴大部分针对的是不久的将来（不超过未来 5 年）。选择为不久的将来设计，是为了证明具有原创性的设计不一定只属于遥远的未来，设计时效不会成为创新的限制。由于课时有限，学生无法构建完整的情境，他们只能以几个有趣的因素作为起点开展设计。不过，学生可以自由决定如何构建情境。有些学生直接根据找到的因素给出了设计声明；还有些学生甚至没有说明情境因素，就直接提出了情境。

Mark van der Woning

艾堡街头设施，2002 年

 文丘里隧道

❶ 背景信息和设计范畴

艾堡是阿姆斯特丹的一个新社区，位于阿姆斯特丹东侧的人工群岛上。当地政府希望设计一系列街头设施，彰显艾堡的独特之处。

❷❸ 情境

情境建立在三个主要因素上：

• 信息泛滥

我们的生活很忙碌，科技的发展让我们变得更加忙碌。我们仿佛时刻都在演出，随时需要处理大量的信息。

• 无意识状态

我们不停地从一个地方赶往另一个地方，鲜有时间放松、稍作停顿，或者思考一些事情。

• 缺少交流

我们不再关心社区里的事。人变成了统计数字，出门也各有各的安排。邻里之间相互不认识，见面也只是挥手打个招呼。

❹ 声明

我希望发生一些意想不到的事，能促使大家重新开始交流。

❺ 交互

交互是用一个比喻来形容的，就像“用吸尘器打扫房间时，一个东西突然卡在了吸尘器的吸嘴里。有一股力量把你由远拉近，最终让你无法挣脱”。

❻ 产品特质

出人意料的、大胆的、壮观的。

❼ 设计概念

设计概念是一座人造山峰。一条自行车道将这座山一分为二，形成一个隧道。在隧道里，你只能看到天空和隧道的出口。隧道的出入口宽，中间窄。风吹过时，会在隧道中间达到最大风速（文丘里效应）。

骑车穿过隧道时，如果顺风，你会被一股无形的力量推向隧道出口。如果是逆风，你就必须用力骑。从中你能体验到大自然的变化多端和难以预测的力量。渐渐地，这种体验就会成为艾堡人交流的谈资。

Robier Hartgring

艾堡街头设施，2002 年

路灯

❶ 背景信息和设计范畴

与上一个案例相同。

❷❸ 情境

情境建立在三个主要因素上：

• 向导
为了节省经费，新开发区的街头设施都是一样的，这让人们很难辨认方位。相同的设施既乏味，也容易让人迷路。

• 安全感
人们需要安全感。

• 昼夜的区别
白天和晚上，人们对环境的感觉是不一样的。天黑后，环境细节也会消失在夜色里。

❹ 声明

我希望人们在回家的路上感到舒适和安全。

❺ 交互

交互特质可以用踏实、易于识别、激励、安心、惊喜来形容。

❻ 产品特质

多变的、有识别度的、平衡的。

❼ 设计概念

路灯增加了夜间街道的识别度。每条街有独特的花纹，方便人们认路。花纹还可以用来区分不同的城区，甚至区分不同的城市。高识别度的花纹能让行人感到踏实安全。

花纹是由各种图案的反光元件实现的，易于安装到现有路灯里。一个几平方厘米的小元件可以将花纹清晰地放大 100 倍，投影到地面上。

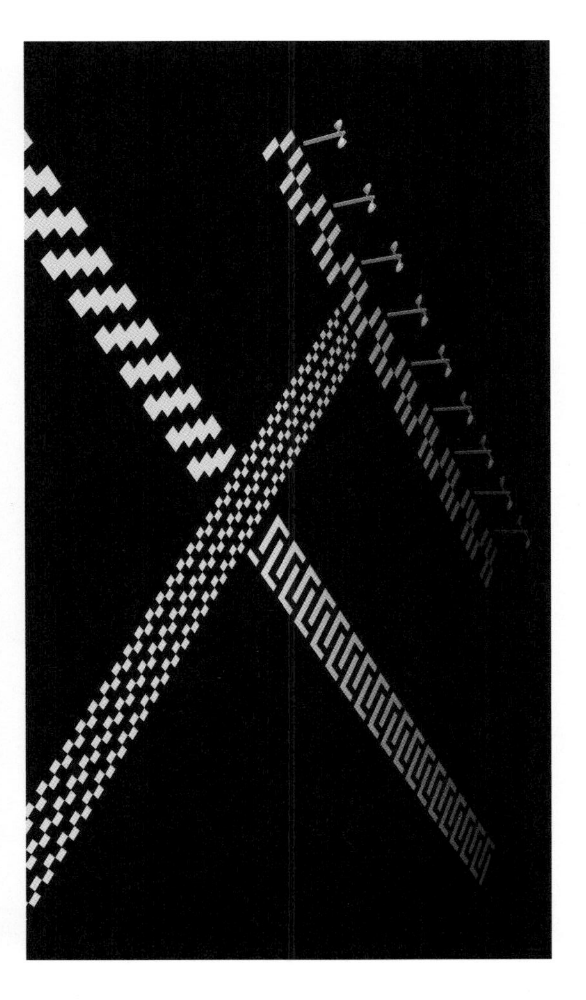

Emilie Tromp

宝洁公司洗涤工具，2004 年

 洗衣袋

❶ 背景信息和设计范畴

宝洁公司的产品线非常丰富，从个人护理、家居清洁、洗涤剂、处方药到一次性尿布，不一而足。公司希望“让洗衣任务变轻松”，进一步提高产品竞争力。我们曾在“ViP 设计流程”一章介绍过学生 Joost 为该项目设计的另一款产品“提神香料”。

❷❸ 情境

情境建立在以下几个主要因素上：

• 白日梦
人们希望摆脱单调的重复劳动，追求一种更有趣的生活。

• 掌控
面对越来越复杂混乱的世界，人们害怕生活失控。越来越复杂和电脑化的产品，让人们不得不花很多功夫才能掌握使用方法。

• 拟人化
如果某个物品唤起了用户的情感，用户就喜欢用人的特点来描述该物品。

• 洗衣服是女性化的活动
洗衣服仍然带有“照顾人”“女人味”这样的色彩。尽管男人也洗衣服，但是并没改变它的这种特点。

• 琐事
快节奏的现代生活方式不允许人们有时间享受琐碎的事情。在这个充满刺激的世界里，人们不再欣赏简单的小事情。洗衣服就不是一件受人待见的事情，甚至被视为紧张的现代生活中令人讨厌的琐事。然而，洗衣服确实能让人放松，给人安慰。这是一项慢节奏的、简单的任务，很容易掌握，它可以让人的心灵得到暂时的休息。

❹ 声明

我希望人们洗衣服时是享受和放松的（而不是心烦意乱的）。

❺ 交互

交互特质可以用亲密、简单、自动化形容。

❻ 产品特质

女性化、舒适、朴素、顺手。

❼ 设计概念

设计概念是一款柔软的防水洗衣袋。它背在身体前方，用来装洗好的衣服，方便洗衣者把衣服从洗衣机带到晾衣架。

有了洗衣袋，用户不必再频繁地弯腰取衣服，它简化了把洗好的衣服晾出去的过程，减轻了洗衣者的负担。

洗衣袋虽然柔软，但可保持稳定的形状，它贴在用户的肚子上，给人温暖的感觉。肩带的设计符合人机工程学，减轻衣服给用户带来负担。

这款柔软的、环绕着你的洗衣袋可以让你在洗衣服时做做白日梦，让洗衣服变成一种享受。

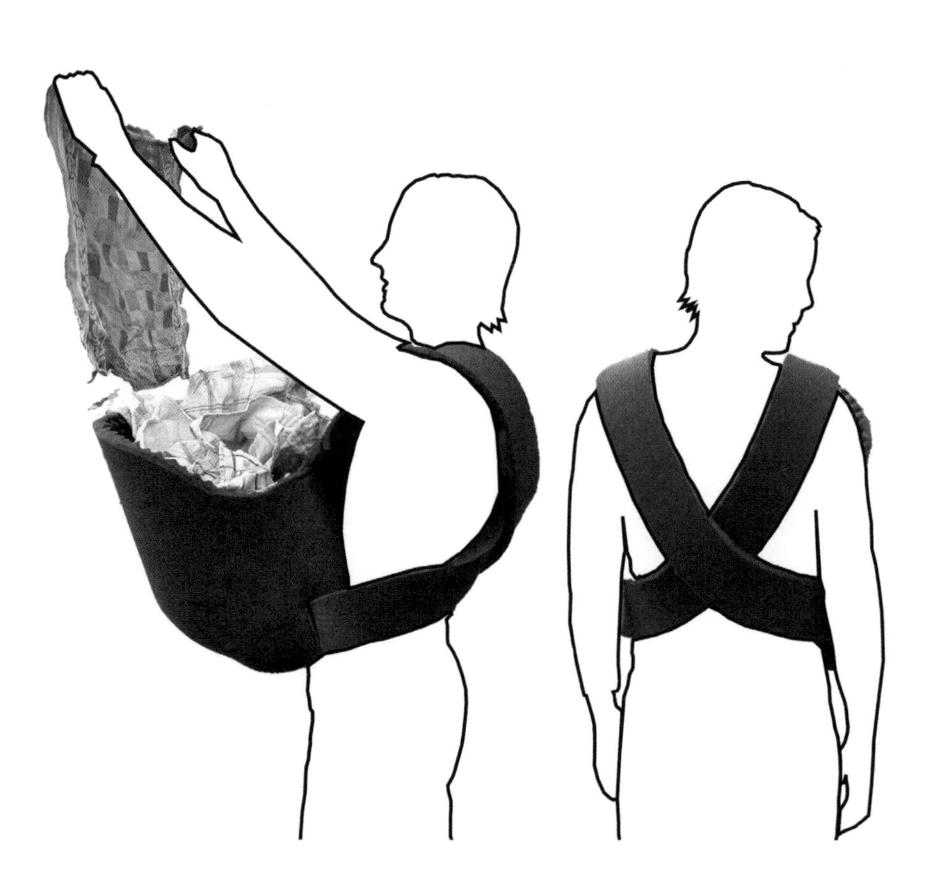

Hanneke Jacobs

宝洁公司家用电器，2004 年

计时熨斗

❶ 背景信息和设计范畴

与上一个案例相同。

❷❸ 情境

情境建立在以下几个主要因素上：

• 渴望认可
人强烈需要被认可，得到他人的尊重。

• 自利
人是自私的动物，只关心自己和自己感兴趣的事情。

• 害怕接触
人在接近他人时会犹豫不决，同时也不喜欢别人接近自己。这是为了避免被伤害。

• 妈妈是一家之主
在家庭里，母亲总是家庭主管。

• 间接沟通增加
如今，新的交流方式呈现指数级增长（如短信、电子邮件、手机通信软件等）。它们都为间接交流提供了便利。

以上因素的联系如下：如果你从来没有表达过对他人的感激，总是等待他人迈出第一步，那么你就不可能得到他人的认可。如果你总是被动等待，那么什么都改变不了。

❹ 声明

我希望人们主动地、坦率地表达对他人的感激。

❺ 交互

交互特质可以用接触、竞争、专注来形容。

❻ 产品特质

全神贯注、提高任务难度、有挑战性。

❼ 设计概念

设计概念是一款带有计时功能的电熨斗。在熨斗顶端有一个电子钟，它可以显示熨烫每件衣物所花的时间。熨烫结束后，熨斗会打印出一个小标签，记录熨烫时间以及熨烫者的名字，小标签可以贴在衣物上。这款熨斗可以吸引全家人参加熨烫比赛。只有当其他家庭成员也熨烫过衣物后，他们才会明白这项看似简单的家务其实并不容易，然后学会感激一家之主（通常是母亲）每天的操劳。

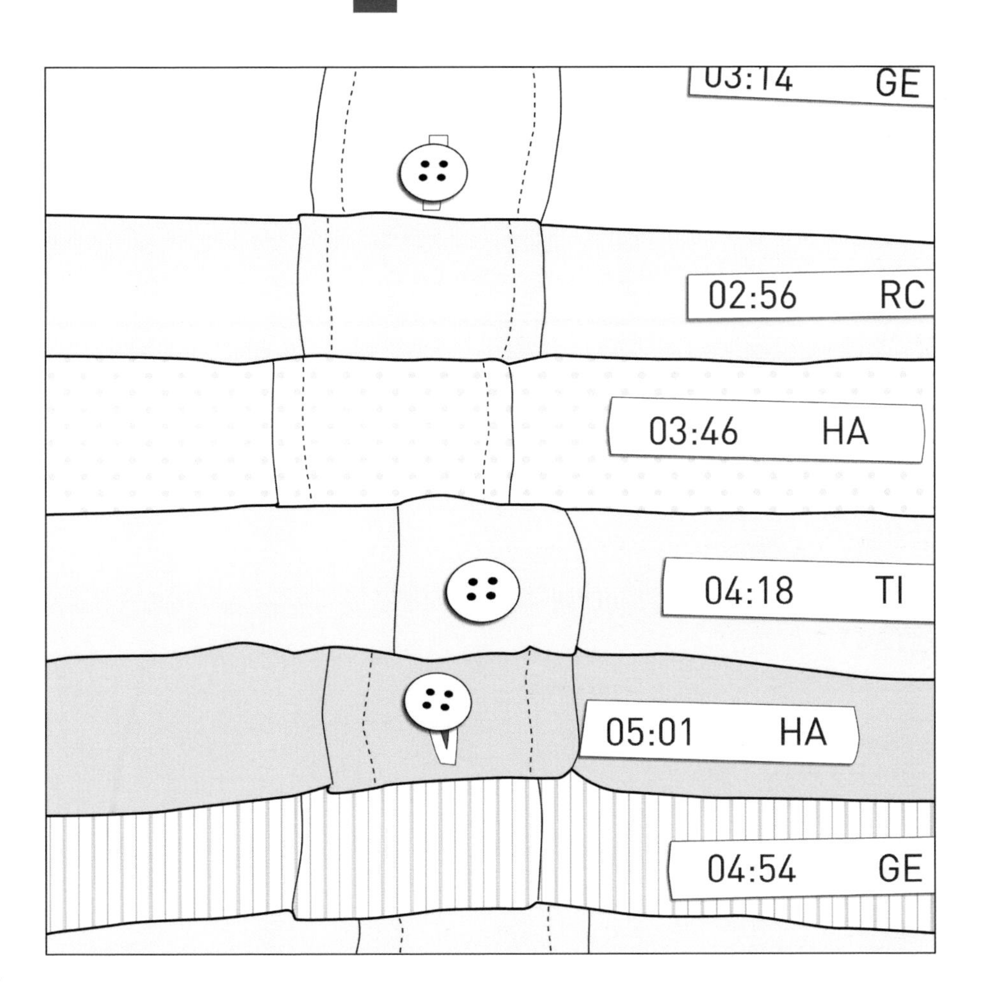
03:14 GE
02:56 RC
03:46 HA
04:18 TI
05:01 HA
04:54 GE

高桥麻子

荷兰社会事务部鼓励男性参与家务项目，2004 年

 样式橱柜

❶ 背景信息和设计范畴

荷兰社会事务部希望鼓励男性参与家务，目标在于使女性有机会发挥自己的才能，从事专业化的工作。女性更多地进入劳动力市场将有助于荷兰经济的发展。

❷❸ 情境

情境建立在两个主要因素上：

• 日常规律
人们喜欢有规律和确定的生活，因此日常生活是有固定模式的。

• 规律的美感
日常生活可以视为习惯的链条，甚至可以视为“对熟悉事物的庆祝”。生活规律中涵盖了很多价值。

❹ 声明

我希望人们在从事日常家务时享受其中的规律和确定性。

❺ 交互

产品的交互特质可以用日常规律、显而易见、确定性、启发性来形容。

❻ 产品特质

重复的日常活动、结构化、个性化、易于识别。

❼ 设计概念

设计概念是一款样式橱柜。家庭生活的规律性和确定性对一个人来说至关重要。这个橱柜将日常生活中的“样式”视觉化：橱柜每一格的形状和大小都是遵照常用厨房用品设计的。它让习惯变得一目了然。

nutella
SUIKER
Bak meel

Lara van der Veen

荷兰社会事务部鼓励男性参与家务项目，2004 年

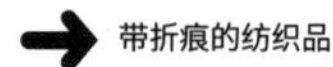

带折痕的纺织品

❶ 背景信息和设计范畴

与上一案例相同。

❷❸ 情境

女性包揽了大部分的家务活，并且相信自己是最在行的，在她们的打理下，家务的效率和效益得到最优化。女人对男人提出的新的做家务的方法很抵触，并且总是对男人所做的家务指指点点。因此，男人觉得自己没必要参与家务，而且也不具备这方面的优势。女人总是把一切都做完，不然她很难做到不挑剔男人做的家务，甚至会重做一遍。

❹ 声明

我希望女人放下自认为对待家务更在行的执念，邀请男人帮忙，让女人展现出温柔、幽默的一面，同时也让男人有机会参与家务。

❺ 交互

产品的交互特质可以用去神秘化、轻松愉快来形容。

❻ 产品特质

不言而喻的、预制的、简单的、可控的、大方的。

❼ 设计概念

设计概念是一系列纺织品（如毛巾、被单、衬衣等）。这些纺织品带有预制的折痕，指示应该如何折叠。简单的折痕和指示能为共同参与的男女带来欢乐。你既可以按要求来叠，也可以完全忽略指示，毕竟它们只是纺织品上的一条“线”而已。

Karen Zeiner

荷兰皇家航空公司飞行体验项目，
2005 年

 iflyer 探测器

❶ 背景信息和设计范畴

为了扩大竞争优势，荷兰皇家航空公司希望提升洲际航班乘客的飞行体验。

❷❸ 情境

情境建立在以下几个主要因素上：

• 科技社会
我们生活在一个依赖科技的社会里。社会变得越来越复杂，门外汉是不可能了解其科技基础的。

• 多任务状态
人们常常发现自己在打电话的同时，还在看电视和吃晚饭。我们在有限的时间内做着好几件事。多任务状态是一种癫狂的心理状态，其原因是社会看重个人的能力表现和对科技的依赖。

• 科技保护罩
人们常常希望把自己与外部世界隔离开来。科技让这种需求变成了现实，它能让人躲在一个永久的（科技）保护罩里面。

• 复杂的人类
人类的思维是复杂的。人们希望采取前后一致的行动，却发现无法按照单一的模式生活。

• 自发性与规划
人们的生活变得越来越不灵活，导致他们对“自发”和“不用费心”的产品和服务的需求增加。然而，“自发”往往是由规划带来的。人们总是有计划地希望事情自然地发生，比如“我们在 X 地点见面，然后看看会发生什么”。

• 好奇心
人类天生好奇。好奇是人类的原始本能，也是推动人类进步的动力。好奇心激发人们学习、发展和探索。

飞行体验涉及人对科技的依赖，以及人们对自由、独立、掌控感的渴望。旅行在西方世界被视为一种自由的象征，然而，在飞机上的时间却相当无聊，只有到达目的地后，旅行才算开始。

❹ 声明

我希望通过激发心灵旅行，让乘客在有限的机舱空间里体验自由的感觉。

❺ 交互

交互特质可以用像梦一般的沉思、逐渐发生、忘我来形容。

❻ 产品特质

唤醒好奇心、触发思考、令人惊叹、不突兀、自动展示。

❼ 设计概念

iflyer 可以记录一定飞行半径范围内出现的其他航班，在乘客座椅前方的小屏幕上显示附近有多少航班，以及它们的飞行方向和目的地。

Iflyer 增添了乘客对航班和航线的感性认识。当航班飞过“交通拥挤”的天空时，乘客会感受到航空交通的“高峰期”。当航班飞越大西洋时，乘客会被它的辽阔所征服。然而，更大的惊喜还是来自于邂逅其他航班。

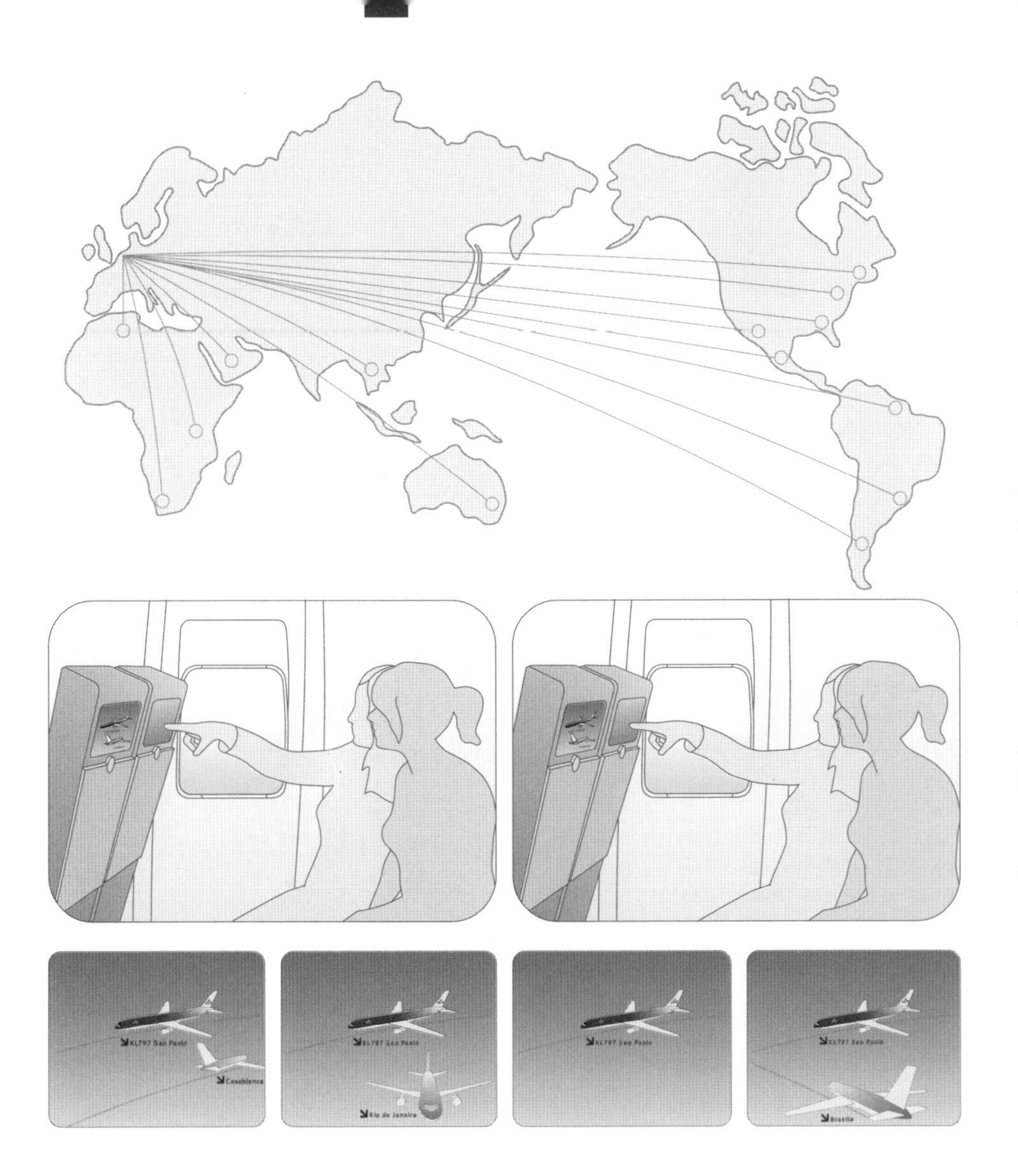

KL797 Sao Paolo
Casablanca
KL797 Sao Paolo
Rio de Janeiro
KL797 Sao Paolo
KL797 Sao Paolo
Brasilia

Wybrand Boon

荷兰皇家航空公司飞行体验项目，
2005 年

共享空间

❶ 背景信息和设计范畴

与前一个案例相同。

❷❸ 情境

情境建立在以下几个主要因素上：

• 安全感

只有在确保安全的情况下，乘客才可能进一步感受愉悦和奢华。安全感不仅指身体安全，也包括在拥挤的机舱里的“社交”安全感。

• 过度消费

消费是西方社会的一大特征。我们总是在追求更多的东西，而很少反思是否真的需要这些东西。这种行为带有强迫症的味道。

• 紧张感

飞机乘客常常不得不跟陌生人共享空间。这导致乘客之间充满了尴尬和令人不舒适的紧张感。

不愉快的飞行体验主要都是由这些原因造成。此外，乘客还要遵守各种规章制度，不能自由行动，这更加剧了紧张感。

❹ 声明

我希望尽可能降低乘客不方便的体验，同时让他们适应机舱里的环境。

❺ 交互

产品的交互特质可以用谦让、真诚、微妙来形容。

❻ 产品特质

忠诚的、奉献的、可分享的、有耐心的、感兴趣的。

❼ 设计概念

该设计概念增加了每位乘客的乘坐空间，让乘客可以更自由地活动。同时不再将乘客前方的置物袋分隔开，而是由三至四人共享。飞机上提供的读物内容应该广泛，包括杂志、报纸、智力游戏等。

这个设计以微妙的方式促进了乘客间的交流，为谦让的、共享的、真诚的交互打下了基础，让乘客感到更加舒服。乘客可以更容易地融入、适应这个环境，甚至开始享受飞行。

BusinessWeek

9

尹政钧

荷兰铁路公司乘车体验，2009 年

时间穿梭

❶ 背景信息和设计范畴

荷兰铁路公司希望改善铁路旅行的体验。该项目的设计范畴是“将乘坐火车的时间变成属于你自己的时间”。

❷❸ 情境

情境建立在以下三个主要因素上：

• 人们的感受基于过去的经验
人们的感受是主观的。他们会根据过去的经验诠释看到的东西，他们会从环境中挑选自己愿意看到的元素。

• 物品反映主人的个性
主人的习惯和嗜好决定了使用产品和空间的方式。比如，有些人会仔细地整理随身物品，让他的座位与众不同，而另一些人径直坐下，什么都不做。

• 从忙碌到放松
人们越来越愿意从事无目的的活动，以便让自己暂时忘掉工作，放松下来。

❹ 声明

我希望为乘客提供遐想和沉思的机会。

❺ 交互

交互特质可以用以下两个比喻来形容：

• 邂逅老朋友
在人群中邂逅老朋友，我们的注意力会完全放到朋友身上，同时有万千思绪涌上心头。

• 随手涂鸦
看起来毫无意义的涂鸦作品却能展示一个人的内心世界，但只有创作它的人才能够（正确地）解读。

❻ 产品特质

伪装、浮想联翩。

❼ 设计概念

设计概念叫时间穿梭，它是和火车车窗融为一体的显示屏，乘客看到显示的画面会产生遐想。当乘客望向车窗外时，他们会时不时看到一些影像，显示的正是此刻窗外的风景，只不过拍摄于不同的季节。显示同一景点在不同季节的影像能唤醒乘客的回忆，从而引发遐想和沉思。

欣赏车窗外的风景

回忆被不同季节的影像唤醒

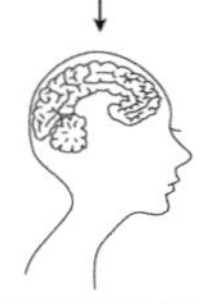

引发遐想和沉思

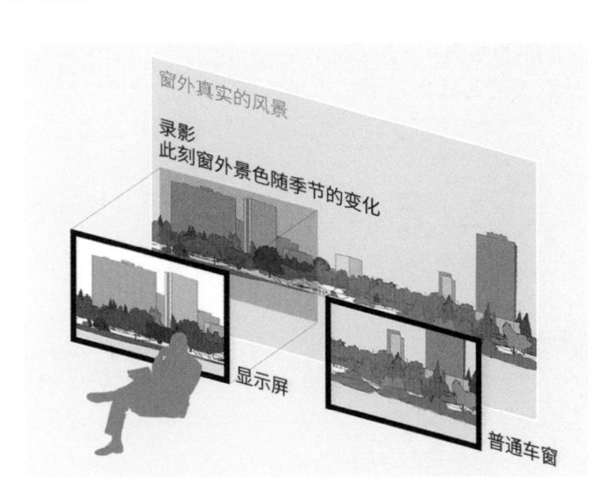

Novi Rahman

荷兰铁路公司乘车体验，2009 年

 行程提示

❶ 背景信息和设计范畴

与上一个案例相同。

❷❸ 情境

旅途中人常常思绪万千，这种思绪受外界因素干扰，会影响乘客对时间和空间的感知。

人对时间的感觉会因为远离现实而发生变化，比如有时他们觉得时间过得飞快，有时又觉得度日如年。

❹ 声明

我希望拉开旅途与现实的距离，改变人们对旅行时间的感觉。

❺ 交互

交互特质可以用沉迷、直接、令人信服、放松来形容。

❻ 产品特质

感知、错觉、强烈、逼真。

❼ 设计概念

行程提示是一款集成在荷兰铁路旅行规划服务 App 里的小应用。该应用可以将乘车时间转换成相应时长的活动：阅读、玩游戏、听音乐、睡觉等。例如，它可以将乘车时间转换成对应时长的音乐——到达目的地之前可以享受的音乐。

有了这个小应用，乘客就不会再担心坐过站，也就不必时不时地查看时间和经过了哪些站点。他们可以放心地睡一觉，或者享受喜欢的音乐。

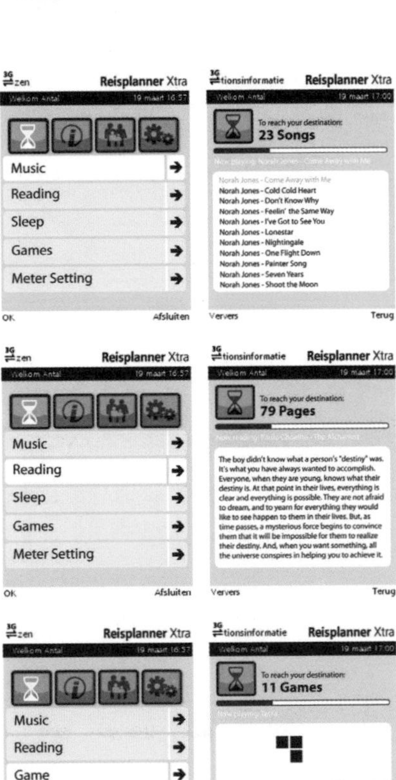
Reisplanner Xtra
Welkom Antal
19 maart 16:57
Music
Reading
Sleep
Games
Meter Setting
OK
Afsluiten
To reach your destination:
23 Songs
Norah Jones - Come Away with Me
Norah Jones - Cold Cold Heart
Norah Jones - Don't Know Why
Norah Jones - Feelin' the Same Way
Norah Jones - I've Got to See You
Norah Jones - Lonestar
Norah Jones - Nightingale
Norah Jones - One Flight Down
Norah Jones - Painter Song
Norah Jones - Seven Years
Norah Jones - Shoot the Moon
Ververs
Terug
To reach your destination:
79 Pages
The boy didn't know what a person's "destiny" was. It's what you have always wanted to accomplish. Everyone, when they are young, knows what their destiny is. At that point in their lives, everything is clear and everything is possible. They are not afraid to dream, and to yearn for everything they would like to see happen to them in their lives. But, as time passes, a mysterious force begins to convince them that it will be impossible for them to realize their destiny. And, when you want something, all the universe conspires in helping you to achieve it.

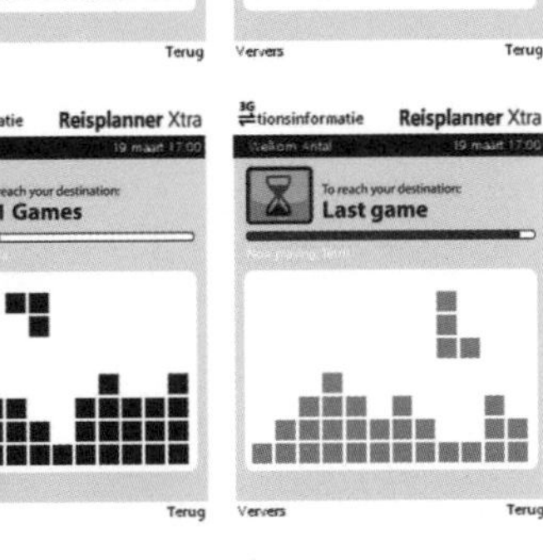
Reisplanner Xtra
To reach your destination:
Last page
I don't live in either my past or my future. I'm interested only in the present. If you can concentrate always on the present, you'll be a happy man. Life will be a party for you, a grand festival, because life is the moment we're living now.
In his pursuit of the dream, he was being constantly subjected to tests of his persistence and courage. So he could not be hasty, nor impatient. If he pushed forward impulsively, he would fail to see the signs and omens left by God along his path.
To reach your destination:
Last game
Ververs
Terug

Reisplanner Xtra
Welkom Antal
19 maart 16:57
Music
Reading
Game
Sleep
Meter Setting
OK
Afsluiten

Reisplanner Xtra
To reach your destination:
70% Sleep time
Ververs
Terug

Reisplanner Xtra
To reach your destination:
3 % Sleep time
Ververs
Terug

>从隐藏的情境因素的角度看待产品，你将感受到并最终看到新的可能性。<

150 多年前，达尔文出版了《物种起源》。这本书从根本上改变了人们对人类和生物进化的看法。达尔文提出，物种的进化是自然选择的结果，是通过变异、选择、繁衍实现的。随机变异（后证实为基因突变）保证了新物种的持续出现。在大多数情况下，发生变异的物种适应性很差，它们来得快，消失得也快。当然，在很偶然的情况下，变异带来的新机能可以更好地适应环境，于是这些新物种得以存活下来。新机能再通过繁殖传递给下一代。这个过程称为物种与环境的进一步匹配。经过这种漫长的、“盲目的”进化，生物发展出完全适应环境的机能和系统（如眼睛），看上去就像是根据环境要求设计出来的一样。如果不了解进化过程，人们很可能会将这些“美丽的设计”归功于某位聪明的设计师，认为它们出自上帝之手。

人们喜欢把设计领域发生的事比喻成生物进化，把设计师看成“不那么盲目的”变异创造者，其设计接受实践的检验。如果产品在环境中（市场上）获得成功，这个设计将被大量生产（复制），它就能（尽管是暂时地）存活下来。设计本身也有适应能力，可以满足外部环境的要求，比如那些有目的地设计的“机器”。还有人将设计看成 Dawkins 提出的模因 (Dawkins, 1976)：设计也是一种文化基因，它能承载文化信息，并将它传承下去。达尔文的进化论本身就是非常成功的模因。许多设计著作都直接或通过比喻引用了进化过程 (Basalla, 1988; Petroski, 1992; Steadman, 1979)。关于生物进化与设计进化的可比性，以及两者是否都属于广义上的达尔文主义，一直存在争议 (Hekkert, 1996; Steadman, 1979)。尽管用文化进化论来做类比，看起来似乎比自然进化论更可取，但是自然进化论的类比仍然很有影响力。

设计领域最广泛采用的进化论概念是适应（adaptation）和匹配（fitness）。就像生物通过自然选择适应环境那样，产品与设计也要与环境匹配。建立起这样的适应与匹配正是设计师的任务。建筑设计师 Christopher Alexander 曾说过：“所有设计都要完成两个对象——解决方案与它所处的情境——的匹配。”有趣的是，Alexander 认为这两个对象都是无形的。产品是无形的不难理解，因为外形

和功能尚未设计出来。那么情境呢？“尽管情境是触手可及的，但它却很难充分地描述出来。”(Alexander, 1964, p.20)

Alexander 将设计的外形和功能，以及情境视为一个相互作用的整体：设计的外形与功能必须适应情境，情境也要适应设计。“理解情境，以及设计的外形、功能适应情境，实际上是同一个过程的两个方面”。(Alexander, 1964, p.21) Alexander 列举了一些不匹配的例子（它们通常比匹配的情况更容易理解）：“难以打扫的厨房，找不到停车位，孩子玩耍时可能被车撞，雨水渗进了屋，拥挤且缺少隐私的环境，过高的烤架把热油溅进了我的眼睛，闪着金光的门把手竟然是塑料做的，怎么都找不到的前门，这些都是生活中不匹配的情况”。（有自我意识的）设计师[1]如果以这种宽泛的方式看待情境是很难设计出匹配方案的，“因为需要同时考虑的因素太多了”。设计师要寻找的是两种无形对象的协调与美学上的匹配。

Herbert A. Simon 的著作《The Sciences of the Artificial》在更大的框架下探讨了适应性和匹配性。在这本书第二版的前言中，Simon 总结了他的主要观点：“本书认为某些现象在非常特殊的意义上是‘人工的’：它们之所以以这种形式存在，是因为它们所在的系统是按照特定的动机和目的建立的，以便适应所在的环境。如果说自然现象对自然法则的屈从带有‘必然性’，那么环境对人工现象的塑造则带有‘偶然性’。”出现这种“偶然性”是因为人工制品的存在是为了满足我们的需求，“它们要适应人的动机和目的”。“满足人的目的，或者适应人的目标”，Simon 接着写道，“涉及三方面：目标、人工制品的特征、人工制品运作的环境”。关键在于，人工制品是内部环境与外部环境之间的交互界面。这里内部环境是指人工制品的基本形态和属性，外部环境是指人工制品运作的环境。“如果内部环境与外部环境相互适应，那么人工制品就能满足目标。”Simon 提出的“人工制品是适配内部环境与外部环境的交互界面”的观点，适用于任何的系统，无论是鸟，还是飞机，无论是自然生物，还是人造物。

尽管人在涉及人工制品的适应性时，也属于外部环境的一部分，但人本身也是自适应的行为系统。“人具有一定程度的适应性，其行为在很大程度上反映外部环境的特征，同时也反映其内部环境（使思考成为可能的生理机制）的少数属性”(Simon, 1996)。因此人的行为（人与环境的交互）被视为有机体对环境的适应性反应。由此，我们也可以将人工制品与环境的交互视为人工制品与人的交互

(Gijsbers, 1995)。如果这个交互是合适的，那么人工制品（或其内部环境）就成功地适应了外部环境。通过交互，产品就能完成目的，获得意义。“人造世界就处在内部环境与外部环境的交互界面上；人造世界就是要让内部环境适应外部环境来实现我们的目标”(Simon, 1996, p.113)。任何设计师，无论是建筑、制药、法律、商业、教育领域的设计师，还是工业、平面、时尚领域的设计师，其任务都是要建立具有这种适应性的交互界面。

用达尔文的自然进化过程来类比文化进化过程的主要不足是自然进化具有盲目性。“与生物进化不同，技术与文化的进化依靠人的思想和参与，人为技术、文化的进化注入了意图和目的，而自然进化则完全依靠无法控制的机会和宿命”(Steadman, 1979)。为了避免拉马克式的进化理论（Lamarckian version of evolutionary theory）[2]，Martindale 根据达尔文的第二进化驱动力（享乐和性选择）补充了另一种解释 (Martindale, 1986, 1990)。Martindale 指出，人们选择文化用品并不仅仅是因为它与环境相匹配，更是因为它比其他物品带来了更多的愉悦感。这个观点既适用于对艺术品的选择，也适用于对工具（如斧头）的选择——人们选择铁斧头是因为“它不但能完成石斧的工作，而且更省力”(Martindale, 1986, p.50)。因此，文化进化中的选择是被愉悦感驱动的，因为很多时候重复的、令人厌烦的、习以为常的东西会让愉悦感消失殆尽。Martindale 还给出了不少建议，帮助设计师和艺术家提高这种愉悦感，避免不断重复带来的厌倦感 (Hekkert & Leder, 2008)。Martindale 用这套理论模型描述和预测了艺术和文化领域的诸多变化。

最后，让我们回到模因的概念上来。我在视频分享网站 Youtube 上发现，Leonard Cohen 的经典歌曲“哈利路亚”（Hallelujah）不仅被当红的 Jeff Buckley 翻唱，还曾被众多知名和不知名的歌手翻唱过，包括 Bon Jovi、Rufus Wainwright、KD Lang、John Cale、Sheryl Crow、Damien Rice 等。虽然翻唱的版本各不相同，但显然都改编自 Leonard Cohen 的“哈利路亚”。所有这些版本的“哈利路亚”就像模因一样，从一个歌手传到了另一个歌手。

模因是 Richard Dawkins 在 1976 年提出的概念，它就像自然选择里的基因。模因是文化信息的载体，它既可以纵向传播（例如母亲传给子女，老师传给学生），也能横向传播（比如网络传播）。模因既可以是想法、音乐、礼仪、风俗、时尚，也可以是建筑形式，它通过模仿在人的大脑之间传播 (Dawkins, 1976; Blackmore, 1999)。像基因一样，“模因也是无形的，它存在于各种载体（图片、书籍、谚语、工具、建筑、发明）里”(Dennett, 1995, p. 347/348)。无论模因的单位是什么，它都不是独立运作的个体。它可以通过合并形成“模因复合体”(memeplexes)，比如各种宗教形式 (Dennett, 2006)，从而获得强大的力量和生命力 (Blackmore, 1999)。模因甚至具有传染性，就像某些我们反复哼唱的歌曲一样，它会控制我们的思考和行为。

幸运的是“人有能力挑战天生的自私基因，甚至挑战习得的自私模因……人是一台基因机器，正如文化是一台模因机器，但我们有能力反抗造物。我们是地球上唯一能够阻止自私不断复制的存在”(Dawkins, 1976, p. 215)。设计就是一种反抗的手段。

注释

1 Alexander 对无自我意识的设计师和有自我意识的设计师做了区分 (Alexander, 1964)。前者是“原始的”设计师，他们的作用仅仅是发现不匹配的地方，然后加以改正。而“设计师对自己作为一个个体的有意识的认识，对设计的形式和功能都会产生深远影响”(p. 59)。

2 拉马克（Lamarck）的理论认为，基因型（genotype）所拥有的特征可以直接从身体对环境的适应中获得 (Dennett, 1995)。今天我们知道，修改身体器官（译注：如整容）是不可能变改 DNA 的，但类似的转变过程在文化进化中（借助设计和指导）是完全可行的 (Steadman, 1979)。

从根本上说，所有设计过程都是解决问题的过程。有人会说不一定有问题，但是至少存在对现状的不满，或者对未来的憧憬。人们总是迫切希望从“较差的”状态变成“更好的”甚至“理想的”状态，这些需求都可以看成是问题——什么样的设计方案可以满足这种愿望？

无论设计师是否将这些需求视为问题，他们通常会把这种初始状态视为定义不清的或结构混乱的 (Simon, 1996)。也就是说，对现有状态和目标的描述不足以让他们运用现成的原理和方法找到解决方案。因此，解决问题需要他们在“直截了当的解决方法”范围之外寻找方案。这就涉及许多“神秘的”方法，比如创意思维（creative thinking)、直觉（intuition)、创造性思维（productive thinking)、洞察力（insight)，甚至灵感（Aha-Erlebnis)。

通过研究大量创新的问题解决方案，人们总结了有可能影响创意的因素。这些研究比较了不同的问题、不同的初始状态，以及不同经验的设计师，发现了一些规律。

思维定势会妨碍创意 (Dominowski, 1995; Smith et al., 1993)。解决问题的人往往会被最初的问题呈现方式缚束，想不出有创意的解决方案。例如，Jansson 和 Smith 的研究表明，如果在设计之前给设计师看相关的设计案例，那么他们的设计就很难跳出案例的框框，就算案例有明显不合理的地方，也不会影响他们的“模仿”(Jansson & Smith, 1991)。对问题的描述也存在类似的效应。封闭的问题描述（如为铺路人设计保护膝盖的产品）会限制创意的发挥，相比之下，开放的问题描述（如设计一款产品，缓解铺路人膝盖的疼痛）更容易带来有创意的解决方案 (Goldschmidt et al., 1996)。问题的描述方式很大程度上决定了最终解决方案的质量 (Mumford et al., 1996a)。

对信息的研究程度也会影响解决方案的创意。用于搜索信息的时间越多，提出新颖解决方案的概率就越高 (Mumford et al.,1996b; Perkins,1995)。有些设计师还会考虑一些相互矛盾的因素，因为它们有可能带来新的思路 (Mumford et al., 1995b)。此外，那些看上去与问题范畴不太相关的信息，也可能提高解决方案的原创性。实验表明，考虑此类信息的学生设计的方案，比只考虑明显相关信息的学生设计的方案更有创意 (Snoek et al., 1999)。进一步的研究证实，这种结果的出现是由于前者对问题有了更新颖的表述。

有创意的解决方案还常常通过类比的方式借鉴其他领域的经验。研究表明，人可以从记忆里寻找相似信息来解决问题，并且存在某种最优的抽象层次和问题呈现方式（模式）来开展这种类比思考 (Gick & Holyoak, 1980, 1983)。专业人士喜欢用更加抽象的、结构化的方式描述问题，这有利于他们从其他领域借鉴经验 (Novick, 1988; Gentner, 1989)。此外，“以解决问题为导向的教育比只传授知识的教育更有利于发展类比思维……应该鼓励学生从多角度，用不同的观点看待事物。”(Vosniadou & Ortony, 1989)

设计启示

为了将上述发现运用到设计领域，学者们总结了不少技巧 (Baxter, 1995; van Gundy, 1988)。这些技巧包括：问题抽象化（简化问题至最基本的元素）、运用格言和谚语、集思广益的头脑风暴（在其他领域寻找类比），等等。尽管这些技巧在特定的设计阶段能发挥作用，但它们也存在两方面的局限。首先，这些技巧是孤立的，没有形成系统的设计方法，因此，A 技巧与 B 技巧之间缺少逻辑联系。其次，这些方法都是开放式的。也就是说，它们既没有给出寻找想法或类比的方向，也没有提供任何用于测试想法是否合适的标准。解决方案的创意无法在孤立的状态下进行评价。现在人们普遍认为，创新的解决方案应该不仅是新颖的，而且是合适的、有价值的 (Runco & Charles, 1993)。解决方案是否合适，必须将其放在发挥作用的文化社会环境下进行评估。“产品创意的价值要以已有的价值观、态度、知识为基础”(McLaughlin, 1993)。这些技巧只告诉设计师怎样寻找想法，而没有说明去哪里寻找，也没有说明如何评估。

有创造力的设计师首先要做的是打破问题的结构，对其进行重组。设计师应该牢牢把握已知的与问题相关的知识、规律、假设，把它们逐条列举出来进行审视。设计师应该对条件反射说不 (Goswami, 1996)。只打破问题的结构还不够，你还要建立起新的结构 (Akin & Akin, 1996)。建立新结构的方法之一是用新方式表述问题。已经有学者证明，重新表述问题就能带来更有创意的解决方案 (Mumford, Reiter-Palmon & Redmond, 1994)。其他学者也提供了这方面的证据 (Okuda, Runco & Berger, 1991)。重新表述问题的目的是克服思想上的僵化。这与著名的发现问题（problem finding）法则是一脉相承的。该法则被视为创造性解决问题的基本前提 (Csikszentmihalyi, 1988)。发现问题或者说重构问题本身就是解决问题的过程 (Simon, 1988)。

让设计师认识到人的需求是随着时间变化的——因为影响需求的社会、科技、文化状态会改变——已经足以扩大设计师的视野，并且迫使他们重构问题。我们曾经做过一个实验，比较两组设计师的设计结果。我们给其中一组设计师提示，让他们意识到情境可能发生的变化；而另一组设计师没有收到这样的提示。两组设计师的任务都是设计一款五年后使用的闹钟。我们发现，前一组设计师不仅花了更多时间收集信息，他们的设计概念也得到了更高的创意分（原创性得分与恰当性得分之和）。当评委了解了设计师构建的情境后，这种得分优势就更加明显了。尽管实验步骤还不够完善，但“它清楚地表明，适当的引导能让设计师做出更有创意的解决方案。”(Snoek & Hekkert, 1998)

以新的方式重新表述问题可以形成一种有力的概念结构，用于借鉴其他领域的经验。如果问题的表述足够抽象，它能带你进入其他领域寻找解决方案 (Vosniadou & Ortony, 1989)。这种“结构”不仅能指导生成解决方案，还能用作判断标准。而创新设计研究一直在强调判断标准的重要性 (Campbell, 1960)。

本文根据 Hekkert (1997) 的论文修改而成。

为了提高创新的成功率，终端用户（或消费者）的观点受到了越来越多的重视。这似乎是有道理的，毕竟企业的生死存亡是由消费者决定的 (Hax & Wilde, 1999)。

企业迫切需要能吸引顾客、让顾客满意、留住顾客的建议和方法。本文将从商业角度揭示什么是创新，并且讨论消费者认为什么样的创新是新颖的。最后尝试指出企业应该如何从设计上留住客户。

从商业的角度看创新

创新的定义是什么？创新是指实现一个新的想法、流程、产品，并把它投放到市场上供人使用。如果没有投放到市场上，就不能称为创新，只能叫发明。发明只是一个新想法的呈现，而创新则强调实际投入使用 (Fagerberg, 2004)。

有关创新的学术文章大多讨论的是新产品和新服务的开发和投放市场。20世纪初期，经济学家 Schumpeter 就对创新进行了详细的分类 (Schumpeter, 1926)。除了新产品和新服务的投放，创新还可以发生在流程层面（如采用新的生产方法）、市场层面（如打开新市场）、供应链层面（如使用新材料和新部件），以及公司层面（如引入新管理模式）。

创新会让谁获益呢？从上述分类中，我们不难看出终端用户、制造商、供应商都能获益。制造商、供应商的获益来自创新所带来的更低的制造成本和更高的利润。然而，研究也发现，公司在创新上的投入并不总会获得相应的经济回报。竞争者的模仿和供应商对原材料的定价都会影响利润 (Teece, 1986)。

是谁在推动创新？消费者可能会觉得某些产品不再令人满意，提出需要新产品（这种情况常常发生在科学仪器上）。除此以外，供应商、制造商及其他利益相关方也有可能推动创新。比如，现在社会对环保材料的需求不断增加，就可能出现这方面的创新。这种创新会影响到许多方面，而不是仅仅只涉及产品和服务。

经济学家 Von Hippel 认为创新是公司从事的最重要的活动之一 (Von Hippel, 1988)。公司靠创新获得竞争力，但这并不代表创新没有风险。创新可能需要大量的资金投入，但并不保证一定能获得商业上的成功。据估计，投放市场的新产品有 35% 是失败的 (Cooper, 1993)。

颠覆式的创新（与现有产品和服务差异极大的创新）尤其容易失败。因为创新者很难让广大消费者接受这种创新所蕴含的潜在价值。莱特兄弟制造飞机是科技史上的一次具有历史意义的突破，然而他们在商业上并没有获得成功。当时的人还不理解飞行的意义。管理学者 Verganti 指出创新需要时间才能获得商业上的成功 (Verganti, 2008)。

考虑到创新的困难和风险，一般的公司不会轻易创新，除非市场调研显示消费者认为公司的产品和服务已经过时了，或者行业分析的结果不乐观。著名的五种竞争力模型（five-forces framework）(Porter, 1979) 正是用来开展这种行业分析的方法之一。它通过检查行业内现有企业的竞争程度、新竞争对手的威胁、替代产品或服务的威胁、供货商的议价能力，以及客户的议价能力来分析该行业是否具有吸引力。这个模型可以帮助企业制定提高竞争优势的策略。

人们通常是抵触变化的，但创新又是保持竞争优势的必要方式。开展创新有时会在公司内部遭到抵制。创新者必须设法克服来自公司各个层面的阻力。这就需要公司采用新的管理思路、管理方法、管理流程 (Kuhn, 1993)。创新的成功不仅依赖好点子，也取决于公司对人才、时间、资金的管理。

商业导向，设计驱动

创新现在不仅包括开发新功能和采用新技术，也包括带来新意义。Verganti 研究过一批知名的、重视设计的公司（包括 Bang & Olufsen、Alessi、Swatch、Apple 等），他指出能带来新意义的产品与具备新功能、采用新技术的产品一样能在市场上获得成功。例如，Swatch 赋予手表新的意义，把它从显示时间的工具变成了时髦的饰品。由此，Verganti 提出了设计驱动创新（design-driven innovation）理论，强调产品和服务要重视提供新价值。他认为意义创新是可行的创新方式。(Verganti, 2008) 设计驱动的创新通过具有新意义的产品来引导市场，而不是生产类似已有产品的东西。为了确定什么在未来是有意义的，设计公司应该从尽可能多的利益相关方那里获取信息和意见。这些利益相关方包括用户、设计师、艺术家、供应商、学者，他们的见解与供应链只讲求实际的观点是大不相同的。

设计驱动的创新看重的是什么在未来有意义，因而不能像大部分以用户为中心的创新方法那样解决现阶段用户的需求 (Ijuri & Kuhn, 1988)。设计驱动创新的结果为用户提供了选择，让他们有机会拥抱新的意义。“设计驱动的创新是由设计推动的活动” (Verganti, 2009)。在 Verganti 的定义中，设计师及其所在的公司是研发具有新意义的、能塑造未来世界的产品或服务的主要责任人。从这个角度看，相比以用户为中心的创新（可以看成由市场需求拉动的创新），设计驱动的创新更接近科技驱动的创新。这里科技驱动的创新是指以引入新科技作为驱动力的创新 (Gaynor, 1996)。

Verganti 指出：“创新既可以是产品功能的创新，也可以是意义上的创新，或者两者兼有之。”“功能创新的目的在于满足顾客的实用性需求，而意义创新满足的是他们的情感和社会文化方面的需求”。(Verganti, 2009)

功能创新意味着“提高或颠覆性地改善技术性能”，而意义创新是通过反映当下社会文化模型的变化来实现的。Verganti 指出意义创新发生前提是“产品有了自己的语言，并且能够让人理解它带来的新意义”。

创新都有风险，设计驱动的创新也一样。Verganti 指出商业上的成功是需要时间的，尤其是颠覆式的设计驱动创新：“用户需要时间理解设计驱动创新带来的颠覆式的新语言和新信息，需要时间发现新意义与社会文化环境的联系，需要时间探索创新的象征价值，以及新的交互模式。” (Verganti, 2008) 为了更好地理解人们对创新的接受过程，有必要谈谈心理美学方面的理论。

对新颖事物的接受与欣赏

不管企业如何看待创新，从普通人的角度看，创新的结果无非是一些新颖的东西。心理学尤其是经验主义美学已经对人为什么会欣赏新颖的事物做了大量研究。

心理学家 Berlyne 认为愉悦度（如满意、欢喜）与唤醒潜力（arousal potential）之间存在倒 U 形关系。唤醒潜力是指刺激物（如艺术作品或消费产品）唤起注意力和兴奋度的潜力。刺激物的各种特征能提高唤醒潜力。其中有一类特征称为“对照特征”（collative properties），这种特征与艺术品、人工制品的关系最紧密。对照特征（如复杂性、含糊性、新颖性）指的是刺激物各元素之间的相似与差异。简而言之，当人感知到的产品新颖性（或复杂性）不是很显著时，就得不到足够的刺激，也就不会对它产生兴趣。而如果人感知到过度的新颖性，产生的愉悦度也会下降。因此，位于平均水平的新颖性，能够起到最好的唤醒效果，因此也是最受人喜爱的 (Berlyne, 1971)。

后来，有些学者对 Berlyne 的理论提出了不同的意见。他们认为，只用新颖性和复杂性来解释人们对刺激物的喜好失之片面 (Martindale, 1984; Whitfield & Slatter, 1979)。他们提出了另一个也会影响审美喜好的概念，称为“典型性”。根据他们的理论，人们喜欢最典型和最熟悉的产品。这个理论后来在许多产品上得到了验证。

从定义上说，新颖的产品注定不是典型的产品，反之，典型的产品也不新颖。那么，这两者是如何共同决定我们的喜好的呢？ Hekkert 等学者发现，新颖性可以在不严重牺牲典型性的前提下得到实现，同时具备新颖性和典型性的产品最受欢迎。那些有吸引力的设计都在新颖性和典型性之间取得了微妙的平衡 (Hekkert et al., 2003)。这种平衡称为“MAYA 原则”（most advanced，yet acceptable）。早在 50 年前，Raymond Loewy 就凭直觉提出了这条原则。

MAYA 原则解释了为什么创新产品通常不会立刻被接受。因为接受需要先培养一定程度的熟悉感。建立这种熟悉感的方法之一，就是将其曝露在人们面前：频繁地展示一个东西，能增加我们对它的熟悉感和喜爱程度。二十世纪 60 年代末，Zajonc 就提出并验证了这种曝露效应 (Zajonc, 1968)。

Leder 和 Carbon 的试验证明，反复曝露汽车的内饰设计可以增加人们对其创新性的赏识。仅仅要求人们仔细地查看设计，就能提高他们对创新内饰的好感。(Leder & Carbon, 2005)

然而，曝露效应也有不足之处。曝露到一定程度后，人们就会产生厌烦感。过于频繁地曝露同一刺激物，会导致它在人们心目中的价值下降 (Berlyne, 1971)。由于人们有这种喜新厌旧的特点，所以企业需要不断地推出新颖的产品，或者不停地升级换代，以便让产品的新颖性保持在最佳状态。

然而，这种逐步增加新颖性（以克服喜新厌旧的感觉）的做法也是有上限的。Martindale 发现艺术领域（音乐、诗歌、绘画等）也存在这种现象。各种艺术风格、流派都有其生命周期。以印象主义绘画为例，印象主义画家可以在作品中添加新颖的元素来彰显独创性，但这种添加持续一段时间后，大众还是会对印象主义作品产生审美疲劳。印象主义风格就进入饱和状态了。这时艺术家就必须寻求新的艺术突破，创造新的艺术语言（风格转换），而不是继续在印象主义风格上添加新元素 (Martindale, 1990)。Martindale 发现许多艺术领域都存在这种周期性。他的理论可以运用到产品领域。

创新与新颖性之间的桥梁

人们需要时间接受新风格。艺术风格转换的困难在于人们难以摆脱旧的习惯，他们需要时间理解新风格的意义。同样，人们也需要时间适应设计驱动的创新结果。在产品设计领域，“风格转换”通常意味着引入新的意义。那些最先尝试新产品的消费者叫产品尝鲜者（early adopter），他们乐于接受新事物和新意义。

那么什么时候才有必要冒险进行这样彻底的“风格转换”呢？为了准确地判断时机，有必要引入适当性这一概念。适当性指的是产品与消费情境之间的匹配程度。更确切地说，适当性是指人与产品的关系在其社会文化环境下是否合适。因此，社会文化环境中的变化决定了产品是否需要新意义。情境因此成为了判断产品在未来是否适当的参考依据。

综上所述，新颖性既可以通过在产品 / 服务中加入新功能实现，也能通过采用新技术实现，后者将引发更具颠覆性的创新 (Ljuri & Kuhn, 1988)。新的交互方式会带来新的意义。这种交互方式的转变就好比 Martindale 提出的艺术风格的转换。产品设计中颠覆性的“风格转换”是指引入适合未来情境的交互方式。总之，我们想强调的是，是否需要设计新意义应该由情境决定。

设计师是怎样描述他们的设计过程的？

学者 Whitfield 在近期发表的论文中提出了这个问题，然后给出了一种答案：“设计师根据有限的内省信息，有策略地补充一些让设计过程看上去更具方向性、连贯性、逻辑性的内容，从而建立起一种解释。”(Whitfield, 2007)

似乎有越来越多的情感、神经、社会心理学方面的研究支持 Whitfield 的观点。人不清楚自己为什么要做某些决定，因为决定大多是在无意识的情况下进行的 (Nisbett & Wilson, 1977; Wilson, 2002)。著名的裂脑（连接左右大脑的胼胝体受损）患者实验也印证了这种观点。实验者指示患者的右脑做一些事情（如招手或大笑），左脑看到这些举动，就会编出一套解释，仿佛它知道为什么会有这样的举动一样，比如有患者说招手是因为看到了熟人，大笑是因为实验者太幽默了。这些解释都是根据反应推测出来的，并不是真正的原因 (Gazzaniga & LeDoux, 1978)。

然而，令人惊讶的是，设计研究学者对设计过程的理解在很大程度上也依赖于设计师的内省（introspection），也就是对自己心理或情绪的观察和推测。有一项出声思维法（think aloud protocol）研究项目 (Ericsson & Simon, 1993)，要求设计师说出他们在设计过程中的所有想法 (Cross, Christiaans & Dorst, 1996; McDonnell & Lloyd, 2009)。这些内容被记录下来供仔细分析，以便了解设计师的思维模式。该研究的结果不仅用来理解设计过程，也用来生成新的设计方法。需要注意的是，“将这些自省的口头报告作为科学研究数据使用时，必须格外谨慎。”(LeDoux, 1996)

想象你正在物色一间新公寓，你要在两间都符合你要求的公寓之间做出选择，当然这两间公寓有许多不同之处。你会怎么做呢？你是（a）凭直觉立刻做出决定，还是（b）仔细比较两间公寓的特点，然后做决定，又或者是（c）先做点别的事（比如看电视），让潜意识做决定。哪一种策略最好呢？ Dijksterhuis 证实，策略（c）通常会给出正确的决定 (Dijksterhuis, 2004)。因为大脑在无意识状态下的处理能力是强于有意识状态的。有意识的决策只能比较一些属性，而且很难分清孰优孰

劣 (Wilson, Lisle, Schooler, Hodges, Klaaren & LaFleur, 1993)。而无意识的思考却能够通盘考虑，自发地权衡所有属性。面临复杂决策（需要考虑的方面非常多）时，将决定权交给潜意识更明智 (Dijksterhuis, Bos, Nordgren & van Baaren, 2006)。

意识思维的研究成果

人在有意识的状态下擅长遵循规则、解决逻辑问题、开展聚合性思考，但是意识思维的处理能力也有局限性。意识思维大多是自上而下的，严重依赖已有的思维模式、预期、印象。尽管印象存在于潜意识里，却常常被意识所利用。Dijksterhuis 和 Nordgren 的研究证实："当人们有意识地思考时，很难避免先入为主的决定。意识思维看起来似乎是为了做决定而处理信息，然而它真正做的事情是让信息符合心目中的决定。" (Dijksterhuis & Nordgren, 2006) 潜意识不受规则限制、更发散、更擅长联想，从而更容易产生独到的见解。综上所述，我们认为设计师应该像所有决策者一样，相信自己在无意识状态下的处理能力，也就是直觉。

感觉

我四岁的女儿经常哭，这很正常。我问她为什么哭，她总是回答："我不知道！"四岁大的孩子和成年人一样，都不知道为什么会产生这样的感觉和情绪。不同之处在于，我女儿是诚实的，而成年人会编出各种理由和解释。我们的意识很擅长编故事。

如果设计师也像普通人一样不了解自己的决策过程，那他们是如何做决定的呢？Whitfield 也给出了一种可能的解释："设计主要涉及的是美学上的决策，我们能感觉到什么好，什么不好，尽管我们无法精确地解释为什么有这种感觉。" (Whitfield, 2007) 神经科学领域的研究表明，情感性反应（affective reaction）是迅速的、毫不费力的，并且不需要意识的参与。在裂脑患者实验里，当某个刺激物刺激患者右脑时，左脑可以准确地判断该刺激物是"好"还是"坏"，却不知道它是什么 (LeDoux, 1996)。Russell 把这种判断好坏的感觉称为核心情感

（core affect），它由愉悦（pleasure）和唤醒（activation）共同组成。这是一种原始而直接的感觉，“它不需要名称，无法解释，也不需要原因”(Russell, 2003)。

Zajonc 认为核心情感虽然与认知有关，但不需要认知和反思的参与 (Zajonc, 1980；Murphy & Zajonc, 1993)。这个结论是他做曝露效应实验得到的。他发现反复将一些没有意义的字眼或汉字曝露在人们视野里，会增加人们对这些刺激物的喜爱程度 (Zajonc, 1968)。广告就是基于这一原理发挥作用的。有意思的是，就算刺激物出现的时间很短暂（以至于人们完全没有意识到它出现过），反复曝露也有效果 (Kunst-Wilson & Zajonc, 1980)。甚至连潜意识下的曝露也能增加喜爱程度。这种在潜意识下的情感性启动效应（affective priming）显示情感性反应的发生实际上是不需要认知参与的，也就是说情感性反应的发生是先于认知的。尽管这种观点引发了广泛的争议 (Lazarus, 1984)，但是 Zajonc 的曝露实验被许多学者重复，都得到一致的结果 (Bornstein, 1989)。只要反复曝露没有达到让人厌恶的程度，我们总是更喜欢那些频繁出现在我们视野中的无意义的字眼和形状，还有熟悉的面孔，无论我们是否意识到这一点。

情感的这种核心作用并不代表它与认知过程毫不相关；“也许在有意识的情感出现之前还存在无意识的认知过程 (Parrott & Sabini, 1989)。事实上，最近的研究指出，这种无意识的认知过程也许相当复杂。总之，就像 Whitfield 说的，“进化的结果是，大脑更在乎实际决策及其后续行动，而不太重视理解决策过程”(Whitfield, 2007)。因此，我们清楚地知道自己的决定，以及该采取什么行动，却不知道为什么做这个决定。我们知道决定，却不知道它产生的原因。事后，我们通过自省和回忆自己的感觉，试图解开决策的秘密，但这并不容易。

这确实不容易，“对于情感，如果有什么是我们都知道的，那就是我们不知道为什么会产生某种情感”(LeDoux, 1996)。情感和认知是两种心理功能，但这两种功能以及连接它们的大脑系统是有交互的。两者是相互依存的。情感的产生离不开各种（预先）认知过程，即便是最基本的情感（如害怕或悲伤）的产生，也需要我们先对某个事件做出评价（可怕或痛心）。同样，我们的认知（如记忆、推理、决策）也在很大程度上依赖我们的感觉。如果大脑产生直觉的部分（前额叶皮质）受损，人就很难再做出决定，也无法再收集相关信息和排序 (Damasio, 1994)。这样的损伤对设计师来说将是致命的。

设计师像其他人一样，容易被变化的和不一样的东西吸引。在市场调研的启发下，设计师更喜欢关注人们价值观和行为的变化，例如，“由于担心环境污染和资源耗尽，人们的行为变得越来越具有可持续性”或者“人们越来越重视健康问题”。在全球经济稳步增长的大背景下，设计师和设计研究学者也开始重视文化差异：沙特人的着装与中国人的大不相同，而且沙特人的家庭人数更多；德国的生啤跟荷兰的生啤差别很大；在美国，个人电脑的普及率大大超过拉丁美洲 (Van Dijk, 2007)。人对变化和差异的关注不足为奇。毕竟，我们的视觉系统更擅长感知运动的物体，而且对细微的差异很敏感 (Goldstein, 2002)。那些静止不动的、缺少变化的东西是很难察觉的。

如今，文化多样性不仅在设计领域，在其他领域也属于热门话题。在荷兰，来自世界各地的移民（主要是伊斯兰国家的移民）越来越多。为了促进本地居民与移民的交流与理解，设计师 Sara Emami 设计了一款文化交流记忆游戏。以往的记忆游戏借助卡片进行，这些卡片由许多两两相同的卡片组成，它们面朝下放在桌面上，玩游戏的人每次翻开两张卡片，直到翻开两张一样的。Sara 设计的卡片特别之处在于，两两一组的卡片并不是完全相同，而是相似（西方文化与中东文化的相似元素)。虽然两种文化存在差异，但是这种深层次的相似性却很能打动人。

产品是为人设计的。因此，设计师需要理解人，理解人的思考、行为、生活、举止、感受、反应，还有人的渴望、期待、喜好、需求、价值、梦想。为了加深这种理解，今天的设计研究学者常常深入普通人的生活。他们会拜访和观察普通人，然后用各种方式记录人们的日常生活体验和情境 (Sleeswijk Visser et al., 2005)。

这类研究加深了我们对特定文化和特定社会情境下人们日常生活的理解。为了从根本上理解人，我们必须知道人们产生各种行为和感受的原因。总而言之，我们必须理解人性。人性表现为一系列原理 / 原则，无论人们生活在什么样的文化背景下，它们都是相同的。

人类学领域的主流是寻找各种文化的差异，其前提是认为文化是独特的随机现象，从根本上决定了人的行为。“因为大家喜欢了解不同之处，所以人类学家

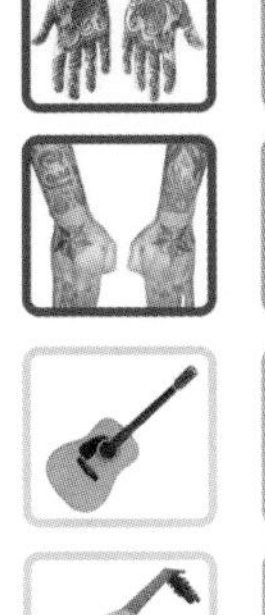

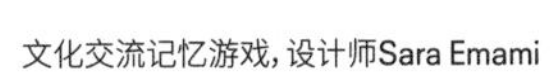

文化交流记忆游戏，设计师Sara Emami

就专门研究这种不同。”(Brown, 1991) 然而，即便是这项研究的倡导人也承认：“我们发现不同人种不仅在情感、智力、意志方面相似，在思维和行为上也存在许多共同点。”(Boas, 1963) 他说得没错。我们来看看人类的一些共性。(Brown, 1991)

各种文化、各个年龄层的人都有如下共性：

喜欢分享和赠送礼物；
喜欢冒险、刺激、丰富多彩的生活；
喜欢帮助有吸引力的人 (Etcoff, 1999)；
遵守某种形式的礼仪；
有共同认可的道德情操；
审美上都偏爱“乱中有序”(order-in-chaos) 或者“多样化中的统一性”(Hekkert&Leder, 2008)；
喜欢打比方，用比喻；
会感到无聊；
喜欢推测别人的心理状态和意图 (Baron-Cohen, 1995)；
需要权威；
乐于助人 (Warneken&Tomasello, 2009)；
希望自己与众不同；
喜欢给事情赋予意义 (Eibl-Eibesfeldt, 1989)；
往往高估自己想法的客观性；
不太了解自己行为的动机 (Wilson, 2002)；
喜欢玩魔术、创作诗歌、扮演角色；
想了解和解释不知道的东西；
能识别没见过的图案 (Hochberg & Hochberg, 1962)，等等。

人的这些共性在 20 世纪已经得到了确认，尽管有些共性是男女有别的，比如，男性几乎都喜欢皮肤明亮的女性。还有些共性指出了两性的差异，比如，男性在身体上和言语上都比女性更具有攻击性；世界各地都是女性承担了更多照顾孩子的任务；男性想象空间三维物体的能力更强；女性对基本情绪的体验更强烈；男性对疼痛的忍耐程度更高，等等 (Pinker, 2002)。人的这些共性极大地决定了产品的设计，设计师在考虑文化差异和个体差异之前，应该先了解这些共性。

最近，代尔夫特理工大学工业设计学院的一个硕士毕业设计项目就是以这种共性为出发点的 (Simon Akkaya, 2009)。学生 Simon 为他的项目挑选的原理是"人们喜欢助人为乐。"网络上有很多反映这条原理的现象，例如成千上万的人投入大量时间和精力共同创建了维基百科（Wikipedia），以便他人可以找到最新的、准确的信息。Simon 把这条原理运用到了三个领域（食品、垃圾、移民）。其中一款设计是一个垃圾袋，用来收集人们不再使用的物品（这些物品对其他人可能还有价值）。

进化心理学认为人的这些共性（或心理机制）经过漫长的进化已成为我们的一部分 (Buss, 2005)。正如生理机制的进化形成了各种功能的器官，比如消化食物的肠道，输送血液的心脏、过滤毒素的肝脏等，大脑的进化则形成处理信息的一系列功能。要理解心理机制的形成原因，我们需要理解以狩猎、采食为生的祖先。我们头脑的形成是由祖先的生存环境决定的，而不是由现代人面临的问题决定的 (Tooby & Cosmides, 2005)。

为了应对生存挑战（如觅食、寻找庇护所、躲避捕食者、保护孩子等），人类通过自然选择和适应发展出了许多特有的能力和本能，包括情感交流、识别亲属、择偶能力、互助、回避陌生人、避免乱伦等。以择偶为例，无数研究表明，男性喜欢容貌对称的、高颧骨的、头发亮丽的，腰围与臀围比合适的女性 (Buss, 1994)。这些都是具有较强生育能力的年轻女性的特点。我们的祖先需要的无非是能生育后代的女性。当然，有些能力不全是自然选择和适应的结果，而是进化的副产品，比如美感。我们喜欢对称的、对比强烈的、连贯的图案，因为这些东西更容易被感知 (Hekkert,2006; Johnston, 2003; Pinker, 2002)。因此，美感可以看成是感官系统的副产品，而感官系统才是进化的结果。

无论如何，这些能力和本能已经成为人类的一部分，并且时常决定我们的行为。即便我们没有面临祖先所面临的自然选择压力（比如繁殖需求），我们还是一味地按照本能行事。事实上，进化产生的行为可能适应了祖先的环境，但是不能保证它们在今天仍然适用。

> “社会和文化的作用都不能替代进化的作用，它们只是人类进化的表现形式。”(Tooby & Cosmides, 1992)

> “不能将习性与天性对立起来；习性也许只是天性的众多表现形式中的一种。”(Tomasello, 1999)

> “行为不是简单地产生或引发的，更不是直接由文化和社会决定的。行为源自内心的矛盾与冲突。”(Pinker, 2002)

上述引文（均来自进化心理学领域的思想家）都承认：只有在进化理论的基础上，我们才能理解和预测社会现象和文化现象。正如我们不能将习性与天性对立起来，我们也不应该将社会现象或文化现象与人性对立起来。社会现象和文化现象都是人的内心与客观世界交互的结果。

“进化理论可以解释受它影响或由它促成的所有社会现象和文化现象”(Tooby & Cosmides, 2005)。如果（自然、经济、政治、社会）环境发生改变，在人性（普遍原理）的作用下，群体（社会 / 文化）和个体的行为也会发生变化。

我们用两条用户体验领域的基本原理来解释人性是如何影响社会和个人行为的。最近二十年，用户体验与产品体验设计[1]越来越受到重视 (Desmet & Hekkert, 2007; Schifferstein & Hekkert, 2008)。MAYA 原则就是其中很重要的一条原则：人们喜欢尽可能新颖，但同时又保留一定程度熟悉感的东西。MAYA 原则背后的进化逻辑是，接触新颖的东西能增强适应性，有利于学习；而喜欢熟悉的（典型的）东西体现的是生存本能——避免可能危及性命的冒险行为 (Bornstein, 1989)。

对我们的祖先来说，在新颖性与典型性之间取得平衡的确是有效策略。不过，在一个人看来新颖的东西，在山那边的人看来也许并不新鲜。人对新颖性和典型性的评价取决于他所处的环境和以前的经验。因此，不同的人对同一款产品的新颖性和典型性有不同的看法。结果就是，在这件事上社会和个人会表现出不同的行为。

捐赠垃圾袋，设计师Simon Akkaya

产品体验设计还常常利用人的情感反应（emotional response）(Desmet, 2008)。情感研究领域的心理学家大多同意：情感是在进化过程中“固化”下来的适应性反应，它让我们接近有益的东西，同时避免可能的伤害 (Frijda, 1986)。情感引发的行为有明确的生存价值（比如，看见蛇产生的恐惧会让你动弹不得或者迅速跑开）。这些行为虽然也是认知的结果，但绝大多数是在自发的、无意识的状态下发生的。

我们会评估刺激物（或产品）与我们的目标、价值、关注点是相符的还是相冲突的。作为人类，我们有一些基本的诉求，比如生存、交际、正义等。那些违背这些诉求的刺激物会引发我们的负面情绪，比如恐惧、悲伤、愤怒。然而，我们还有一些诉求并不是这么典型，它们与我们所处的社会和文化有关。这也再一次说明,为什么人性（普遍原理）是一样的,但是社会和个人会表现出不同的行为。

人性（普遍原理）是人之为人的原因，应该置于产品开发的核心位置。市场营销专家通过调查市场变化和用户差异确立自己在产品开发中的角色；工程师负责研发和采用最新的技术解决方案；设计师则应该凭借对人性的理解在产品开发中占有一席之地。这样设计师才能避免被市场营销专家和工程师排挤在外。由于越来越多参与产品开发的人声称他们有主导权，设计师需要借此确认自己的决定性作用（而不仅仅是一个参与者）。掌握人性的普遍原理，设计师便能成为设计过程的主导者，因为最终设计必须借助这些普遍原理才能成立。

本文根据 Hekkert (2009) 的论文修改而成。

注释

1 这两个概念是可以互换的：用户体验是由产品唤起的，所以也可以称为产品体验。

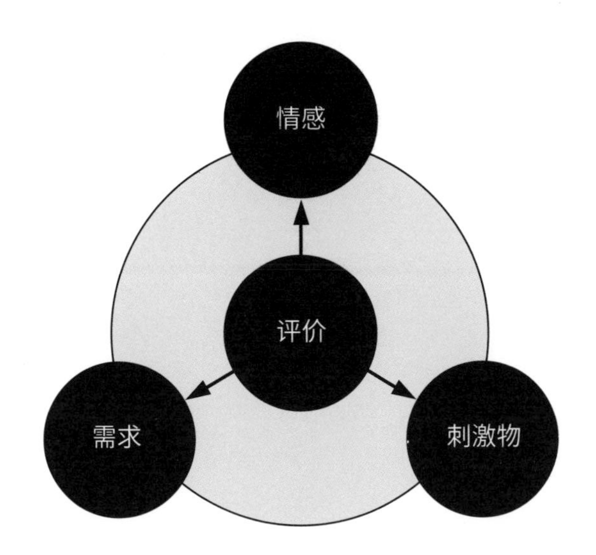

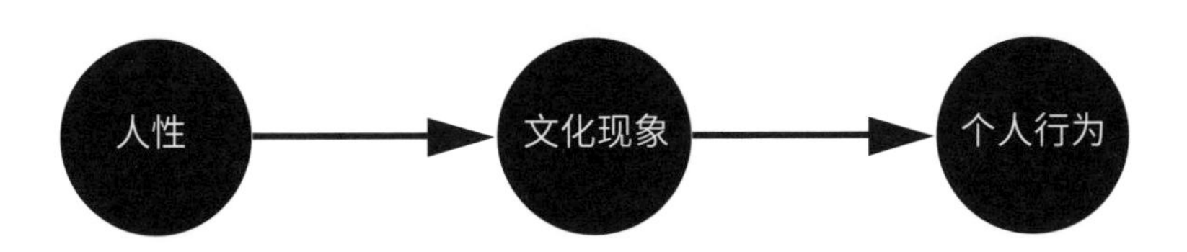

上图 产品情感模型(Desmet, 2002)

下图 人性、文化现象与个人行为之间的联系

ViP设计法则可以指导设计流程，因此可以称为设计方法。但为了避免误解，我们更愿意把它叫做“设计流程”。

为了探讨 ViP 设计法则与其他设计方法的关系和定位，Matthijs 和 Paul 与来自英国公开大学研究设计方法的专家 Peter Lloyd 开展了一场对话。

Matthijs 请问设计方法的定义是什么?

Peter 我认为是能够构建设计流程,规范设计行为,指导设计步骤,最后获得设计成果的方法。

Paul 设计方法是事先设定好的?

Peter 是的。事先设定好的设计流程好比是一系列指令;设计师必须依照这些指令以特定的步骤进行设计。这不仅仅是简单地描述设计师的设计方式,尽管有一些设计方法尝试观察和记录优秀设计师的工作过程,然后将他们的工作内容呈现出来,用于启发初学者。
我认为设计方法的宗旨是运用最好的设计模式帮助大家开展设计,设计方法的最终目标是找出最佳的设计方式,建立设计标准。“假如所有人都按照这套方法进行设计,那么设计行业将变得更好。”

Matthijs 为什么把设计过程记录下来能帮助初学者进行设计?

Peter 假如老师想教学生做设计,他可以举一些优秀设计师的例子。就像象棋选手通过研究大师的棋谱来提高自己的水平一样,设计初学者也可以通过模仿别人的做法找到窍门。

Matthijs 好吧,但这些窍门背后是有动机的,对吧?你只能描述设计师做了什么,只能描述他们的行为,描述不了他们的思路、意图、感受……

Peter 是这样,常见的设计方法只描述设计行为,描述设计师在各个阶段做了什么,比如“现在收集信息”“现在画草图”“现在构思方案”等。然后将这些内容归纳成为设计方法。

Paul 我想 Matthijs 想表达的是,理解设计师的思路比学习设计过程更重要。应该问“为什么他会这样做?”而不是“他做了些什么?”问“为什么”比问“怎么做”和“做什么”更有意义。

Peter 我明白了。我们可以请设计师把思路说出来(think aloud)。比如我们到你的办公室参观,我们可以问:“你现在要做什么?”你也许会说:“在这个阶段,我通常会把收集的信息贴在墙上,试着找出它们之间的联系”,诸如此类。这样的内容就可以作为方法教给其他人。

Matthijs 但我仍然不明白这样做的原因。为什么设计师要把信息贴到墙上?

Peter 我们可以继续问他呀。设计师可能会回答:“这能帮助我勾勒问题空间”;或者“这能帮助我分解问题”;或者“这能帮助我发现它们之间的联系。”我认为设计方法的作用是给出设计流程,而不是解释背后的原因。

Matthijs 是的,这真可惜。设计方法为设计师提供了设计流程,但这流程并不解释原因。就算初学者学会了流程,他也无法理解为什么要运用这样的流程设计。
这样的设计书籍对我来说还不够,它们既不能告诉我从哪里开始,也不能告诉我在哪里结束。它们讲了流程,但没有讲理由,它们告诉我什么时候收集信息,什么时候生成概念,什么时候构思方案,但这些对设计师来说都只是工具。我该如何用这些工具进行设计创新(以下简称创新)呢?

Peter 我想运用设计方法的前提是有一个设计问题,它可能是你的老师或者客户提出的。然后你就会想:“这是要解决的问题,我应该如何开始?”

Paul 有意思,所有设计师都是从问题开始设计的吗?他们都认为设计就应该从问题出发?

Peter 是的,我认为是这样。

Paul 可是有些企业只是想对产品进行更新换代,这种情况也是从问题开始的吗?

Peter 他们想找到新的创意……

Paul 因为市场每隔一段时间就会变饱和。

Peter 拿 Sinclair 来说,他最开始是做计算机的,后来他觉得自

己还应该做点别的东西，于是设计了那辆奇怪的自行车。

Paul 这里不存在什么问题吧。

Peter 这里的确不存在问题。但是设计方法讲的是流程步骤，必须有问题才能发挥作用。也许应该先使用 SWOT 之类的分析法。

Paul 以便寻找设计机会？

Peter 在 Sinclair 开始设计之前，他应该对自己的目标和成本有大致的想法，这些就构成了问题，然后他再用设计方法解决问题。

Paul 请接着说……

Peter 有些设计方法提供了设计流程，像 Roozenburg 和 Eekels 做的。还有一些设计方法，像 John Christopher Jones 的书那样，提供了各种工具。不同类型的问题需要选用不同的工具。它就像一个工具箱，你要选择合适的工具完成任务。它们只是分析工具。

Matthijs 没错！它们只是分析工具，不会启发你创新。

Peter 是的，即便头脑风暴也只是分析工具。因此早期的设计方法中经常提到“创意飞跃”（creative leap）的概念。Jones 的看法是，即使你已经掌握了所有信息，设计仍然要依靠它来完成。

Paul 它是指把信息综合起来？

Peter 不是，是指创新的想法。

Matthijs 看起来这才是大家追求的目标。

Peter 是的，但我认为创意是运用设计方法的结果。只要你掌握了足够的信息，并且做了细致全面的分析，它自然就会出现。只要你按照流程使用工具，就能发现创意。我认为在设计师眼里创意飞跃不是什么神秘的东西。该来的迟早会来。创新是遵循某种步骤的，只要你完成了所有的分析工作就能创新。这是每个人都具备的能力，观察、联想、归纳，然后构思解决方案。

Matthijs 我不这样想。这些方法仍然无法引导你构思解决方案。设计方法可以帮助你理解设计步骤，但它无法帮助设计师用设计回应这个世界。

Peter 有了设计想法后，即便运用最简单的设计方法，你也能做出几个不同方案。有一种情况很常见：向客户展示方案 A、方案 B、方案 C，让对方选择。

Matthijs 如果只是做三个方案，那可能没有一个是合适的！这就是设计方法的问题，如果它只能用来做方案，那就流于形式了。对设计师来说，设计方法究竟有什么用？

Peter 它给出了设计流程，供设计师参考，帮初学者入门。

Matthijs 那么设计师如果要做出有意义的设计，就只能依靠自己的直觉了。

Peter 为什么？

Matthijs 这就像你到面包店定做面包一样。你对面包师说：“我明天要一块美味的面包”。面包师第二天提供三个方案给你选择。他会尽力做出美味的面包，但我们不知道面包师是如何判断“美味的”。这里没有判断的标准。

Peter 所以才要多做几个方案呀，这样才能提高成功的概率。

Matthijs 是这样，但你还是只能依靠直觉，不是吗？

Peter 也许可以依靠分析问题得到的条件。

Matthijs 也许吧……

Peter 设计当然离不开直觉，直觉告诉你该往哪个方向走。

Paul 设计方法可以帮助设计师收集约束和需求，归纳、整理信息，这是一方面。但是在构思创意的阶段，任何设计方法都帮不上忙。

Peter 是这样，所以我们还需要其他创新技巧。

Paul 没错，你可以开展头脑风暴，用直觉捕捉新奇的想法，但还是不知道怎么创新。

Peter 我觉得设计教学和实际设计不一样。老师可以要求学生设计三个方案，然后学生可以根据设计要求评估方案："这些方案满足要求吗？这个方案可以满足89%，而这个只有75%，那么我们就选第一个吧。"但是在实际工作里，我们要讨论的不仅仅是方案，我们还会讨论要求。设计师会跟有真实需求的客户建立联系。但是学生能跟谁建立联系呢？他们的任务只是完成教学练习。学生只能根据最初的设计要求来检查自己的方案。

Matthijs 教学中使用的设计方法无法让学生收到外界的反馈。这太奇怪了！

Peter 是这样。

Matthijs 我认为设计师也应该像画家一样，建立一套自己的准则，判断自己真正想做什么，应该有什么样的立场。有什么样的设计方法可以让设计师建立这样一种准则吗？我认为这才是设计方法应该提供的。不然，你做出的三个方案就仅仅是选项而已——缺少预先设定好的意义。这些方案毫无依据可言，这样做设计效率很低。

Peter 寻找设计方法的人其实是在寻求帮助。而你描述的设计师是在尝试提出自己的预见和观点，这样的人已经知道自己要做什么了。

Matthijs 是的。难道你不认为这是优秀设计师必备的品质吗？设计方法谈到的只是具体的设计步骤（比如收集信息、构思概念），这些只是些普通的设计活动，它们无法让你成为优秀的设计师。设计师应该建立自己的准则。有什么设计方法能建立这样的准则吗？

Pete 还没有这样的设计方法。有些书提到如何看问题和自我发展，比如 Donald Schön 的《The Reflective Practitioner》，但没有形成系统的方法。Donald 没有给出具体的步骤。他的书记录了人们讨论问题时的各种主动反思。他也认为，这是一个优秀设计师应该具备的品质。

Matthijs 好吧，但是设计方法应该告诉设计师从哪里入手，以及什么是真正的设计，就像《Zen and the Art of Motorcycle Maintenance》里写的。记得吗，有一个女孩想写那个城市的故事？她不知道从哪里下笔，因为可写的东西太多了。作者告诉她："来吧，就从这条街左侧转角处那栋房子的一块砖开始写吧。"于是，她就有了一个起点！女孩说："好吧，就从这块砖开始写，它的颜色、质感、给人的感觉……为什么它会出现在这里？"然后她的思路就打开了。我没有在任何一本讲设计方法的书里看到过这样的指点。

Peter 但在教学中，老师会指点学生。如果学生卡住了，老师就会告诉他："你应该如此这般……"

Paul 老师会说："你为什么不从这里开始呢？"

Peter 对呀。一个墨西哥人也可以通过阅读设计方法的书，大致明白做设计的感觉，尽管其中缺少一些细节。设计方法告诉你通用的设计步骤和脉络，但它不能手把手地教你解决问题。你说得没错，设计方法不会告诉你真正的设计起点。

Matthijs 那它有什么用？我需要的是对情境的理解和把握，但它却只讲设计步骤（而不是怎样把握情境）。我不需要这个！
如果你学的是机械工程，这种告诉你"做什么、怎么做"的方法是可行的。比如你想知道钢梁是否足够支撑某种结构，就有很明确的算法。X 型号的钢梁，它能承受的压力是 Y，你可以进行推算。我从来没见过一种设计方法阐明设计的本质，或者说明设计意图对用户来说意味着什么。我认为这是设计方法可以做到的。

Paul 设计方法里也许不包含这些内容，但是设计教学肯定会包含这些内容。我知道有些老师会对学生说：“你应该走出去观察普通人，了解他们是怎样使用和谈论类似产品的。你从中发现了什么？他们遇到了什么样的问题？他们需要什么？找他们聊天，多问问他们。”

Peter 对，先找到问题。

Paul 找到问题——找出人们是怎样与现有产品互动的，存在什么问题。

Matthijs 有设计方法明确讲这些吗？这些问题是设计方法的一部分吗？

Peter 我认为有，比如有些工具告诉你应该开展“以用户为中心的研究”，也告诉你具体怎么做。虽然每个设计问题都不一样，但它们还是有一些共性的。

Paul 甚至还有通用的方法和工具，比如调查问卷、观察设备、探针技巧等。（译注：指文化探针研究法，由 William Gaver 教授提出，旨在收集人们生活中的数据，给设计师带来启发和灵感。）

Matthijs 是的，但这些只是技巧。

Peter 它们能发挥作用。

Matthijs 你觉得这些方法和技巧的作用是什么？

Peter 我认为这些方法和技巧就像一个工具箱，你总能从中找到需要的工具。如果需要好点子，你可以开展头脑风暴；如果想观察人们如何使用产品，你可以录像，然后分析使用的时长和动作，等等。老师让学生练习使用这些工具，到学生毕业时，他们就拥有了一整个工具箱，为今后的工作打下基础。他们可以组合使用这些工具，形成一套设计流程。我认为这样做是合理的。

Matthijs 有这样的书吗？讲设计工具箱的书？

Peter 当然有！

Matthijs 你之前说设计方法只讲流程，描述设计师的行为，并没有提到设计工具。

Peter 我的确没说，但所有讲设计方法的书实际上都讲了这样的工具。像 Roozenburg、Eekels、John Chris Jones、Nigel Cross，他们的设计方法著作都讲到了设计工具。他们的书也会讲解如何评估、比较设计方案，如何构思设计，以及如何将这些与工具一起使用，这些就是他们所说的设计流程。他们告诉你在哪一步应该使用什么样的工具。

Matthijs 这挺好的。

Peter 通常人们都是先用分析工具，再用综合工具。也就是说先分析后综合。但是大量的研究表明，解决方案和问题是分不开的。构思解决方案能够加深你对问题的理解，对问题的理解反过来又帮助你完善解决方案，这是一个良性循环。设计师如果严格遵守“先分析后综合”的顺序，就无法实现这种良性循环。所以，实际使用这些工具的顺序是自由的，并没有严格的执行步骤。你挑选一个工具，心想：“嗯，这个工具看起来很有趣，看看用它能让我想到什么点子。”

Matthijs 讲设计方法的书能讲清楚这些工具的作用吗？如果工具是设计方法和设计手册的核心，你认为目前的写法对设计师有帮助吗？

Peter 很多工具只是为了展示执行效果和思路，尤其是在教学中。老师可以给新生安排一个设计问题，要求他们在 4 小时内给出解决方案。有些学生可能会提交很好的方案，有些人可能什么也提交不了，但至少他们熟悉了设计步骤。老师会说：“在这一步，我希望看到你们分析完问题，或者提出 20 个想法。”而学生需要展示练习效果，这些工具就能起到这个作用。工具帮助你整理信息，便于展示，比如你可以把练习成果画成系统分析图给大家看：“这是我做的，在设计过程中，我做了这些工作……”这样大家才能开展讨论。

Palul 这我想到一个常见的设计问题。如今的办公空间越来越灵活，员工可以没有固定的工位，但他们有自己的物品。在这种情况下，该如何存放个人物品呢？我们可以画系统分析图，先考虑收纳物品的方式（包、推车、挂钩等）。然后进一步考虑携带方式（随身携带、不带在身边、复制等）。填完表格后，你就形成了一个解决方案的框架。

Peter 没错，画系统分析图能找到主要的变量。假设要设计一款新型割草机，它有几个轮子（4个或3个），驾驶员有几种坐姿（坐在前面或后面，坐在顶部或内部），等等。然后你就可以生成各种组合，挑出你最喜欢的那一个。

Paul 找到最合适的组合？

Peter 是的。你可以逐一审视所有可能的组合。当然，最后你也可能会发现这些组合都不是你想要的！

Paul 没准这时你已经浪费了一个半月的时间……

Matthijs 你知道为什么吗？因为这些工具是用来生成概念和挑选材料的。没有工具可以帮助设计师理解"为什么产品要以这样的形式存在及其背后蕴藏的原理"。你并不知道为什么要生成这些概念，它们的意义何在，而且也没有评估它们是否现实的标准。如果你不考虑割草机驾驶员的需求和工作情境，列举各种坐姿是没有意义的。如果在画系统分析图之前，你考虑了需求和情境，90% 的组合都不必画出来了。不了解设计目标和现实就生成概念，像无头苍蝇一样乱撞，我接受不了这样的设计方式。

Peter 所以，你认为设计应该从分析问题开始。

Paul 可学生总是不停地分析……

Peter 难道他们分析的目标不对吗？

Paul 至少不够明智，他们的分析缺少判断标准。没有工具告诉他们什么有价值，什么没有价值，什么合适，什么不合适。他们只是机械地分析，直到老师说："可以了，你已经分析得够多了。"

Matthijs 这让我想到另一个问题。你认为创新是完全自由的吗？我感觉有一种对创新的误解，认为创新是没有约束的。

Peter 我并不这样认为。有些文章夸大了创新的效果，好像它是没有约束的。你想想专利系统。如果惠普公司想开发一款新喷墨打印机，他们会先查看其他公司拥有的专利，然后试着绕开这些专利。这种情况下的约束是非常严格的，也是创新最能发挥价值的地方。限制越多，就越需要设法创新。所以很多设计方法强调约束——找到最重要的变量。如果建筑师要设计一栋别墅，周围的环境越复杂、限制越多，设计起来就越容易；而在沙漠里设计一栋摩天大厦反而更困难。

Matthijs 我不这样看。这是传统意义上看待设计师和创新的方式。我认为其中存在误解。创意来自特定的思维状态，并非只有一种状态最适合创新，设计师应该创造出能让自己创新的条件，而这与他拥有的自由度和时间无关。

Peter 问题是我并不认为创新是一个概念。创新只是人们的自然行为。把创新特殊化，我认为是对人类行为的误解。

Paul 接着说建筑师的例子。如果周围环境丰富，他就更容易将设计与环境联系起来，比如美学方面、社会方面、文化方面的联系……

Peter 不仅如此，我指的是各种现实的约束条件，比如建筑面积。设计师会说："好吧，尽管空间有限，但我想设计出具有更大使用面积的房子。"然后，他就会想怎样才能设计出这样的房子。因为空间有限，所以你必须发挥创意。如果没有任何限制，要设想什么尺寸最佳，以及为什么该尺寸是最佳的，反而更困难。

Paul 建立约束。

Peter 是的，这样我们才能做出决定……

Paul 我认为在丰富的环境里，设计该如何进行，以及怎样与环境协调，已经或多或少被定义好了。但是空旷的环境里没有这样的约束，所以设计师必须首先定义限制条件，然后在此基础上开展设计。

Peter 你说的没错。也许用容易和困难来形容不太恰当，应该说哪一个更有趣。

Paul 我们回到最初的问题吧。你认为大部分设计方法都是基于观察和分析设计师的行为得出的。

Peter 是的。

Paul 我一直在想，还有其他的方式吗？有没有不是基于对实践的观察，而是基于其他东西的方法？

Peter 我认为设计方法属于科学的方法，它更像工具。你所说的方法更强调设计需要什么样的信息。

Paul 有没有一种设计方法，能够让你在逻辑上从 A 推理到 B 呢？

Peter 我知道 Norbert Roozenburg 尝试这样做过——找到设计的逻辑。问题在于，找不到一种能让所有设计师都理解的逻辑语言。

Matthijs 至少可以告诉大家从哪里开始，在哪里结束。

Peter 但是这种设计逻辑缺少普遍性。设计不是卖汽车，它没有统一的目标。销售汽车也有步骤，客户来了，想买一辆新车，销售员带着他看车、介绍车型，最后签合同。虽然销售员可以采用灵活的策略，比如见不同的人讲不同的话，但是最后的目标是一样的——尽量把车高价卖出去。可是设计不一样，因为它没有这样一个统一的目标。

Matthijs 我问最后一个问题：设计方法提供的是用来分析的工具，而不是用来创造的工具，对吗？

Peter 我认为创造是一件很自然的事，所有人都可以创造。什么都不创造反而更困难。

Paul 可要创造出有意义的东西并不容易！在没有限制的情况下胡思乱想是容易的，但是要构思出合理的、符合情境的好主意并不容易。

Peter 我认为设计方法的理念是：只要你按照步骤，正确地运用方法，创意自然就会出现。创意是系统地执行方法的结果。

Matthijs 希望如此。

Peter 当然也有不少学生没有找到创意，尽管他们运用了很多设计方法。

Matthijs 我认为设计方法很重要，但还有改进的空间。从人们开始研究设计方法到现在也才几十年。这是一个很年轻的领域，不是吗？

Peter 是的，不过有点原地打转的感觉。我不认为现在的设计方法比 1970 年的好。就像“探针方法”，John Chris Jones 早就在他的书里提到了。这并不是什么新东西。

Matthijs 你最喜欢的设计方法书是哪一本？

Peter 我最喜欢的是 Nigel Cross 编著的《Developments in design Methodology》。那本书囊括了设计哲学、设计逻辑、设计方法、设计行为方面的内容，几乎包含了所有跟设计方法相关的主题。我读得非常认真，并且做了详细的笔记。这本书培养了我研究设计的兴趣。

Paul 这本是 25 年前出版的？

Peter 是啊……

>本书的宗旨是为创新设计提供指引。

我们希望提供这样一种设计框架，

它能帮助你在合适的时刻，借助合适的知识，做出合适的决策。<

“所有合理和美妙的东西都是围绕一个慎重考虑过的想法创造出来的。” (Rand, 1943, p. 24)

ViP 产品设计法则这个名字提出来至少已经有 15 年了，我们一直在想要不要改名字。它能够准确描述我们想传达的内容吗？“预见”（Vision）是一个模糊、笼统的概念，任何人都可以拿来用。而我们真正想表达的是：预见只有付诸行动才有价值。

“产品”的说法也值得商榷。我们一直在强调，产品绝不只是你松开手就会掉在地上的物理产品。今天，产品这个术语的内涵已经扩大了很多。

尽管提到了“设计”，但是这本书并没有详细讲解设计流程和实施阶段。因为 ViP 的核心价值并不在这里。我们认为，产品必须反映设计师的预见。如果产品的特质没有得到恰当表达，用户就无法体验设计师的意图。

毕竟与用户交互的是产品，而不是你的预见。

尽管有这些疑虑，我们还是决定沿用最初的名字。我们相信读者通过阅读能理解我们真正想表达的东西。

一本书的内容毕竟有限。上周，我们给新生上课时再次意识到，每一次教学都会面临新的问题，每个人使用 ViP 设计法则的过程都不完全相同。教学中用到的许多比喻、技巧、窍门没有写进书里，也没有必要都写进书里。只要你理解了本书的核心内容，也就是 ViP 设计法则的宗旨，你也能自己发现这些技巧和窍门。

本书大量采用了对话和专题探讨的形式，因为我们相信有些东西只能通过对话才能正确地表现出来，而有些内容只能通过专题探讨才能讲清楚。我们认为采用多样化的形式（包括对话、访谈、专题探讨）更利于讲解 ViP 设计法则。

我们相信读者（尤其是设计师）喜欢多样化的呈现方式。比起用一种正式的文体讲解 ViP 设计法则，我们更希望大家从多种角度理解它。

本书反复谈到 ViP 设计法则的宗旨，我们在这里再做一次总结。

ViP 设计法则是由情境驱动的

ViP 设计法则认为，世界既受产品的影响，也反过来决定哪些产品是合适的。这个世界——也就是情境——不是现成的，而是设计师构建出来的，是设计师综合考虑所有他认为有趣的、与设计范畴相关的因素后构建出来的。

ViP 设计法则是以交互为中心的

人在世界与产品之间扮演着中介的角色。只有理解产品与人的交互，我们才能明白产品的意义。因此，将交互概念化是设计产品前的重要步骤。运用 ViP 设计法则做设计就是“为交互而设计”（designing for interaction）。[1]

ViP 是以人为中心的设计方法

情境、声明、交互的定义都离不开人。预见——ViP 设计法则的核心概念——也是根据人性、人的行为准则，以及文化、社会、经济原则提出的。

别忘了，设计师也是人。他们有自己观点和意见，有品位，有创意，也有责任。

过去几年间，设计师的活动范围迅速扩大。他们不再仅仅满足于为个体做设计，如今他们已经进入医疗保健、和谐社会、可持续发展、社区安全、妇女权力等普通人的福祉和健康领域 (Brown, 2009)。为这些重大的社会问题做设计，设计师需要承担更多的责任。

集体利益通常比个人需求更难满足。既要吸引个体用户，又要满足社会需求——这是设计师面临的最大挑战。我们相信（最近的项目也证实了）ViP 设计法则适合用来解决这些重大问题。

一直有学生对我们说：“ViP 设计流程太花时间了！”它确实要花不少时间，尤其是在构建情境和提出预见的最初阶段。但是，等你完成了这个阶段的任务，后面的设计会非常顺利，因为你有了清晰的目标。ViP 设计法则把最主要的工作放在了“设计思考”（design thinking）这个阶段。

“运用 ViP 设计法则，你必须变成心理学家、社会学家、生物学家……”没错，我们认为设计师必须理解人及其动机，不过你只需要运用这些原理和机制，而不必掌握所有的专业细节。找到你需要的机制或原理开展设计，这就足够了。

“ViP 设计法则几乎不包含具体的工具和技巧，也不告诉你怎么做！”没错，它是一个理论框架，而不是一套能确保你完成设计的实用工具。我们鼓励设计师采用已有的工具或者发明新工具，只要能完成设计就行。我们相信，这种方式比按部就班地做设计更有启发性。

尽管有些学生学习起来有困难，但也有学生运用 ViP 设计法则发现了意料之外的方案，欣喜万分。除此以外，ViP 设计法则还能为所有设计想法提供有力的依据。无论是完整地运用了 ViP 设计法则，还是只用到了其中某个部分，学生的设计方式都发生了变化，他们会都变得更有责任感，带着更开放的、更真实的眼光看待世界和自己。

注释

1 这实际上是代尔夫特理工大学工业设计工程学院的一个硕士专业。该专业是建立在这样的观点上的：设计首先应该考虑的是人与产品的关系，而不仅仅是产品本身。这与人们常说的“交互设计”（interaction design）不同，后者主要指的是数码产品的界面设计。

参考文献

Akin, Ö. & Akin, C. (1996). Frames of reference in architectural design: Analysing the hyperacclamation (A-h-a-!). *Design Studies, 17, 341–361.* **Akkaya**, S. (2009). *Altruism in design: Addressing people' s tendency to help*. Master thesis, Delft University of Technology. **Alexander**, C. (1964). *Notes on the synthesis of form.* Cambridge, MA: Harvard University Press. **Arnheim**, R. (1974). *Art and visual perception*. Berkeley and Los Angeles: University of California Press.

Baron-Cohen, S. (1995).*Mindblindness: An essay on autism and theory of mind.* Cambridge, MA: MIT Press. **Basalla,** G. (1988). *The evolution of technology.* Cambridge, MA: Cambridge University Press. **Baxter**, M. (1995). *Product design:Practical methods for the systematic development of new products.* London: Chapman & Hall. Berlyne, D. (1971). *Aesthetics and psychobiology.* New York: Appleton-Century-Crofts. **Blackmore**, S. (1999). *The meme machine*. Oxford: Oxford University Press. Boas, F. (1963). *The mind of primitive man*. New York: Collier Books. (Original work published 1911). **Boess**, S. & Kanis, H. (2008). Meaning in product use: A design perspective. In H.N.J. Schifferstein & P. Hekkert (Eds.), *Product experience* (pp. 305–332). San Diego: Elsevier. Bornstein, R.F. (1989). Exposure and affect: Over view and metaanalysisod research, 1968–1987. *Psychological Bulletin*, 106, 265–289. **Brown**, D.E. (1991). *Human universals*. Boston, MA: McGraw-Hill. **Brown**, T. (2009). *Change by design: How design thinking transforms organizations and inspires innovation*. New York: Harper Collins.Buss, D.M. (1994). The evolution of desire. New York: Basic Books. **Buss**, D.M. (Ed.)(2005). *The handbook of evolutionary psychology*. Hoboken, NJ: Wiley.

Campbell, D.T. (1960). Blind variation and selective retention in creative thought as in other knowledge processes. *Psychological Review, 67,* 380–400. **Csikszentmihalyi**, M. (1988). Motivation and creativity: Towards a synthesis of structural and energistic approaches to cognition. *New Ideas in Psychology, 6,* 159–176. **Cooper**, R.G. (1993). Winning at new products, Second edition. Reading, MA: Addison Wesley. **Cross**, N. (2008). *Engineering design methods: Strategies for product design,* 4th edition. Chichester: John Wiley and Sons. **Cross**, N.G., Christiaans, H.H.C.M. & Dorst, C.H. (Eds.) (1996). *Analysing Design activity. Chichester: Wiley.*

Damasio, A.R. (1994). *Descartes' error: Emotion, reason, and the human brain.* New York: Harper Collins. **Darwin**, C. (1979). *The origin of species. New York: Random House*. (Orginally published 1859). **Darwin**, C. (1871). *The descent of man, and selection in relation to sex.* London: Murray. **Dawkins**, R. (1976). *The selfish gene*. Oxford: Oxford University Press. **Dawkins**, R. (2009). *The greatest show on earth: The evidence for evolution*. London: Bantam Press.**Dennett**, D.C. (1995). *Darwin's dangerous idea*. New York: Touchstone. **Dennett**,D.C. (2006). *Breaking the spell: Religion as a natural phenomenon.* London: Allen Lane. **Desmet**, P.M.A. (2002). *Designing emotions*. Unpublished doctoral dissertation, Delft University of Technology. **Desmet**, P.M.A. (2008). Product emotion. In: H.N.J. Schifferstein and P. Hekkert (Eds.), *Product experience* (pp. 379–397). Amsterdam: Elsevier. **Desmet**, P.M.A. & Hekkert, P. (2007). Framework of product experience. *International Journal of Design*, 1, 57–66. **Desmet**, P.M.A., Ortíz Nicolás, J.C., & Schoormans, J.P. (2008). Product personality in physical interaction. *Design Studies, 29*, 458–477. **Dijksterhuis**, A. (2004). Think different: The merits of unconscious thought in preferences development and decision making. *Journal of Personality and Social Psychology, 87*, 586–598. **Dijksterhuis**, A. & Nordgren, L.F. (2006). A theory of unconscious thought. *Perspectives on Psychological Science, 1*, 95–109. Dijksterhuis, A. Bos, M.W., Nordgren, L.F., & van Baaren, R.B. (2006). On making the right choice: The deliberation-without- attention effect. *Science, 311*, 1005–1007. **Dominowski**, R.L. (1995). Productive problem solving. In S.M. Smith, T.B. Ward, & R.A. Finke (Eds.), *The creative cognition approach* (pp. 73–95). Cambridge, Mass: MIT Press. **Dunne**, T. & Raby, F. (2001). *The Placebo project*. Available at http://www.dunneandraby.co.uk/. [accessed 12 February, 2010]

Eibl-Eibesfeldt, I. (1989). *Human ethology.* New York: Aldine de Gruyter. **Eijk**, D. van (2007). *Cultural diversity & design*. Inaugural lecture, Delft University of Technology. **Ericsson**, K., & Simon, H. (1993). *Protocol analysis: Verbal reports as data* (2nd ed.). Boston: MIT Press. **Etcoff**, N. (1999). *Survival of the prettiest: The science of beauty*. New York: Doubleday.

Fagerberg, J. (2004). Innovation: A guide to the literature. In J. Fagerberg, D. Mowery, & R. Nelson (Eds.), *The Oxford handbook of innovations* (pp. 1–26).Oxford: Oxford University Press. **Frijda**, N. (1986). *The emotions.* Cambridge, MA: Cambridge University Press.

Gaynor, G. (1996). *Handbook of technology management*. New York: McGraw-Hill. **Gazzaniga**, M.S. and LeDoux, J.E. (1978). *The Integrated Mind*. New York: Plenum Press. **Gentner**, D. (1989). The mechanisms of analogica learning. In S. Vosniadou & A. Ortony (Eds.), *Similarity and analogical reasoning* (pp. 199–241). Cambridge: Cambridge University Press. **Gentner**, D., Holyoak, K.J., & Kokinov, B.K. (2001). *The analogical mind: Perspectives from cognitive science.* Cambridge, MA: The MIT Press. **Gibbs**, R. (2006a). *Embodiment and cognitive science*. New York: Cambridge University Press. **Gibbs**, R. (2006b). Metaphor interpretation as embodied simulation. *Mind & Language, 21*(3), 434–458. **Gibson**, J. J. (1979). *The ecological approach to visual perception*. Boston: Houghton Miffl in. **Gick**, M.L. & Holyoak, K.J. (1980). Analogical problem solving. Cognitive Psychology, 12, 306– 355. **Gick**, M.L. & Holyoak, K.J. (1983). Schema induction and analogical transfer. *Cognitive Psychology, 15*, 1–38. **Gielen**, M.A., Hekkert, P. & van Ooy, C.M. (1998). Problem restructuring as a key to a new solution space: A sample project in the field of toy design for disabled children. *The Design Journal, 1*, 12–23. **Gijsbers**, Y. (1995). *Ontwerpgedachte en ontwerpproces* (Design thought and design process). Delft: Unpublished Master Thesis. **Gijsbers**, Y. & Hekkert, P. (1996). Making vision visible: Design thought and design process. *Proceeding of Doctorates in Design*, Volume 2. Delft University of Technology, Faculty of Architecture. **Goel**, V. & Pirolli, P. (1992). The structure of design problem spaces. *Cognitive Science, 16*, 395–429. **Goldschmidt**, G., Ben-Zeev, A. & Levi, S. (1996). Design problem solving: The effect of problem formulation on the solution space. In R. Trappl, *Cybernetics and systems '96: Vol. 1* (pp. 388–393). Vienna: Austrian Society for Cybernetic Studies. **Goldstein**, E.B. (2002). *Sensation and perception*, Sixth Edition. Pacific Grove, CA: Wadsworth. **Goswami**, A. (1996). Creativity and the quantum: A unifi ed theory of creativity. *Creativity Research Journal, 9*, 47–61. **Govers**, P.C.M. (2004). Product personality. Doctoral dissertation, Delft University of Technology, The Netherlands. **Gundy**, A. van (1988). *Techniques of structured problem solving* (2nd ed.). New York: Van Nostrand Reinhold.

Hax, A. & Wilde, D. (1999). The Delta model: Adaptive management for a changing World. *Sloan Management Review, Winter*, 11–28. **Heidegger**, M. (1997). *Being and Time: A Translation of 'Sein und Zeit'*. New York: New York University Press. (Original Work Published 1926). **Heijden**, K. van der (1996). *Scenarios: The art of strategic conversation*. Dorchester: Wiley. **Hekkert**, P. (1996). The designer as a 'Hox gene': The origin and impact of vision in the evolution of design. *Proceeding of Doctorates in Design*, Volume 2. Delft University of Technology, Faculty of Architecture. **Hekkert**, P. (1997) Productive Designing: A Path to Creative Design Solutions. *Proceedings of the Second European Academy of Design Conference*, Stockholm, Sweden. **Hekkert**, P. (2006). Design aesthetics: Principles of pleasure in product design. *Psychology Science, 48*, 157–172. **Hekkert**, P. (2009). Something that is not moving is hard to perceive: On the primacy of universal human principles in design. *Proceedings of the 3rd IASDR conference*, Seoul, Korea. **Hekkert,** P. & Leder, H. (2008). Product aesthetics. In H.N.J. Schifferstein & P. Hekkert (Eds.), Product experience (pp. 259–285). Elsevier Science Publishers. **Hekkert**, P., Mostert, M., & Stompff, G. (2003). Dancing with a machine: A case of experience-driven design.*Proceedings of the 2003 International Conference on Designing Pleasurable Products and Interfaces* (pp. 114–119), Pittsburgh. **Hekkert**, P. & H.N.J. Schifferstein (2008). Introducing product experience. In H.N.J. Schifferstein & P. Hekkert (Eds.), *Product experience* (pp. 1–8). Amsterdam: Elsevier Science Publishers. **Hekkert**, P., Snelders, D. & van Wieringen, P.C.W. (2003). 'Most advanced, yet acceptable': Typicality and novelty as joint predictors of aesthetic preference in industrial design. *British Journal of Psychology, 94*, 111–124. **Hekkert**, P. & van Dijk, M.B. (2001). Designing from context: Foundations and applications of the ViP approach. In P. Lloyd & H. Christiaans (Eds.), *Designing in Context: Proceedings of Design Thinking Research Symposium 5*. Delft: DUP Science. **Hippel**, E. Von (1988). *The sources of innovation.* Oxford: Oxford University Press. **Hochberg**, J. & Brooks, V. (1962). Pictorial recognition as an unlearned ability: A study of one child's performance. *American Journal of Psychology, 75*, 624–628.

Ijuri, Y., & Kuhn, R. (1988). *New directions in creative and innovative management: Bridging theory and practice*. New York: Ballinger/Harper & Row. **Janlert**, L.E. & Stolterman, E. (1997). The character of things. *Design Studies, 18*, 297–314. **Jansson**, D.G. & Smith, S.M. (1991) Design fixation. *Design Studies, 12*, 3–11. **Johnson**, M. (2007). *The meaning of the body*. Chicago: The University of Chicago Press. **Johnston**, V.S. (2003). The origin and function of pleasure. *Cognition and Emotion, 17*, 167–179. **Jones**, J.C. (1992). *Design methods*, 2nd edition. New York: John Wiley & Sons. **Ju**, W. & Takayama, L. (2009). Approachability: How people interpret door movement as gesture. *International Journal of Design, 3*, 77–86.

Karana, E., Hekkert, P. & Kandachar, P. (2009). Meanings of materials through sensorial properties and manufacturing processes. *Materials & Design, 30*, 2778 – 2784. **Klooster**, S. & Overbeeke, C.J. (2005). Designing products as an integral part of Choreography of Interaction: the product's form as an integral part of movement. *Proceedings of Design and Semantics of Form and Movement* (pp. 23–35), Newcastle. **Krippendorff**, K. (2006). *The semantic turn: A new foundation for design*. Boca Raton: CRC Press. **Krippendorff**, K., & Butter, R. (1984). Product semantics: Exploring the symbolic qualities of form. *Innovation: The Journal of the Industrial Designers Society of America, 3*, 4–9. **Krippendorff**, K & Butter, R. (2008). Semantics: Meaning and contexts of artifacts. In H.N.J. Schifferstein & P. Hekkert (Eds.), *Product experience* (pp. 353–376). San Diego: Elsevier. **Kuhn**, R. (1993). *Generating creativity and innovation in large bureaucracies.* Westport: Quorum Books. **Kunst-Wilson**, W.R. & Zajonc, R.B. (1980). Affective discrimination of stimuli that cannot be recognized. *Science, 207*, 557–558.

Lakoff, G. & Johnson, M. (1980). *Metaphors we live by*. Chicago: University of Chicago Press. **Lazarus**, R.S. (1984). On the primacy of cognition. *American Psychologist, 39*, 124–129. **Landin**, H. (2009). *Anxiety and trust and other expressions of interaction*. Unpublished doctoral thesis, Chalmers University of Technology, Göteborg, Sweden. **Leder**, H. & Carbon, C.C. (2005). Dimensions in appreciation of car interior design. *Applied Cognitive Psychology, 19*, 603–618. **LeDoux**, J. (1996). *The emotional brain*. New York: Simon & Schuster. **Lindgaard**, G., Fernandes, G., Dudek, C., & Brown, J. (2006). Attention web designers: You have 50 milliseconds to make a good fi rst impression. *Behavior & Information Technology, 25*, 115–126. **Löwgren**, J. (2006). Pliability as an experiential quality: Exploring the aesthetics of interaction. *Artifact, 1*, 55–66. **Löwgren** J. & Stolterman, E. (2004). Thoughtful interaction design. *A design perspective on information technology.* Boston, MA: The MIT Press.

Martindale, C. (1984). The pleasures of thought: A theory of cognitive hedonics. *The Journal of Mind and Behavior, 5*, 49–80. **Martindale**, C. (1986). On hedonic selection, random variation, and the direction of cultural evolution. *Current Anthropology, 27*, 50–51. **Martindale**, C. (1990). *The clockwork muse: The predictability of artistic change*. New York: Basic Books. **McLaughlin**, S. (1993). Emergent value in creative products: Some implications for creative processes. In J.S. Gero & M.L. Maher (Eds.), *Modelling creativity and knowledgebased creative design* (pp. 43–90). Hillsdale, NJ: Lawrence Erlbaum. **McDonnell**, J. & Lloyd, P.A. (2009). *About: Designing: Analysing design meetings*. London: Taylor & Francis. **McManus**, I.C., Jones, A.L. & Cottrell, J. (1981). *The aesthetics of colour. Perception, 10*, 651– 666. **Miller**, G.A. (1956). The magical number seven, plus or minus two: Some limits on our capacity for processing. *Psychological Review, 63, 81–97*. **Mumford**, M.D., Baughman, W.A., Threlfall, K.V., Supinski, E.P., & Costanza, D.P. (1996a). Process-based measures of creative problem solving skills: I. Problem construction. *Creativity Research Journal, 9*, 63–76. **Mumford**, M.D., Baughman, W.A., Supinski, E.P., & Maher, M.A. (1996b). Process-based measures of creative problem-solving skills: II. Information encoding. *Creativity Research Journal, 9*, 77–88. **Mumford**, M.D., Reiter-Palmon, R., & Redmond, M.R. (1994). Problem construction and cognition: Applying problem representations in ill-defined domains. In M.A. Runco (Ed.), *Problem finding, problem solving, and creativity* (pp. 3–39). Norwood, NJ: Ablex. **Murphy**, S. T., & Zajonc, R. B. (1993). Affect, cognition, and awareness: Affective priming with optimal and suboptimal stimulus exposures. *Journal of Personality and Social Psychology, 64*, 723-739.

Nisbett, R.E. & Wilson, T.D. (1977). Telling more than we can know: Verbal reports on mental processes. *Psychological Review, 84*, 231–259. **Norman**, D.A. (1988). *The psychology of everyday things*. New York: Basic Books. **Novick**, L.R. (1988). Analogical transfer, problem similarity, and expertise. *Journal of Experimental Psychology: Learning, Memory, and Cognition, 14*, 510–520. **Okuda**, S.M., Runco, M.A., & Berger, D.E. (1991). Creativity and the finding and solving of real-world problems. *Journal of Psychoeducational assessment, 9*, 45–53. **Özcan**, E. (2008). *Product Sounds: Fundamentals and Application*. Doctoral dissertation, Delft University of Technology, The Netherlands.

Pahl, G. & Beitz, W. (1996). *Engineering design: A systematic approach*, 2nd edition. London: Springer. **Parrott**, W.G. & Sabini, J. (1989). On the "emotional" qualities of certain types of cognition: A reply to arguments for the independence of cognition and affect. *Cognitive Therapy and Research, 13*, 49–65. **Perkins**, D.N. (1995). Insight in minds and genes. In R.J. Sternberg & J.E. Davidson (Eds.), *The nature of insight* (pp. 495–533). Cambridge, MA: MIT Press. **Petroski**, H. (1992). *The evolution of useful things*. New York: Vintage Books. **Pinker**, S. (2002). *The blank slate*. New York: Viking Penguin. **Pinker**, S. (2007). *The stuff of thought*. London: Penguin Books. **Pirsig**, R.M. (1974). *Zen and the art of motorcycle maintenance: An inquiry into values*. New York: Bantam Books. **Porter**, M. (1979). How competitive forces shape strategy. *Harvard Business Review, March–April*, 1–10, reprint 79208.

Rand, A. (1943). *The fountainhead*. New York: The Bobbs-Merrill Company. **Roozenburg**, N. & Eekels, J. (1995). *Product design: Fundamentals and methods*. Chichester: John Wiley and Sons. **Rompay**, T. van (2005). *Expressions: Embodiment in the experience of design*. Doctoral dissertation, Delft University of Technology, The Netherlands. **Rompay**, T. van, Hekkert, P., Saakes, D., & Russo, B. (2005). Grounding abstract object characteristics in embodied interactions. *Acta Psychologica, 119*, 315–351. **Runco**, M.A. & Charles, R. (1993). Judgements of originality and appro priateness as predictors of creativity. *Personality and Individual Differences, 15*, 537–546. **Russell**, J.A. (2003). Core affect and the psychological construction of emotion. *Psychological Review, 110*, 145–172.

Schifferstein, H.N.J. & Hekkert, P. (Eds.) (2008).*Product experience*.Amsterdam: Elsevier. **Schön**, D.A. (1983). *The reflective practitioner*. Basic Books: New York. **Schumpeter**, J. (1926). *Theorie der Wirtschaftlichen Entwicklung*, zweite neubearbeitete Aufl age. München: Ducker & Humbolt. **Schwartz**, P. (1991). *The art of the long view: Planning for the future in an uncertain world*. New York: Doubleday. **Simon**, H.A. (1996). The sciences of the artifi cial, 3rd edition. Cambridge, MA: MIT Press. **Simon**,H.A. (1988). Creativity and motivation: A response to Csikszentmihalyi. *New Ideas in Psychology, 6*, 177–181. **Sleeswijk Visser**, F., Stappers, P.J., van der Lugt, R. & Sanders, E.B.-N. (2005). Contextmapping: Experiences from practice. *CoDesign, 1*, 119–149. **Smith**, S.M., Ward, T.B., & Schumacher, J.S. (1993). Constraining effects of examples in a creative generation task. *Memory & Cognition, 21*, 837–845. **Snoek**, H., Christiaans, H. & Hekkert, P. (1999). The effect of infor mation type on problem representation. *Proceedings of 4th International Design Thinking Research Symposium* (pp II.101–112). Boston, MA. **Snoek**, H. & Hekkert, P. (1998) Directing designers towards innovative solutions. In B. Jerrard, M. Trueman & R. Newport (Eds), *Managing new product innovation* (pp 167–180). London: Taylor & Francis. **Steadman**, P. (1979). *The evolution of designs: Biological analogy in architecture and the applied arts*. Cambridge: Cambridge University Press.

Teece, D.J. (1986). Profiting from technological innovation: Implication for integration, collaboration, licensing and public policy. *Research Policy, 15*, 285–305. **Tomasello**, M. (1999). *The cultural origins of human cognition*. Cambridge, MA: Harvard University Press. **Tooby**, J. & Cosmides, L. (1992). The psychological foundations of culture. In J. Barkow, L. Cosmides, and J. Tooby (Eds.), *The adapted mind* (pp. 19–136). New York: Oxford University Press. **Tooby**, J. & Cosmides, L. (2005). Conceptual foundations of evolutionary psychology. In D.M. Buss (Ed.), *The handbook of evolutionary psychology* (pp. 5–67). Hoboken, NJ: Wiley.

Urban, G.L., Hauser, J.R., Qualls, W.J., Weinberg, B.D., Bohlmann, J.D., & Chicos, R.A. (1997). Information Acceleration: Validation and Lessons from the Field. *Journal of Marketing Research,34*, 143–53.**Verbeek**, P. and Kockelkoren, P. (1998) The things that matter. *Design Issues, 14*, 28–42. **Verganti**, R. (2008). Design, meanings, and radical innovation: A metamodel and a research agenda. *The Journal of Product Innovation Management, 25*, 436–456. **Verganti**, R. (2009). *Design driven innovation: Changing the rules of competition by radically innovating what things mean*. Boston, MA: Harvard Business School Corporation. **Vihma**, S. (1997). Semantic qualities in design. *Formdiskurs, 3*,28–41. **Vincenti**, W.G. (1993). *What engineers know and how they know it: Analytical studies from aeronautical history.*Baltimore: The Johns Hopkins University Press. **Vining**, D.R. (1986). Social versus reproductive success: The central theoretical problem of human sociobiology. *Behavioral and Brain Sciences, 9*, 167–216. **Vosniadou**, S. & Ortony, A. (1989). *Similarity and analogical reasoning*. Cambridge: Cambridge University Press.

Warneken, F. & Tomasello, M.(2009). The roots of human altruism. *British Journal of Psychology, 100*, 455–471. **Whitfield**, T.W.A. (2007). Feelings in design: A neuroevolutionary perspective on process and knowledge. *The Design Journal, 10*, 3–15. **Whitfield**, T.W.A., & Slatter, P.E. (1979). *The effects of categorization and prototypicality on aesthetic choice in a furniture selection task*. British Journal of Psychology, 70, 65–75. **Wilson**, T.D. (2002). *Strangers to ourselves: Discovering the adaptive unconscious*. Cambridge, MA: The Belknap Press. **Wilson**, T.D., Lisle, D, Schooler,J.W., Hodges, S.D., Klaaren, K.J., & LaFleur, S.J. (1993). Introspecting about reasons can reduce post-choice satisfaction. *Personality and Social Psychology,60*, 181–192. **Wright**, P., McCarthy, J. & Meekison, L. (2003). Making sense of experience. In M.A. Blythe, A.F. Monk, K. Overbeeke & P.C. Wright (Eds.), *Funology: From usability to enjoyment* (pp. 43–53). Dordrecht: Kluwer Academic Publishers. Zajonc, R. B. (1968). Attitudinal effects of mere exposure. Journal of Personality and Social Psychology, Monograph Supple ment, 9, 1–27. Zajonc, R.B. (1980) Feeling and thinking: Preferences need no inferences. American Psychologist, 35, 151–175.

术语表

产品特质 Product qualities
产品特质是指设计的产品所具有的特征。这些特征定性地决定了产品应该提供和展现什么品质以引发期待的交互。
➜ p 60, 130, 182, 266

常态 States
常态是一类情境因素，指的是相对稳定的现象，比如西方价值观中的“言论自由”。
➜ p 76, 162 , 250

创新 Innovation
创新是针对既定情境做出的适当且新颖的回应。
➜ p 60, 195, 308

创造力 Creativity
ViP 设计法则的目标之一是提高设计师的创造力，它是在已有的创新研究理论的基础上建立起来的。
➜ p 96, 304

存在的理由 Raison d'être
存在的理由是指产品背后的情境，以及由此衍生出的设计声明，它们决定了产品的价值。它们能从根本上解释产品的设计想法，也是决定产品是否合适的唯一标准。
➜ p 22,152

发展 Development
发展是一类情境因素。它是指现实世界里正在发生的变化，主要是社会、经济、科技、环境、文化等层面的变化。这类变化常常见诸各类报纸杂志和网络媒体。设计师在情境中加入发展类因素，会对最后的设计产生积极的影响。
➜ p 115, 162, 250

范畴 Domain
范畴是设计任务所设定的设计范围。设计师开始收集因素前必须确定范畴。范畴可以是某个具体产品，如儿童推车；也可以是生活中的某个方面，如在家工作、社会凝聚力。
➜ p 103, 158, 250

概念检验 Concept testing
运用 ViP 设计法则生成的设计概念匹配的是未来的情境，而不是当下的情境。要检验这样的设计概念是否合适，首先应该向检验者展示设计师构建的未来情境。
➜ p194

概念设计 Concepting
概念设计是将构想转化为可呈现方案的过程。这个过程包括两个部分：生成概念，以及从概念发展出可以感知、使用、体验的一系列产品特征。
➜ p 68, 132, 186

关系 Relationship
交互可以看成用户与产品之间的一种关系。用户与产品都将自身的特质带入这个关系里，这些特质共同决定了交互特质。
➜ p 52, 178

关注点 Concerns
关注点是情感心理学里的概念，它包括人们生活中的目标、期望（需求）、行为标准，甚至是个人喜好、态度、品味。关注点常常反映在情境因素里，比如，求生的欲望（原理 / 原则）、对健康食物的需求增加（发展类因素）。在产品的交互层，与产品有关的关注点是完全由用户决定的。
➜ p 50, 324

交互 Interaction
交互是指产品在情境中与用户发生互动的过程。定义交互特质是 ViP 设计法则中承上启下的关键步骤。设计师应该根据情境和声明来定义交互特质，这个过程称为生成交互预见(interaction vision)，它可以有多种表现形式:文字、图像、情景、动作描述等。交互预见将用于指引设计产品特征、产品概念、产品呈现。
➜ p 64, 125, 143, 178, 208, 232, 258

解构 Deconstruction
解构是指思考已有产品及其交互背后的设计动机，从而避免先入为主的设计思维。解构能够帮助设计师反推产品的情境，并从中提取与新设计相关的合适因素。解构一般在 ViP 设计流程的准备阶段进行，帮设计师破除僵化观念。尽管并非所有的设计项目都要进行解构，但它作为设计师工作前的“热身运动”再合适不过了。
➜ p 102, 107, 142, 156

可能性 Possibilities
ViP 设计法则与大多数设计方法不同，它强调将构建新情境作为设计的出发点，其目标不是解决现有产品的问题，而是要探索全新设计的可能性。ViP 设计法则当然也能解决现有问题，但这不是它的最主要目标。
➜ p 21, 225

美学 Aesthetics
美学原理在 ViP 设计法则中起着重要作用，设计决策的好坏受它的影响。最重要的一条美学原则是用最少的元素产生最丰富的效果。方案和概念涉及的元素越少越美。
➜ p 198, 298

美学原理可以用作 ViP 设计法则的情境因素，它决定了用户对设计方案的喜爱和接受程度。我们把美学原理放在情境层面考虑，而不是作为设计要求考虑，因为产品对美学原理的呈现受到一些随着时间变化的因素影响（如专业技能、敏感度、大众对客观世界的认知等)。

➜ p 110, 167, 310, 321

匹配 Fit
指产品设计与情境的适配。ViP 设计师从情境出发设计产品，设计出的产品反过来也应该匹配情境。

➜ p 102,194, 298

情感 Emotions
根据主流的情感理论，情感的激发是事物吻合或违背人的关注点的结果。与产品的交互会触发我们的一系列情感，因此在交互预见中往往隐藏着情感诉求。

➜ p 234, 315, 324

情境 Context
ViP 设计法则的情境是由设计师细心挑选的一系列有趣的因素（原理 / 原则、常态、发展、趋势等）组成的。这些因素都与设计范畴相关，构成一个协调连贯的框架。构建情境是 ViP 设计法则的首要阶段，它是整个设计流程的基础。

➜ p 50, 115, 144, 224, 248

趋势 Trends
趋势是一类情境因素，它是指人类行为模式受发展类因素影响产生的变化。例如，当经济下滑（发展），人们就会减少购买奢侈品（趋势）。值得注意的是，发展类和趋势类因素的组合有可能代表一条原理 / 原则。

➜ p 115, 161, 250

适当性 Appropriateness
产品设计的适当性是指它与情境的匹配程度，因此判断设计的适当性必须联系其所处的情境。

➜ p 94, 102, 180

适应 Adaptation
指产品与情境的匹配。设计中的适应是设计师主动的设计行为（与生物学上的被动适应不同）；ViP 设计法则的使用者需要同时构建情境和产品。情境与产品的匹配是通过交互实现的。

➜ p 298, 321

声明 Statement
设计师在声明中提出希望帮助人们实现的目标。ViP 设计法则的情境描述了与设计范畴相关的一系列因素，但情境是客观的，不包含主观想法。随着设计深入，设计师必须建立起自己的立场，对情境做出回应：在这个情境中，人们应该有什么样的体验，有什么感受，能做到什么。这个立场（声明）就是设计目标。

➜ p 80, 120, 174

思考 / 感觉 Thinking/feeling
思考是指根据客观事实，有逻辑地判断、甄别，并推测结果。人的感觉总是走在思考前面，人总是在做出行动后才对行动的适当性进行分析和思考。运用 ViP 设计法则的主要挑战之一就是要找寻感觉与思考之间的平衡点。

➜ p 25, 94, 315

思维定势 Fixation
设计师也像普通人一样，容易受思维定势的影响。设计师看到设计任务时会联想到一系列已有的产品。为了克服这种思维定势，设计师可以对产品进行解构，从情境层次重新分析产品，回避已有的设计经验。

➜ p 76, 250, 304

特质 Qualities
交互特质和预见都属于定性特征，而不是物理属性。例如，用“急切渴望探索”(anxious exploration) 形容的交互对应的产品特质可以是“熟悉却又陌生的”(strangely familiar)。让人既熟悉又陌生的产品能引发用户探索的强烈好奇。参见 交互、产品特质。

体验 Experience
体验是近年来产品设计中出现的高频词。“产品体验”可以定义为用户使用产品过程中产生的交互感受，包括用户感官得到的满足（审美体验）、用户获得的产品意义（意义体验），以及用户被激发出的情感（情感体验）。ViP 设计法则与交互、体验有密切的联系，它是以体验为中心的设计方法。

➜ p 260, 271

需求 Needs
市场营销部门通常将需求作为产品研发的依据，然而他们收集的需求往往与情境脱节，导致设计方案不切实际。需求属于一种关注点，常常出现在情境因素里。

➜ p 25, 76, 258, 306

一致性 Coherence
一致性是指 ViP 设计法则中情境、交互、产品三个层次之间的逻辑连贯性，它是产品与情境匹配的前提条件。与一致性有关的概念还有适应 (adaptation) 和适当性 (appropriateness)。

➜ p 179, 315

一致性也是构建情境的标准之一。情境中的所有因素必须从整体上表现出一致性，设计师才能解读情境因素间的联系。

➜ p 78, 120, 167

移情 Empathy
移情即常说的换位思考。ViP 设计法则强调对人性基本原理的把握和运用，鼓励设计师深入理解人的行为动机和关注点。不过，换位思考并不等同于邀请潜在用户参与设计。

➜ p 200

意识 Awareness
设计师必须清醒地理解所有决策，才能够避免盲目的假设。只有这样，设计师才能有意识地进行设计并承担设计决策所带来的结果。ViP 设计法则十分重视这种意识，因为它直接关系到设计的真实性和设计师的责任感。

➜ p 22, 111

意义 Meaning

ViP 设计法则认为产品只有在与用户的交互中才能获得意义，意义是由用户赋予产品的。产品意义应该在交互预见中得到体现，而且要符合情境。

➜ p 80, 182, 266

因素 Factors

因素是构成情境的基本元素，它是设计师挑选的与设计范畴相关的现象和规律。这些现象和规律既可以是相对稳定的原理 / 原则、常态，也可以是不那么稳定的发展和趋势。

➜ p 16, 76, 115, 161, 248

用户介入 User involvement

在 ViP 设计法则中，用户介入仅限于帮助收集情境因素或测试最终的设计概念。如果需要，设计师可以观察用户，与他们交流，但是得到的反馈信息不应该限制设计的自由度，更不能降低设计师的责任感。换位思考、理解用户并不需要用户介入设计。

➜ p 200

预见 Vision

预见是对未来将要发生事物的看法。设计预见是在设计之前对产品属性和功能的设想。预见既包含产品将给人们带来什么好处的声明，也包含实现声明目标所需的交互特质和产品特质。设计师通过预见勾勒产品的轮廓。

➜ p 58, 80, 152, 176, 182, 186, 195, 332

原创性 Originality

只要设计师合理运用 ViP 设计法则，并且考虑了别人从未考虑过的情境因素，那么最终的设计就应该是适当和新颖的。适当且新颖的设计即是原创性设计。虽然 ViP 设计法则并不追求原创性，但运用 ViP 设计法则产生的设计通常都具有原创性。

➜ p 25, 94, 162

原理 / 原则 Principles

原理 / 原则是相对稳定的规律，包括自然规律（物理学、生物学规律等）和人的行为规律（社会学、心理学规律等）。由于具有相对稳定性，它常常被其他设计方法忽略。而 ViP 设计法则正好相反，我们将原理 / 原则作为构建未来情境的主要因素。相比之下，趋势类因素和发展类因素用于预测未来则没有那么可靠。

➜ p 76, 162, 228, 250, 318

约束 Constraints

设计任务往往受到一系列条件的制约，比如成本、生产工艺、技术水平等。这些要素决定了产品最后能否实现。但是为了获得最大的设计自由度，应该尽量推迟考虑这些约束条件。换句话说，任何一种约束都不应过早或过分限制概念生成的自由度。

➜ p 16, 21, 194

直觉 Intuition

ViP 设计法则允许设计师在很大程度上使用直觉，即还未意识到的处于前意识（pre-conscious）状态下的知识。但是设计师绝不能直接依靠直觉，而应该借助分析、解释、证实的方法验证直觉是否有价值。

➜ p 95, 331

真实性 Authenticity

只有当设计师诚实地面对内心的想法时，才能构建出独特的、真实的情境，才能设计出有感染力的原创作品。真实性、自由（度）、责任感是 ViP 设计法则三大主要价值。

➜ p 22, 94, 152, 224

自由（度） Freedom

自由（度）是指设计师尽可能放下先入为主的概念和想法，以便充分发挥设计能动性，做出真实的设计。真实性、自由（度）、责任感是 ViP 设计法则三大主要价值。

➜ p 21, 62, 94, 103, 237, 242

责任感 Responsibility

ViP 设计法则认为设计师必须对自己的设计、产品，以及产品对社会的影响承担全部的责任。设计师不应该以“这是客户的要求”或者“我对用户的了解有限”为借口推卸责任。这就要求设计师必须清楚所有设计决策可能带来的后果。真实性、自由（度）、责任感是 ViP 设计法则三大主要价值。

➜ p 18, 94, 254

致谢

Jianne Whelton 是谁激发你们提出 ViP 设计法则的?
Matthijs 首先要感谢我们的应用设计课程教授 Jan Jacobs，他一直想解决设计方法与实际设计工作脱节的问题。

Jianne 是他启发了你们?
Paul 他鼓励我们（当时还是两个年轻人）解决这个问题。
Matthijs 是的，从心理学和设计的角度解决。

Jianne 他是你们的项目领导?
Paul 他是我们的教授，也是我们的老板。

Jianne 只有你们两个人吗?
Matthijs 刚开始只有我们俩，后来有一位研究生 **Yvon Gijsbers** 加入进来。

Jianne 她一定发挥了不小的作用吧!
Matthijs 她带来了许多新鲜的知识和深刻的见解。
Paul 她很聪明。她对设计过程背后的那些理论、思想、原理特别感兴趣。她的硕士论文写得非常好，放在今天仍然不过时！ ViP 设计法则包含不少她提出的想法。要知道，1995 年 ViP 设计法则还只是一个粗略的想法。

Jianne 这么说她做了很大的贡献。
Paul 是的，我们应该感谢她。
Matthijs 没错。

Jianne 她是唯一为 ViP 设计法则做出贡献的学生吗?
Paul 大概在 1997 年，ViP 设计法则大致成型了，有很多学生上了我们的选修课，还有不少学生在毕业设计中运用它。我们要感谢每一位尝试、思考、反馈意见的同学，他们都为 ViP 设计法则的发展做出了贡献。

Jianne 所以说 ViP 设计法则仍然没有定型?
Matthijs 是的，我们会不断加入新的概念和想法。

Jianne 那你们的同事呢?
Paul 我们得到了很多同事的帮助。
Matthijs 首先是 **Pieter Desmet**，他的研究方向是人对产品的情感反应。
Paul 他一直在与我们合作开展 ViP 设计项目。Peter 既是设计师又是学者，他帮助我们改善了 ViP 设计法则的结构。
Matthijs 还有 **Nynke Tromp**！
Paul 是的，Nynke 是我们的校友，也是我们的硕士毕业生。她的博士研究项目是把 ViP 设计法则运用到社会领域，那是个很棒的项目。她跟 Yvon 一样是那种罕见的人才，既能做分析研究，又能做设计。
Matthijs 还要感谢很多同事帮助我们完成 ViP 设计法则的教学，他们提出了许多建议。感谢他们在 ViP 设计法则还不成熟的时候，就愿意尝试使用并且教给学生！
Paul 还有质疑和批评！它们都极大地帮助了我们！（笑）

Jianne 你的意思是说，并非所有人都认可 ViP 设计法则，是吗?
Paul 是的，刚开始遇到一些抵触，不过我认为现在大家都能接受了。
Matthijs 多亏了这些质疑和批评，我们才能发掘出 ViP 设计法则的价值，而不是仅仅强调它与其他设计方法的不同。

Jianne 这样更有利于获得大家的认同?
Paul 是的。

Jianne 学院一定看到了它价值。你们是怎么想到要写这本书的? 有哪些人帮助过你们?
Paul 学院认可我们的工作，并且鼓励我们写书。
Matthijs 院长 Cees de Bont 非常支持我们!
Jianne 只是口头支持吗?
Matthijs 他给我们拨了写书的经费!（笑）
Paul 我们还联系了英国公开大学的 Peter Lloyd。他是研究设计方法的专家。我们非常需要他从专业的角度给我们一些写作建议。

Jianne 他从理论和教学方法的角度帮助了你们。
Matthijs 他提了许多意见。我们在书里讨论了许多想法，他在这些对话中扮演了重要的角色。他帮助我们将 ViP 设计法则的独特之处表达出来。
Paul 我们还一起决定了书的版式。
Matthijs 还有一位同行 Kees Dorst 也给了我们很多帮助。

Jianne 他也是教授?
Paul 他在悉尼科技大学任教。他仔细阅读了书稿，并且一针见血地指出了不足之处。他提了不少尖锐的意见，当然也有很多有用的建议。
Matthijs 还有我们的同事 **Gerda Gemser**，她帮忙润色了书中的一整段文字。

Jianne 这本书最棒的地方是把理论、学术、实践三者结合起来了。
Paul 在实践上，**Jeroen van Erp** 给了我们极大的支持。交稿前的几个月，他不但允许我使用他的办公室写作，还在他的设计公司里推广使用 ViP 设计法则。

Jianne 他用实践检验了你们的理论。
Paul 是的，是很实际的、接地气的检验。

Jianne 他的公司允许这样做? 就像 Matthijs 的 KVD 设计事务所一样?
Paul 是的。KVD 最大限度地运用 ViP 设计法则。这本书里写了许多 KVD 的案例。来 KVD 应聘的人必须通过所有的 ViP 考试!

Jianne 来 KVD 工作的人会接受 ViP 速成之类的培训吗?
Matthijs 我们会帮助他们。我的合伙人 **Gijs Ockeloen** 非常认同 ViP 设计法则，他不断地向设计师推荐这本书。
Jianne 你公司的员工为这本书做了哪些贡献?

Matthijs 我的员工 Femke de Boer 收集和绘制了所有的插图。
Paul 她提了许多插图方面的好建议。
Matthijs 我还想感谢所有的客户公司对 ViP 设计法则的信任。毕竟，我们很难在项目前期证明它有用。令人欣慰的是，所有的客户都表现得十分开放和开明！
Paul 我们还要感谢在写作过程中帮助我们的人。
Matthijs 首先是出版人 Rudolf van Wezel，他很重视设计师在当今社会中的作用。
Paul 他很信任我们，对此我们感激不尽，毕竟写这本书花了几年时间。
Matthijs 四年。

Jianne 你们写书的时间从何而来呢？
Matthijs 抓住一切机会和空闲时间。
Paul 完成初稿后，我们很幸运地遇到了一位出色的编辑 **Jianne Whelton**，她给这本书注入了活力。她的工作已经超越了一个普通编辑的职责，她让这本书的语言变得更地道了！

Jianne 谢谢你们的表扬。
Matthijs 真的很感谢你！然后，我们要考虑这本书的版式和封面设计，考虑书以什么样的形式呈现给读者。我们在香港参加了一个学术会议，听到了 **Irma Boom** 的讲座。她的发言道出了一位平面设计师的心声，也是我们的心声。我们当即决定请她设计书的版式和封面。

Jianne 你们还想感谢谁？
Paul 我们还要感谢自己的家人，感谢他们的包容和忍耐……

Jianne 千言万语都难以表达对家人的感激。
Paul 我非常感谢 Mira、Darwin、Bodhi。他们虽然总是黏着我，但从来不打扰我写作。
Matthijs 我由衷地感谢我妈妈！作为一位专业钢琴演奏家，她教会我在利用天赋的同时，也接受天赋带来的结果。

图书在版编目(CIP)数据

ViP产品设计法则 / (荷) 保罗 . 赫克, (荷) 马泰斯 . 范戴克著 ; 李婕, 朱昊正, 成沛瑶译 . -- 武汉 : 华中科技大学出版社 , 2020.1

ISBN 978-7-5680-5970-1

Ⅰ . ① V… Ⅱ . ①保… ②马… ③李… ④朱… ⑤成… Ⅲ . ①产品设计－研究
Ⅳ . ① TB472

中国版本图书馆 CIP 数据核字 (2020) 第 011721 号

湖北省版权局著作权合同登记 图字：17-2019-263 号

书　　名：**ViP 产品设计法则**
　　　　　ViP Chanpin Sheji Faze

作　　者：[荷] Paul Hekkert Matthijs van Dijk
译　　者：李婕 朱昊正 成沛瑶
策划编辑：林航
责任编辑：徐定翔
责任监印：朱玢

出版发行：华中科技大学出版社（中国 • 武汉）
　　　　　武汉市东湖新技术开发区华工科技园
　　　　　(邮编 430223 电话 027-81321913)
排版设计：赵宇
印　　刷：中华商务联合印刷（广东）有限公司
开　　本：889mm × 1194mm 1/32
印　　张：11
字　　数：360 千字
版　　次：2020 年 1 月第 1 版第 1 次印刷
定　　价：150.00 元